点心技法

孙杰　编著

浙江科学技术出版社

PREFACE
前言

随着社会的发展，人们生活质量的提高，面包、蛋糕、中式点心（简称中点）以其便捷、营养、美味、时尚的特点被越来越多的人所接受，并逐步向主食化发展。各种不同风格、不同口味的蛋糕与中式点心适应了人们在日常饮食方面对方便和快捷的需要。因此，消费者对烘焙食品与中点的需求逐渐呈现出高品位、高质量的特点。

为了满足专业烘焙者职业技能学习的需要，我们编撰了本套丛书，包括《烘焙技法》、《点心技法》、《蛋糕技法》、《面包技法》四册，每册书都全面系统地讲述了相关内容的基础技法要领和案例的操作方法，并配有精美的图片。

本书将点心分为中点和西点两类，中点部分介绍了包子类 、饺子类、酥饼类、糕点类，西点部分介绍了蛋糕类和面包类，提供了171种点心的制作方法，每种点心都有详细的制作步骤图，同时还附有“大师支招”。

本书从制作点心的基础知识开始，介绍了点心制作过程中的基础技法，以技法实例为参照，介绍了制作过程中所需要的工具和原料及注意事项。

本书图文并茂，只要按照步骤图操作，关注“大师支招”，就能掌握制作要领，这是一本适合专业烘焙者及家庭厨艺爱好者的实用工具书。本书在编撰过程中难免还存在一些需要进一步完善的地方，敬请指正，以便再版时改进。

编者

2016 年 7 月

目录

PART 3 西点

PART 1 点心基础

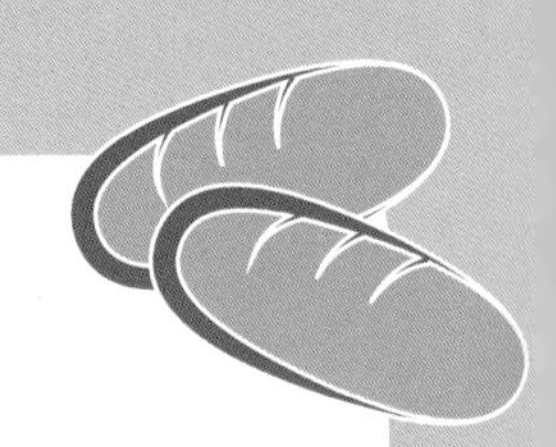

点心的定义、种类与特点

点心是糕点之类的食品。相传东晋时期一位大将军，见到战士们日夜血战沙场，英勇杀敌，屡建战功，甚为感动，随即传令烘制民间喜爱的美味糕饼，派人送往前线，慰劳将士，以表“点点心意”。自此以后，“点心”的名称便传开了，并一直延用至今。点心分为中点和西点。

中点的种类与特点：

1. 包子类：包子类主要指各式包子，属于发酵面团。其花样很多，根据发酵程度可分为大包、小包。根据其形状又可分为：提褶包，如三丁包子、小笼包等；花式包，如寿桃包、金鱼包等；无缝包，如糖包、水晶包等。

2. 饺子类：饺子类是我国面点的一种重要形态，其形状有：木鱼形，如水饺、馄饨等；月牙形，如蒸饺、锅贴、水饺等；梳背形，如虾饺等；牛角形，如锅贴等；雀头形，如小馄饨等；还有其他象形品种，如花式蒸饺等。按其用料分则有：水面饺类，如水饺、蒸饺、锅贴；油面饺类，如咖喱酥饺、眉毛饺等；其他，如澄面虾饺、玉米面蒸饺、米粉制的红白饺子等。

3. 糕点类：糕点类多以米粉、面粉、鸡蛋等为主要原料制作而成。米粉类的糕点有：松质糕点类，如五色小圆松糕、赤豆猪油松糕等；黏质糕点类 ，如猪油白糖年糕、玫瑰百果蜜糕等；发酵糕点类，如伦教糕、棉花糕等。面粉类的糕点有千层油糕、蜂糖糕等。蛋糕类有清蛋糕、花式蛋糕等。其他还有用水果、干果、杂粮、蔬菜等制作而成的糕点，如山药糕、马蹄糕、栗糕、花生糕等。

4. 团类：团类常与糕点类并称为糕团，一般以米粉为主要原料，多为球形。其品种有：生粉团，如汤团、鸽蛋圆子等；熟粉团，如双馅团等；其他还有果馅元宵、麻团等品种。

5. 卷类：用料范围广，品种变化多。其品种有：酵面卷，可分为花卷，如四喜卷、蝴蝶卷、菊花卷等；折叠卷，如猪爪卷、荷叶卷等；抻切卷，如银丝卷、鸡丝卷等。米（粉）团卷，如芝麻凉卷等。蛋糕卷，如果酱蛋糕卷等。酥皮卷，如榄仁擘酥卷等。饼皮卷，如芝麻鲜奶卷等。其他还有春卷等特殊的品种。

6. 饼类：饼类为我国历史悠久的点心品种之一。根据坯皮的不同它可以分为：水面饼类，如薄饼、清油饼等；酵面饼类，如黄桥烧饼、酒酿饼等；酥面饼类，如葱油酥饼、苏式月饼等；其他还有用米粉制作的煎米饼，用蛋面制作的肴肉锅饼，果蔬杂粮制作的荸荠饼、桂花栗饼等。

7. 酥类：酥类大多为水油面皮酥饼。按照其表现方式可分为：明酥，如鸳鸯酥油、萱化酥、藕丝酥等；暗酥，如双麻酥饼等；半暗酥，如苹果酥等；其他还有桃酥、莲蓉甘露酥等混酥品种。

8. 条类：条类主要指面条、米线等长条形的面点。面条类有：酱汁卤面，如担担面、炸酱面、打卤面等；汤面，如清汤面、花色汤面等；炒面，如素炒面、伊府面等；其他还有凉面、焖面、烩面等品种。油条、过桥米线等也属于条类制品。

9. 饭类：饭类为我国广大人民尤其是南方人的主食，可分为普通米饭和花式饭两种。普通米饭又可分为蒸饭、焖饭等，花式饭则可分为炒饭、盖浇饭、菜饭和八宝饭等。

10. 粥类：粥类也是我国广大人民的主食之一，可分为普通粥和花式粥两类。普通粥又可分为煮粥和焖粥。花式粥则可分为甜味粥，如绿豆粥、腊八粥等；咸味粥，如鱼片粥、皮蛋粥等。

11. 冻类：冻类为夏季时令品种，以甜食为主，如西瓜冻、杏仁豆腐等。

12. 其他类：除了前面已提到的面点形态外，还有一些常见的品种，如馒头、麻花、粽子、烧卖等，也是人们所喜爱的中点。

西点的种类与特点：

西点的英文名词为 Baking food，主要的意思是烘焙食品。西点既可以作主食，也可以作点心。

总的来说，西点是面包、蛋糕类点心的统称（冷食也算）。

西点分甜、咸两类。

土司、餐包、三明治、汉堡包、酥馅饼等，都称西点。

十大发面技巧

第一大发面技巧：选对发酵剂。

1. 发面用的发酵剂有三种：小苏打、面肥（老面）和干酵母粉。它们的工作原理都差不多：在合适的条件下，发酵剂在面团中产生二氧化碳气体，再经过受热膨胀面团会变得松软可口。

2. 小苏打释放的气体并不多，所以用它发面的成品的松软度不是很好。而且它是弱碱性物质，会破坏面粉中的维生素，降低面食的营养价值，不建议选用。

3. 面肥，在有些地方又叫老面，是上次发酵之后留取的一块面团，适当保存之后可用它作菌种以启动发酵。面肥必须搭配碱来使用，因为它会使面团产生酸味。但碱会破坏面粉的营养，而且用量不好掌握，成品容易造成浪费，所以也不建议使用。

4. 活性干酵母（酵母粉）是一种天然的酵母菌提取物，它不仅营养丰富，更可贵的是，它含有丰富的维生素和矿物质，还对面粉中的维生素有保护作用。不仅仅如此，酵母菌在繁殖过程中还能增加面团中的B族维生素。所以，用它发酵制作出的面食成品要比未经发酵的面食如饼、面条等营养价值高出好几倍。

第二大发面技巧：酵母粉的用量宜多不宜少。

酵母粉是天然物质，用多了不会造成不好的结果，只会提高发酵的速度。所以，为保证发面的成功率，对于面食新手来说，酵母粉的用量宜多不宜少。

第三大发面技巧：活化酵母菌对新手比较重要。

加干酵母的方法其实是不讲究的，偷懒时可直接将酵母粉和面粉混合，再加温水和面。不过酵母的用量多少和混合是否均匀等问题，会对发面结果产生一些影响。所以，建议面食新手先活化酵母菌：将适量的酵母粉放入容器中，加30℃左右的温水（温水的用量为和面全部用水量的一半左右，别太少。如果想省事，加入全部水量也可），将其搅拌至溶解，静置3～5分钟后使用。这就是活化酵母菌的过程。然后再将酵母菌溶液倒入面粉中搅拌均匀。

第四大发面技巧：和面的水温要掌握好。

和面用温水，水温以28～30℃为宜。若家里没有食品温度计，可用手来感觉水温，以手未感觉烫即可。

特别提示：用手背来测水温。即使在夏天，也建议用温水，能节约时间。

第五大发面技巧：面粉和水的比例要适当。

面粉、水的比例对发面很重要。水少面多，发出来的面团就硬，这样的面团适合做手擀面；水多面少，发出来的面团软塌塌的，成品口感差。什么比例合适呢？大致的配比如下：500 克面粉，水量不能少于 250 毫升，即约等于 2:1 的比例。当然，完全可以根据自己的需要和饮食习惯来调节面团的软硬程度。同时也要注意，不一样的面粉吸湿性也是不同的，还是要灵活运用。

第六大发面技巧：面团要揉光滑。

面粉与酵母粉、温水混合后，要充分揉面，尽量让面粉与温水充分混合。揉好的面团表面光滑、滋润。水量太少，面团揉不动；水量太多，面团会粘手。

第七大发面技巧：保证适宜的温度和湿度是面团发酵成功的关键。

面团发酵的最佳环境温度是 30～35℃，最好别超过 40℃，湿度以 70%～75% 为宜。温度好控制，如夏天的室温基本上就能满足面团正常发酵的需要，可湿度就不好控制了。在这里为大家提供一个四季皆可用的发酵方法：在一个大蒸锅中放入 60～70℃的热水，将面盆放入锅中（面盆不可与热水接触），盖上蒸锅锅盖。

第八大发面技巧：二次发酵别忘了。

从蒸锅里取出的面团已有丰富的气孔，但需进行二次发酵：将面团放置在面板上揉，将面团内的空气揉出去，然后将面团放在相对密封的容器中，让它在室温下再发酵 30 分钟左右。二次发酵对成品的松软度有很重要的作用。

第九大发面技巧：巧用发酵辅助剂。

1. 添加少许白糖，可以提高酵母菌活性，缩短发面的时间。

2. 添加少许盐，能缩短发酵时间，还能让成品更松软。

3. 添加少许醪糟，能协助发酵并增添成品香气。

4. 添加少许蜂蜜，可以加速发酵进程。

5. 添加少许牛奶，可以提高成品品质。

6. 添加少许酸奶，可以增强酵母菌的活性。

7. 添加少许鸡蛋液，能增加营养。

第十大发面技巧：注重活性干酵母的保质期。

活性干酵母的生产日期非常重要。通常生产日期越新，发酵效果越佳；生产日期越早，发酵所需的时间越长；而过了保质期的活性干酵母最好不要使用。

PART 2 中点

中点的定义与特点

中点即中式点心，是饭前或饭后的小食，其种类丰富多样。在莆田民间，中点已成为司空见惯的一种小吃。但是，莆田人所说的“中点”有着特殊的意义，包含一种亲友之间礼尚往来的涵义。中点是指以米、面、豆类等为主要原料，并配以各种辅料、馅料和调味料，加工成一定形状后，再用烘、烤、蒸、炸等方法制熟的食品。

一般来说，有客人来访时，主人都会客客气气地招待喝茶或吃水果、瓜子等。如果主人还是觉得招待不周，就会特地去煮“点心”，通常是煮线面、米粉，或者是鸡蛋、鸭蛋、汤圆等。通常，客人必须接受主人的盛情厚意，肚子再饱，也得坐下来品尝几口，表示礼貌地接受对方的礼仪。

中点的主要特点是用料精博，品种繁多，款式新颖，口味多样，制作精细，咸甜兼备，能适应四季节令和各方人士的需要。各款点心都讲究色泽和谐，造型各异，相映成趣，令人百食不厌。

常用原料

面粉

面粉是制作点心的重要原料，其种类繁多，在制作点心时要根据需要进行选择。面粉的气味和口感是鉴定其质量的重要感官指标，优质面粉闻起来有新鲜而清淡的香味，尝起来略具甜味。

白糖

制作点心时主要使用的白糖分为蔗白糖、麦芽糖和葡萄糖。添加适量的白糖可以增强面团的发酵效果，使成品质地疏松，但白糖用量过多则会导致成品组织硬而脆。

淀粉

制作点心用的淀粉一般用绿豆加工而成，也可以用杂豆或薯类制作。淀粉适宜用于制作威化皮、虾片及各种点心的蛋浆，也可以用来勾芡。

澄面

澄面又称小麦澄面，是没有筋的面粉，其特征是颜色洁白、面质细滑，用它做出的面点呈半透明状，蒸制品入口爽滑，炸制品香脆。澄面适宜用于制作虾饺皮、晶饼皮、粉果等。

油脂

油脂是油和脂的总称。油脂不仅有调味作用，还能提高食品的营养价值。在点心制作过程中添加油脂，还能大大提高面筋的可塑性，并使成品柔软、光亮。

马蹄粉

马蹄粉由荸荠加工而成，加温后呈透明状，凝结后产生爽滑感，适合制作马蹄糕及其他中式甜糕点，也可用于勾芡。

糯米粉

糯米粉由糯米加工而成。加热后其黏性很强，加热的温度越高、时间越长，糊化程度越大，成品会显得越软，但韧度却很强。可用它制作出不同性质的点心，如咸水角、软饼、卷饼、煎饼等。

酵母

酵母有新鲜酵母、普通活性酵母和快干性酵母三种。它们不仅可以在发酵过程中产生特殊的香味，而且可以在烘烤过程中产生二氧化碳，具有使面团膨大的作用。

炼乳、蜜糖

两者都是精制的食品浓缩制品，能为中点添加各种各样的风味。

常用工具

砧板

砧板是对原料进行刀工操作的垫衬工具。优质的砧板是由橄榄树木料或银杏树木料制成的，这些木材质地坚硬、耐用。

蒸笼

蒸笼是面类点心制作的重要工具，其主要用途为蒸制食物，以竹编和木制的为佳。

擀面棍

擀面棍是制作面类点心不可缺少的工具。最好选择木质结实、表面光滑的，尺寸依据平时用量选择。

筛网

筛网的主要用途是过滤。最好选择不锈钢制品。

刀具

刀具是点心制作的重要工具。无论是切割原料还是分切成品，一把锋利的刀会令厨师的工作更加得心应手。

铗花镊子

铗花镊子是用于点心造型的工具，可为点心添加上美观的花纹。

台秤

台秤的用途是在点心制作过程中，精确称取原料的分量。

包子类

清香枣泥包

面皮：低筋面粉 1000 克，白糖 200 克，泡打粉 15 克，酵母 8 克，牛奶 100 毫升，水 350 毫升，猪油 10 克。
枣泥馅：红枣 600 克，白糖 150 克，低筋面粉 100 克，食用油 100 毫升。

大师支招：红枣皮一定要滤净，否则成品口感不细滑。

制作步骤

1. 先制作枣泥馅：红枣中加入水，蒸至红枣熟烂，然后用打蛋器搅至枣肉与枣皮分离。

2. 用纱网笊篱滤去残渣。

3. 加入白糖、低筋面粉、食用油拌匀。

4. 摘成剂子，搓圆，放入盘中蒸熟，即成枣泥馅。

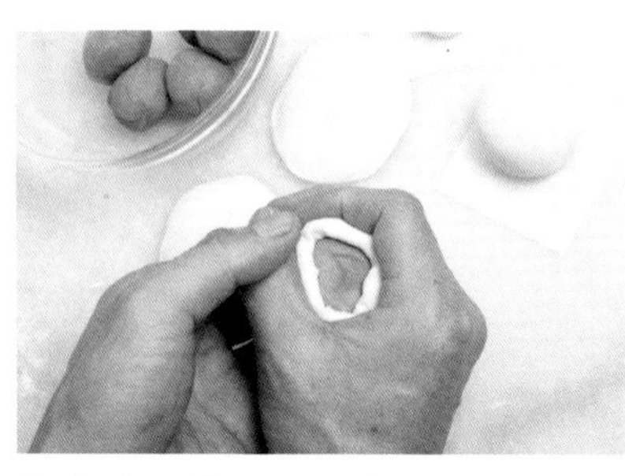

5. 将枣泥馅包入面皮（将制作面团的所有原料混合，揉成面团，再擀薄即可）中，收紧接口。

6. 放入蒸笼静置醒发 45 分钟后，蒸 8 分钟即可。

香芋薯蓉包

面皮：低筋面粉 1000 克，白糖 200 克，泡打粉 15 克，酵母 8 克，牛奶 100 毫升，水 350 毫升，猪油 10 克。

馅：芋头 150 克，马铃薯 350 克，盐 5 克，味精 3 克，白糖 3 克，猪油 200 克，葱段 50 克，食用油适量。

（面皮的制作请参考第 10 页）

大师支招：如选用红色马铃薯，则成品味道更佳。

制作步骤

1. 芋头去皮，切成小粒，然后用 180℃的食用油炸熟。

2. 马铃薯去皮，蒸熟，捣烂，然后用猪油起锅，加入马铃薯泥和葱段炒香，盛出晾凉。

3. 晾凉后加入熟芋头粒、盐、味精、白糖拌匀成馅。

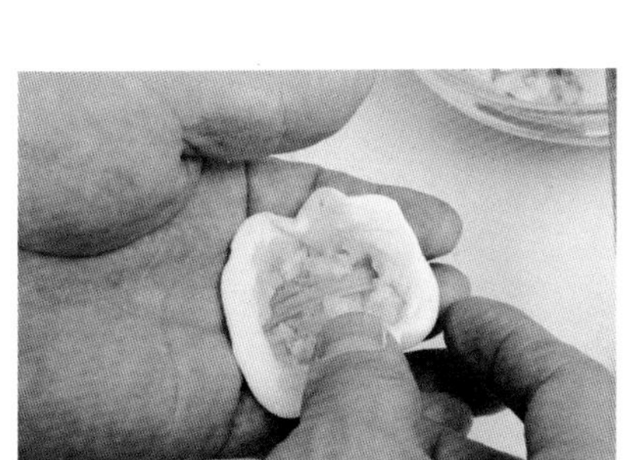

4. 将馅包入面皮中，收紧接口，轻搓成鹅蛋形。

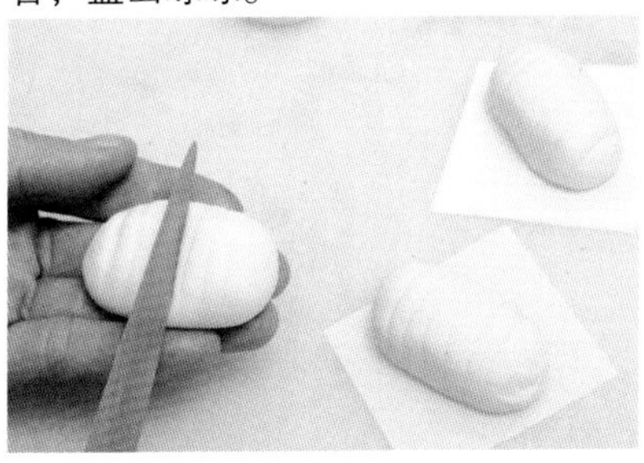

5. 用刀背轻压出装饰条纹。

6. 放入蒸笼静置醒发 45 分钟后，蒸 8 分钟即可。

菌菇素菜包

面皮：低筋面粉1000克，泡打粉15克，酵母8克，白糖200克，牛奶100毫升，猪油10克，水350毫升，菠菜400克。

馅：金针菇、黑木耳、银耳、贡菜、胡萝卜各100克，盐、味精、淀粉各适量。

大师支招：馅料勾芡的浓稠度要适中，注重馅料的口感。

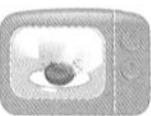

制作步骤

1. 将制馅的主料都洗净，切碎。

2. 放入锅内爆香，加入盐、味精炒熟，然后用淀粉勾芡，盛起晾凉备用。

3. 菠菜中加入水，榨汁。

4. 将低筋面粉开窝，加入泡打粉、酵母、白糖、牛奶、猪油、水、菠菜汁搓匀成面团。

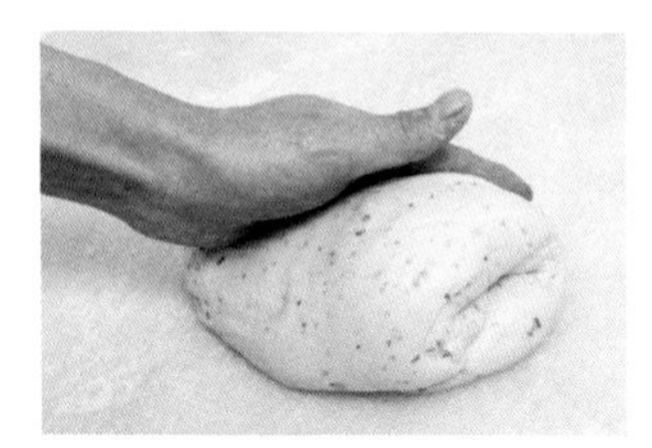

5. 反复搓至面团纯滑。

6. 搓成长条形，分成每份25克的小剂。

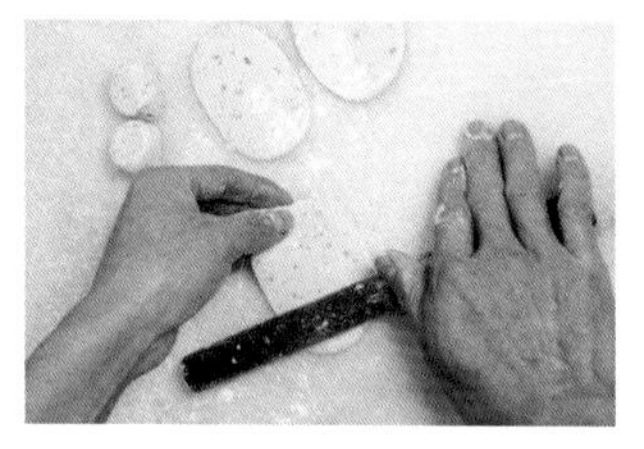

7. 擀成薄面皮。

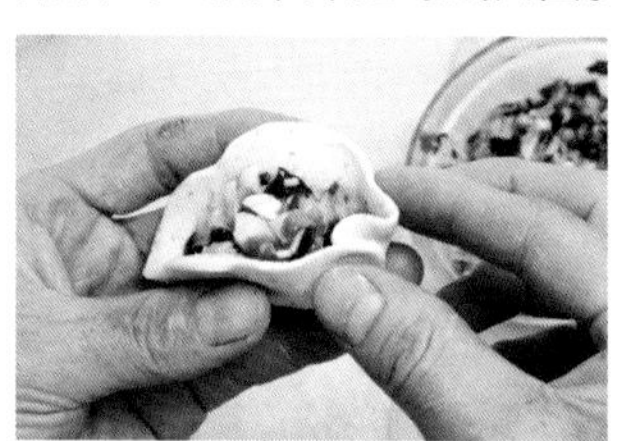

8. 将馅包入，收紧接口。

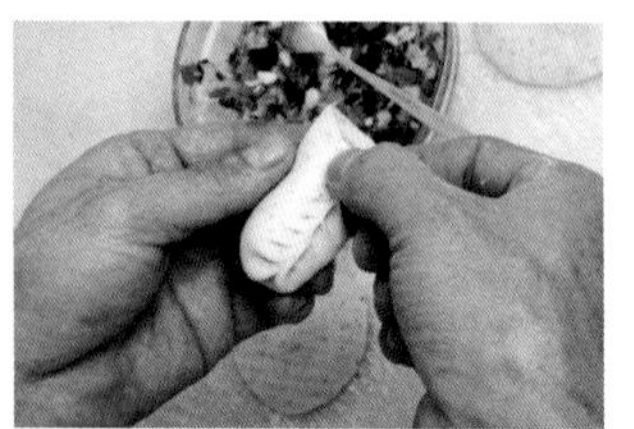

9. 折出鼠形。

10. 放入蒸笼静置醒发45分钟后，蒸8分钟即可。

香草汁绿豆包

面皮：香草 200 克，低筋面粉 1000 克，白糖 200 克，泡打粉 15 克，酵母 8 克，水 450 毫升。

绿豆馅：去壳绿豆 300 克，白糖 150 克，食用油 100 毫升。

大师支招：榨香草汁要加适量盐，以保持汁水青绿。

制作步骤

1. 香草中加入水，榨汁。

2. 去壳绿豆用水浸泡 2 小时后，隔水蒸熟。

3. 熟绿豆中加入 150 克白糖、100 毫升食用油，打烂成绿豆馅。

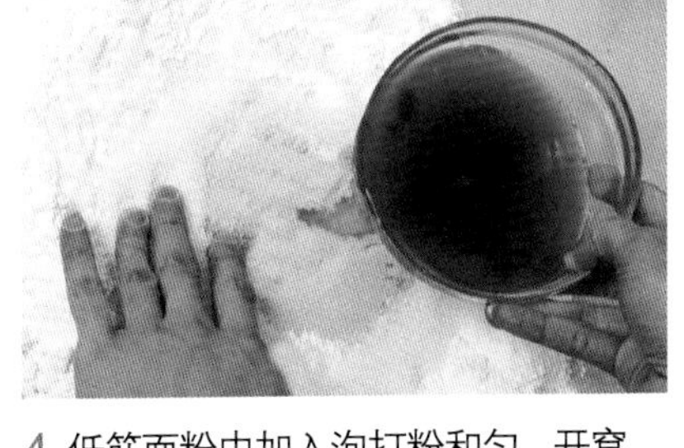

4. 低筋面粉中加入泡打粉和匀，开窝，加入200克白糖、酵母、水、香草汁搓匀。

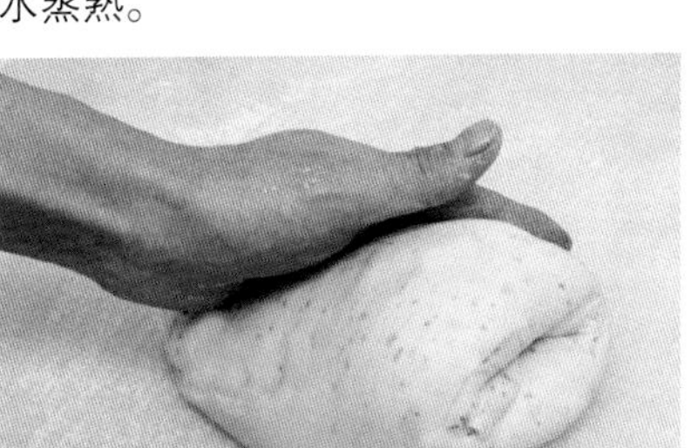

5. 反复搓至面团纯滑。

6. 把面团搓成长条形，分成每份 30 克的小剂。

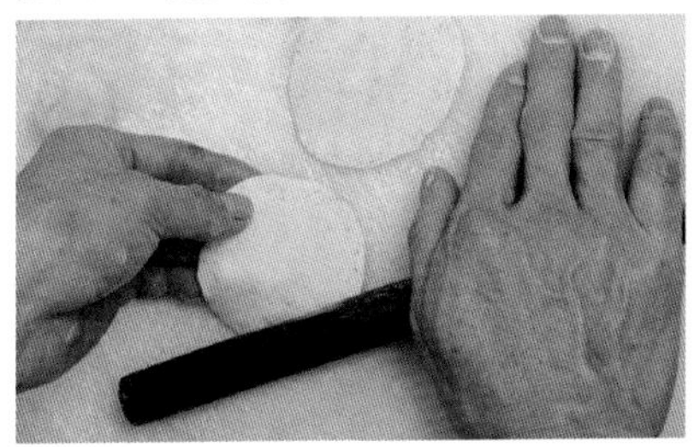

7. 擀成圆形面皮。

8. 将绿豆馅包入，收紧接口。

9. 放入蒸笼静置醒发 45 分钟后，蒸 8 分钟即可。

粗粮燕麦包

面皮：低筋面粉 600 克，高筋面粉 200 克，泡打粉 18 克，白糖 200 克，酵母 10 克，燕麦粉 200 克，水 450 毫升。
馅：冰糖 300 克，熟花生碎 200 克，麦芽糖 150 克。

大师支招：不宜选用过粗粒的燕麦粉，以免影响面团发酵。

制作步骤

1. 将冰糖碾成碎粒，与熟花生碎、麦芽糖拌匀成馅。

2. 将低筋面粉、高筋面粉与泡打粉和匀，开窝，加入白糖、酵母、燕麦粉、水搓匀成面团。

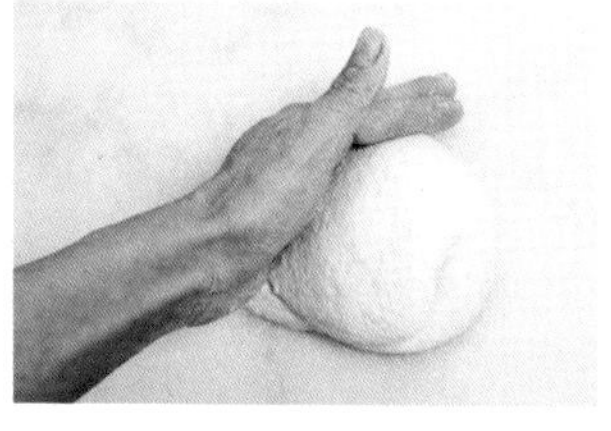

3. 反复揉搓至面团光滑且有筋性。

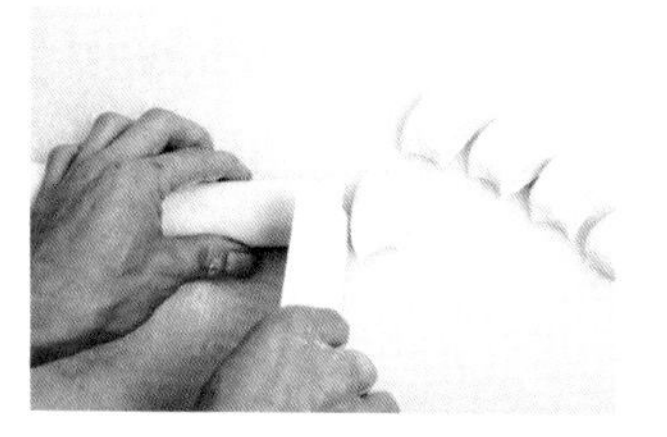

4. 将面团分成每份 30 克的小剂。

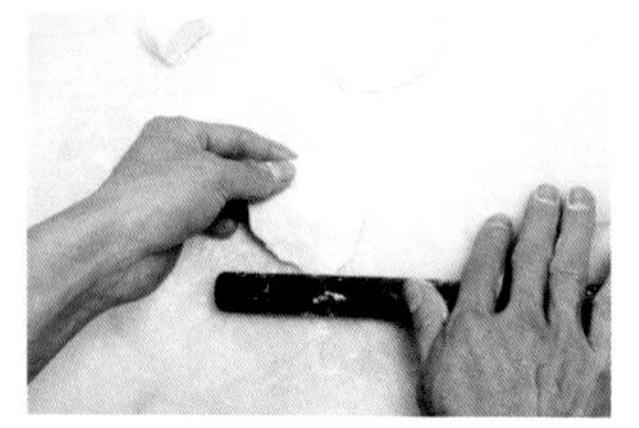

5. 擀成圆形面皮。

6. 将馅包入，收紧接口。

7. 放入蒸笼静置醒发 50 分钟后蒸 8 分钟。

8. 盛出即可。

燕麦大白菜包

面皮：低筋面粉 250 克，泡打粉 5 克，酵母 5 克，白糖 50 克，燕麦片 75 克，水 250 毫升，熟猪油 10 克。

馅：大白菜 250 克，盐 4 克，白糖 12 克，味精 8 克。

大师支招：大白菜使用前先焯水，再加盐轻抓一下。

制作步骤

1. 将低筋面粉开窝，加入泡打粉、酵母、白糖、燕麦片和水。

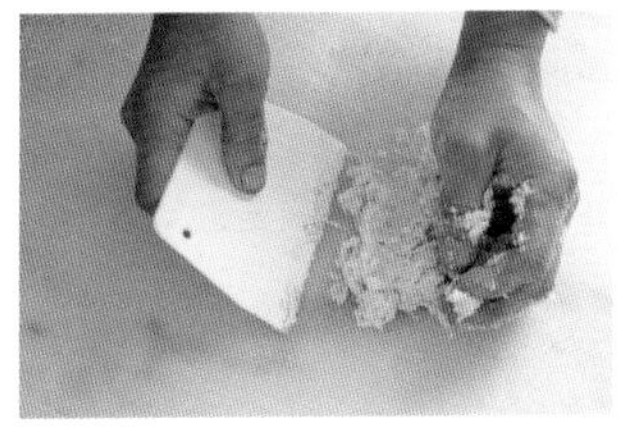

2. 和匀成面团。

3. 静置醒发 10 分钟。

4. 分成每份 25 克的小剂。

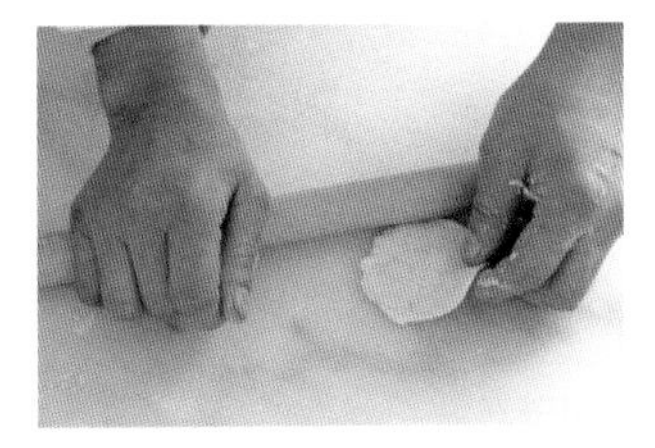

5. 擀成圆形面皮。

6. 大白菜焯水后，加入盐、白糖、味精拌匀成馅。

7. 将馅包入面皮中。

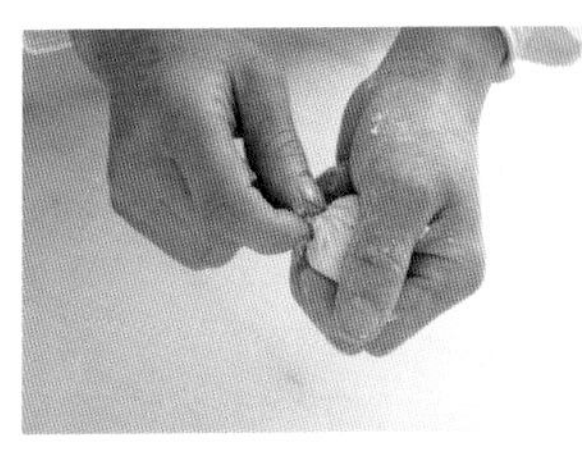

8. 收紧接口。

9. 静置醒发 45 分钟。

10. 放入蒸笼蒸30分钟即可。

健康素菜包

面皮：面粉 500 克，泡打粉 15 克，酵母 5 克，白糖 100 克，水 250 毫升。

馅：小白菜 100 克，胡萝卜 50 克，白萝卜 50 克，香菇 50 克，黑木耳 50 克，洋葱 50 克，盐 5 克，味精 7 克，白糖 8 克，淀粉 10 克。

大师支招：静置醒发的时间要充足，馅不能有太多水。

制作步骤

1. 把小白菜、胡萝卜、白萝卜、香菇、黑木耳、洋葱分别切成丝后混合，加入盐、味精、白糖和匀后拌入淀粉，作为馅。

2. 把面粉、泡打粉和匀，开窝，窝内放入酵母、白糖、水和匀，反复搓至面团纯滑。

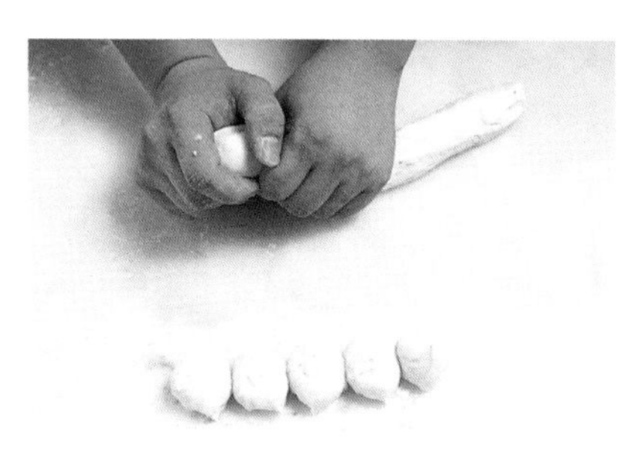

3. 把面团静置醒发 10 分钟，搓成长条形，再分成每份 35 克的小剂，并用擀面棍擀成薄面皮。

4. 将馅包入。

5. 捏成秋叶形，收紧接口。

6. 静置醒发 45 分钟后，放入蒸笼蒸约 9 分钟即可。

火腿冬蓉灌汤包

原料

面皮：高筋面粉 400 克，低筋面粉 100 克，水 220 毫升，盐 3 克。
馅：猪皮胶 350 克，冬瓜 500 克，火腿肉 50 克，干贝 50 克，肉末 50 克，盐 4 克，味精 3 克，鸡精 3 克，白糖 6 克，胡椒粉 2 克。
其他：上汤适量。

大师支招：面团要搓至纯滑、带筋性；包馅时要收紧接口，以免漏馅。

制作步骤

1. 将猪皮胶加热软化，加入冬瓜蓉搅拌成糊状。

2. 加入火腿肉碎、干贝碎、肉末、盐、味精、鸡精、白糖、胡椒粉，煮开后晾凉备用。

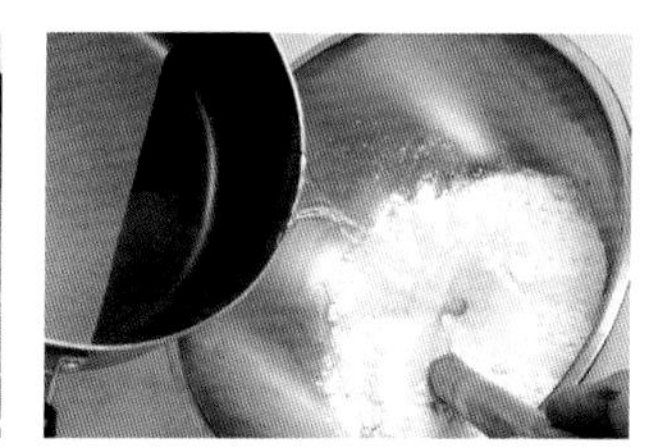

3. 用开水烫熟低筋面粉。

4. 将高筋面粉开窝，放入烫熟的低筋面粉和盐、水搓匀，反复搓至面团纯滑、带有筋性。

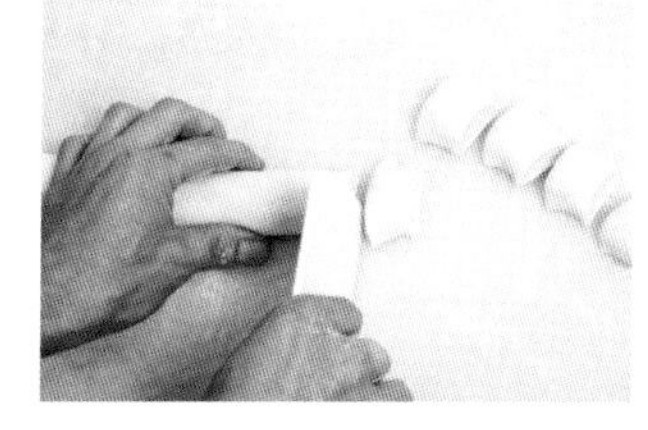

5. 把面团搓成长条形，分成每份 20 克的小剂。

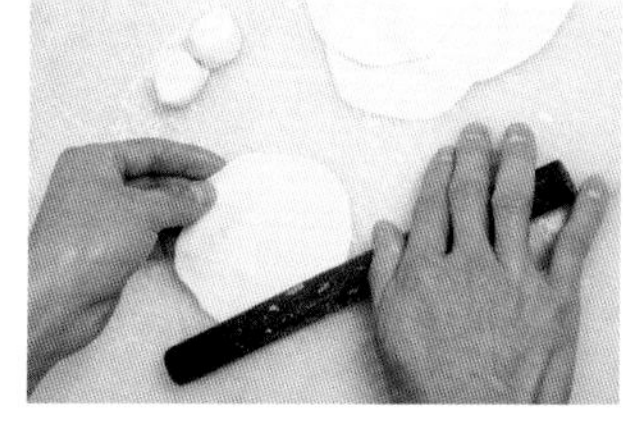

6. 擀成圆形面皮，厚约 2 毫米。

7. 将馅包入，捏成雀笼形，收紧接口。

8. 放于锡纸上，加入上汤，放入蒸笼蒸 12 分钟即可。

葱香鲜肉包

面皮：低筋面粉 1000 克，泡打粉 15 克，白糖 200 克，酵母 8 克，牛奶 100 毫升，猪油 10 克，水 350 毫升。

猪肉馅：五花肉 5000 克，盐 40 克，鸡精 75 克，白糖 100 克，淀粉 125 克，水 1000 毫升，碱水 80 毫升，食粉 5 克，胡椒粉 20 克，食用油 250 毫升。

鲜肉包馅：马蹄 150 克，香菇 100 克，猪肉馅 300 克，葱 150 克，盐 3 克，白糖 4 克，味精 3 克。

大师支招：制作猪肉馅时，五花肉最好冷冻 1 小时后再搅烂，这样才不易出油。

猪肉馅制作步骤

1. 将五花肉冷冻后搅烂。

2. 加入盐、鸡精、白糖、淀粉、水、碱水、食粉、胡椒粉拌匀。

3. 加入食用油用手和匀，然后再冷冻，静置 5 小时。

葱香鲜肉包制作步骤

1. 将猪肉馅和马蹄粒、香菇粒、葱粒拌匀，再加入盐、白糖、味精拌匀成鲜肉包馅。

2. 将低筋面粉与泡打粉和匀，开窝，加入白糖、酵母、牛奶、猪油和水。

3. 先使部分面粉与白糖和酵母等混合均匀，再与剩余的面粉和匀。

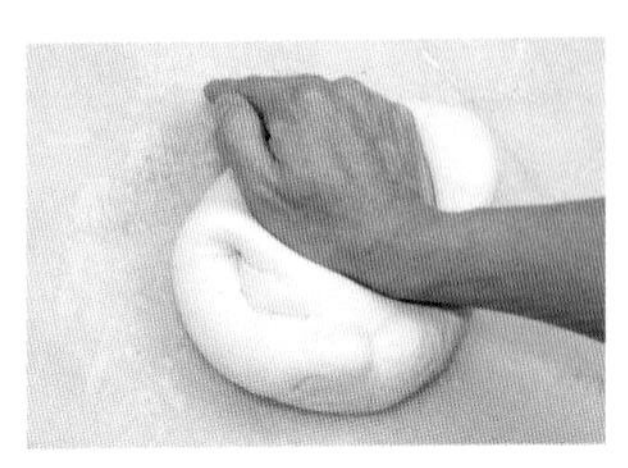

4. 搓成面团。

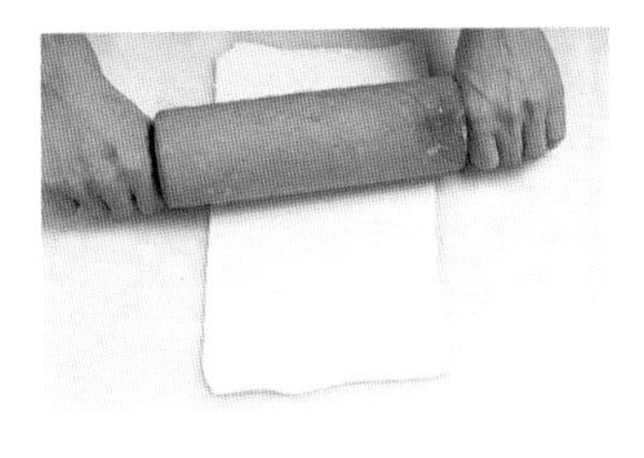

5. 用擀面棍擀至面团表面纯滑。

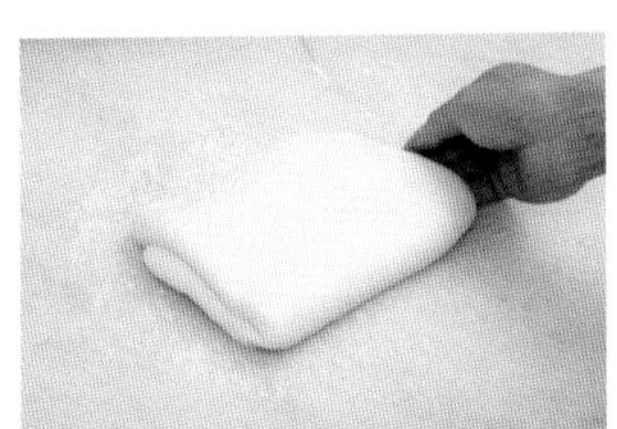

6. 叠起醒发几分钟。

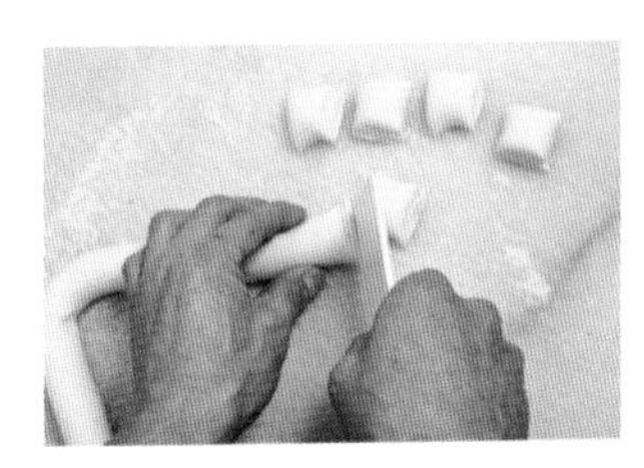

7. 搓成长条形，分成每份 30 克的小剂。

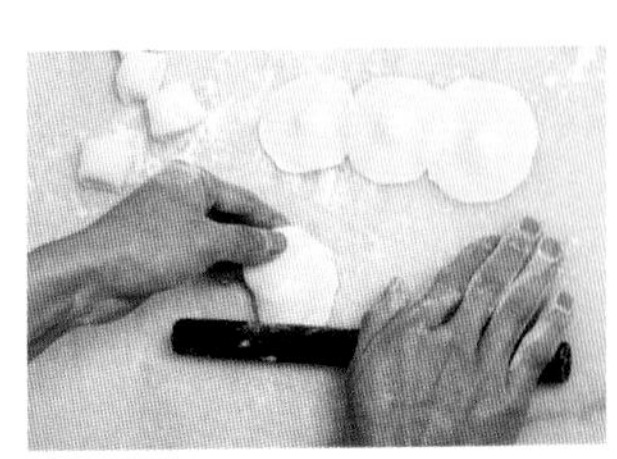

8. 擀成圆形面皮。

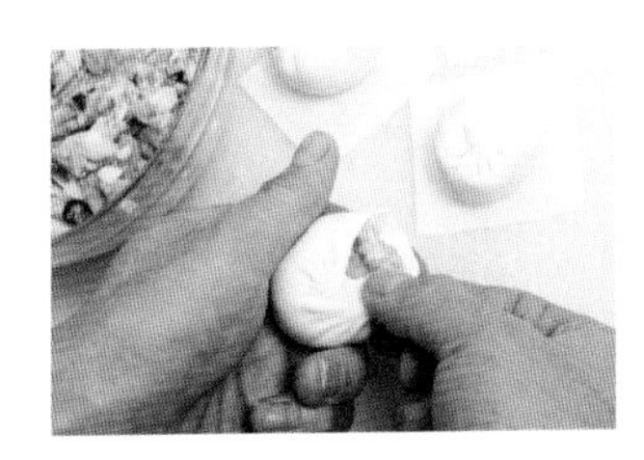

9. 将鲜肉包馅包入，捏成雀笼形，收紧接口。

10. 放入蒸笼静置醒发 45 分钟后，蒸 8 分钟即可。

香煎菜肉包

原料

面皮：低筋面粉 1000 克，白糖 200 克，泡打粉 15 克，酵母 8 克，牛奶 100 毫升，水 350 毫升，猪油 10 克。

馅：白菜 400 克，味精 4 克，白糖 6 克，淀粉 6 克，猪油 10 克，猪肉馅 200 克，盐 3 克。

其他：食用油、白芝麻各适量。

（面团、猪肉馅的制作请参考第 19 页）

大师支招： 拌馅时盐须最后放，以免白菜出水。

制作步骤

1. 将白菜切成丝，用热锅灼一下，使菜丝变软。

2. 用手轻轻抓干白菜上的水分，然后加入味精、白糖、淀粉、猪油和猪肉馅拌匀，最后加盐拌匀成馅。

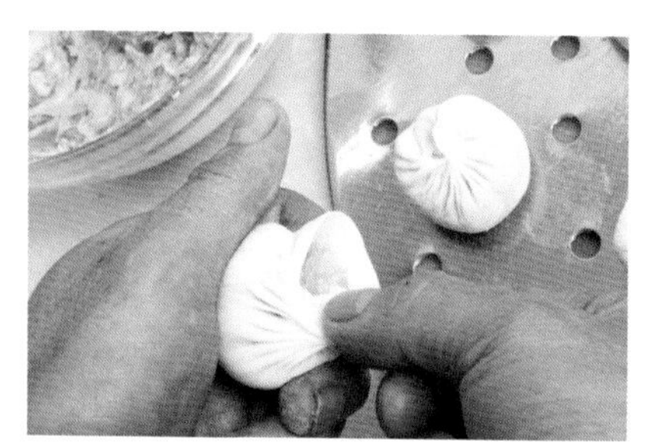

3. 将面团分成每份 20 克的小剂，将馅包入，捏成雀笼形，收紧接口。

4. 在蒸盘表面刷上食用油，放上包子，静置醒发 45 分钟后，蒸 8 分钟。

5. 用不粘锅煎至肉包两面呈金黄色。

6. 出锅，撒上白芝麻即可。

海菜鲜肉包

原料

面皮：低筋面粉 1000 克，白糖 200 克，泡打粉 15 克，酵母 8 克，牛奶 100 毫升，水 350 毫升，猪油 10 克。

馅：干海菜 100 克，猪肉碎 500 克，盐 5 克，味精 7 克，白糖 10 克，淀粉 10 克，胡萝卜丝 20 克。

（面团的制作请参考第 19 页）

大师支招：海菜要泡洗干净，以免有沙泥。

1. 干海菜用冷水浸泡 10 分钟，沥干水分。

2. 猪肉碎中加入盐、味精、白糖、淀粉拌匀。

3. 用手轻甩打至起胶。

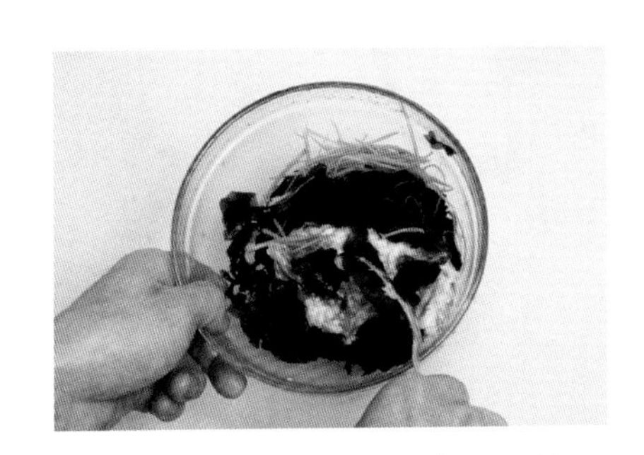

4. 然后加入胡萝卜丝、海菜，拌匀成馅。

5. 将面团分成每份 25 克的小剂，将馅包入，折出花边，留适量海菜在边上。

6. 放入蒸笼静置醒发 45 分钟后，蒸 8 分钟即可。

鲍汁叉烧包

面皮：低筋面粉 1500 克，面种 50 克，水 175 毫升，泡打粉 10 克，白糖 120 克，碱水 0.5 毫升，牛奶 50 毫升，臭粉 3 克。

鲍汁芡：上汤 500 毫升，鲍汁 100 毫升，老抽 10 毫升，酱油 50 毫升，盐 10 克，味精 10 克，鸡精 20 克，白糖 200 克，马蹄粉 50 克，淀粉 100 克，姜、葱、食用油、香油各适量。

馅：叉烧肉 250 克，鲍汁芡 200 克。

大师支招：面团不宜发酵过头，碱水视面团发酵程度添加。

鲍汁芡制作步骤

1. 锅烧热后放入食用油，爆香姜、葱。

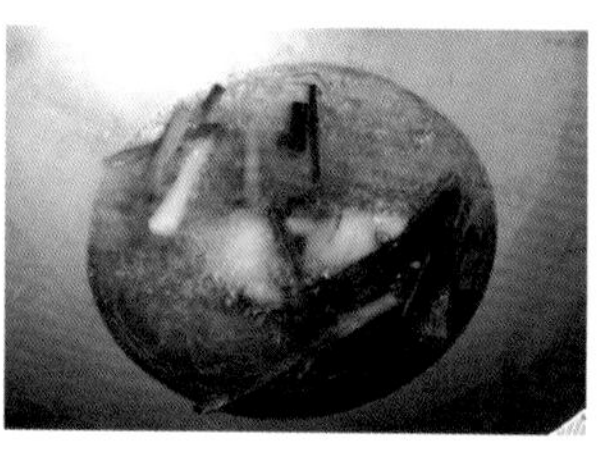

2. 加入上汤稍煮片刻，等姜、葱出味。

3. 加入鲍汁、老抽、酱油、盐、味精、鸡精、白糖稍煮片刻。

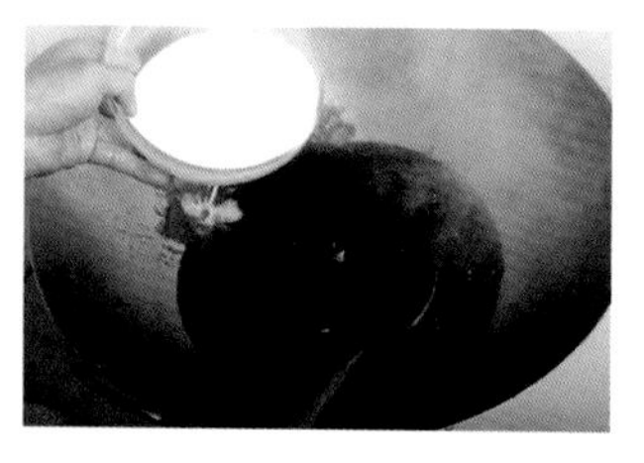

4. 把姜、葱滤掉，然后加入马蹄粉、淀粉，边加入边搅拌。

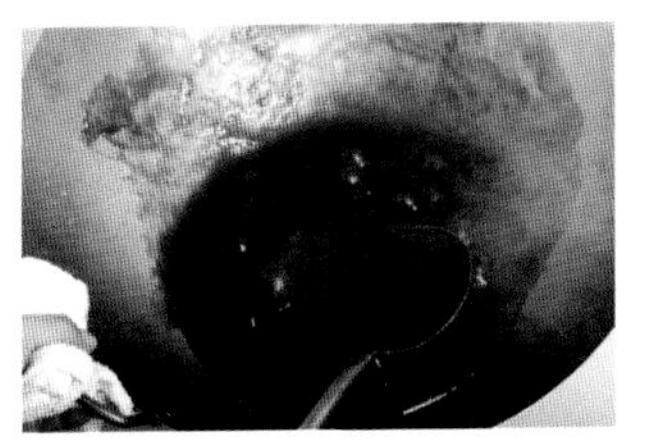

5. 用小火煮并搅拌约 15 分钟，至完全熟透带有筋性。

6. 盛盘后，加入适量香油封住表面，以防散失水分。

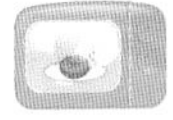

鲍汁叉烧包制作步骤

1. 将 325 克低筋面粉开窝。

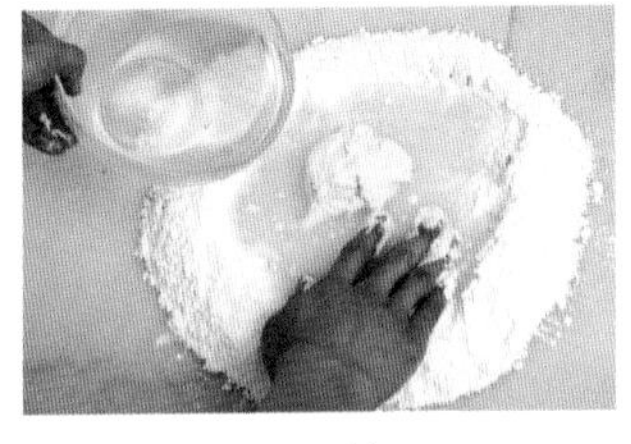

2. 加入水和面种。

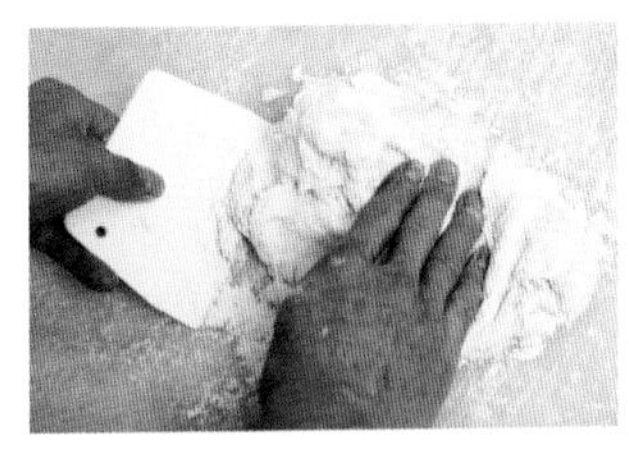

3. 用手搓匀。

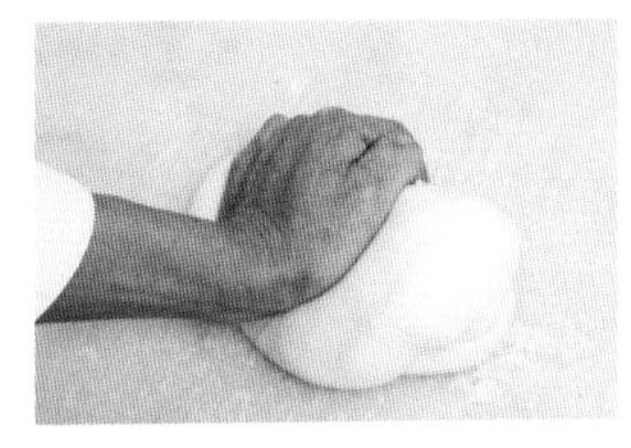

4. 搓至面团纯滑，装入桶中并加盖密封，在常温 24 ~ 28℃下，发酵 6 ~ 7 小时。
（注：每次需留下少量面种，用于下次面团的制作）

5. 将叉烧肉与鲍汁芡拌匀成馅。

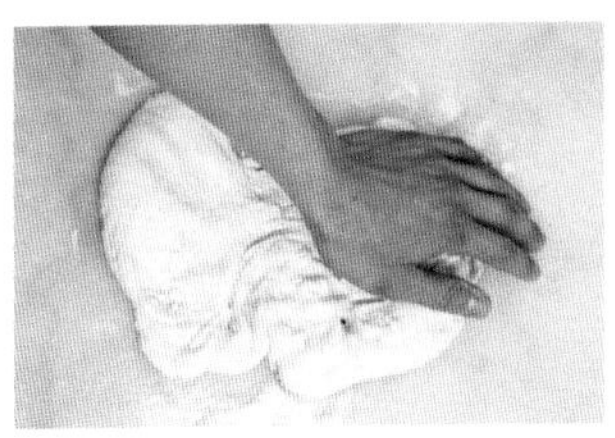

6. 面团发酵好后，加入白糖顺同一方向搓至面团表面光滑。

7. 加入牛奶、碱水、臭粉搓匀。

8. 将剩余的低筋面粉和泡打粉和匀，加入步骤 7 的面团搓匀至面团表面光滑。

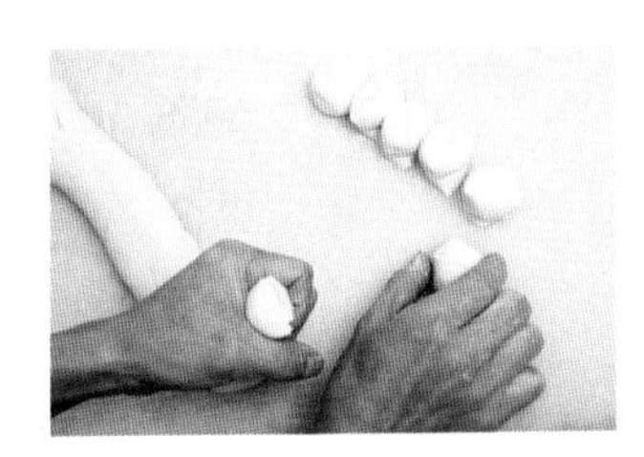

9. 把面团搓成长条形，分成每份 30 克的小剂。

10. 擀成圆形面皮，中间稍厚，周边稍薄。

11. 将馅包入，捏成雀笼形，收紧接口。

12. 放入蒸笼静置醒发 45 分钟后，蒸 8 分钟即可。

菜汁牛肉煎包

面皮：低筋面粉 1000 克，泡打粉 15 克，酵母 8 克，白糖 200 克，牛奶 100 毫升，猪油 10 克，水 350 毫升，菠菜 400 克。

馅：牛肉 350 克，香芹 150 克，盐 4 克，味精 6 克，白糖 10 克，淀粉 10 克，食用油 10 毫升。

其他：食用油、葱丝各适量。

大师支招：榨菠菜汁时可加适量盐，这样能保持菠菜汁青绿。

制作步骤

1. 将牛肉、香芹切碎，混合后加入盐、味精、白糖、淀粉、食用油，拌匀成馅。

2. 菠菜中加入水，榨汁。

3. 将低筋面粉开窝，加入泡打粉、酵母、白糖、牛奶、猪油、水及菠菜汁搓匀成面团。

4. 反复搓至面团纯滑。

5. 搓成长条形，分成每份 25 克的小剂。

6. 擀成长方形，将馅包入，再卷成小条形。

7. 放于已刷食用油的多眼蒸盘上，静置醒发 45 分钟后蒸熟。

8. 用不粘锅煎至两面呈金黄色，撒上适量葱丝即可。

黑椒汁火腩包

原料

面皮：低筋面粉 1000 克，泡打粉 15 克，白糖 200 克，酵母 8 克，椰浆 50 毫升，牛奶 100 毫升，猪油 10 克，水 300 毫升。
馅：叉烧肉 500 克，鲍汁芡 100 毫升，黑椒汁 10 毫升，叉烧汁 5 毫升。
（鲍汁芡的制作请参考第 22~23 页）

大师支招：卷辫形时，面条要粗细均匀，以免影响外观。

制作步骤

1. 叉烧肉切件，每份 40 克，加入鲍汁芡、黑椒汁、叉烧汁拌匀成馅。

2. 将低筋面粉与泡打粉和匀，开窝，加入白糖、酵母、椰浆、牛奶、猪油和水。

3. 先使部分面粉与白糖和酵母等混合均匀，再与剩余的面粉和匀。

4. 反复搓至面团纯滑。

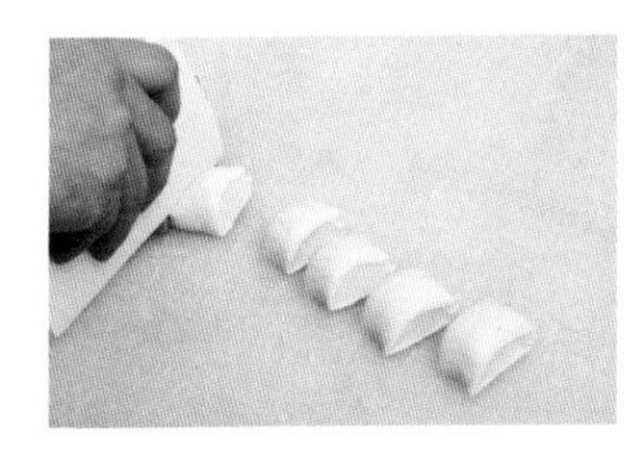

5. 将面团分成每份 5 克的小剂，并搓成细长面条形。

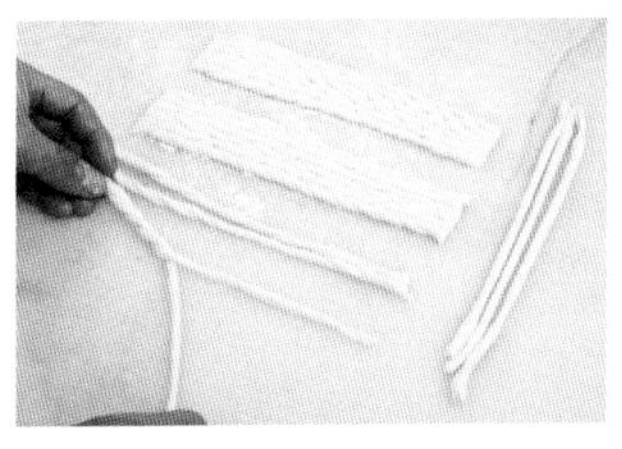

6. 把面条卷成辫形，6 条拼成一组。

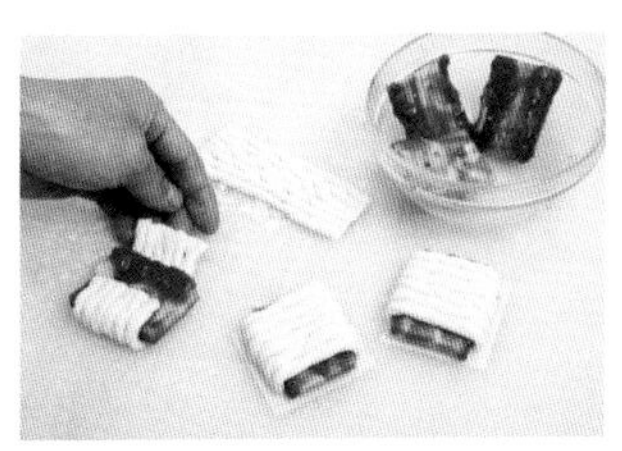

7. 把馅放中间，卷起，接口向下放在包底纸上。

8. 放入蒸笼静置醒发 40 分钟后，蒸 8 分钟即可。

桑粉冰肉包

面皮：桑叶粉 50 克，低筋面粉 500 克，泡打粉 8 克，酵母 5 克，白糖 100 克，水 250 毫升。

馅：肥肉 250 克，白糖 100 克，料酒 15 毫升。

大师支招：在肥肉中加料酒可以去除油腻。

制作步骤

1. 将肥肉切成小粒。

2. 放入白糖、料酒和匀，制成馅。

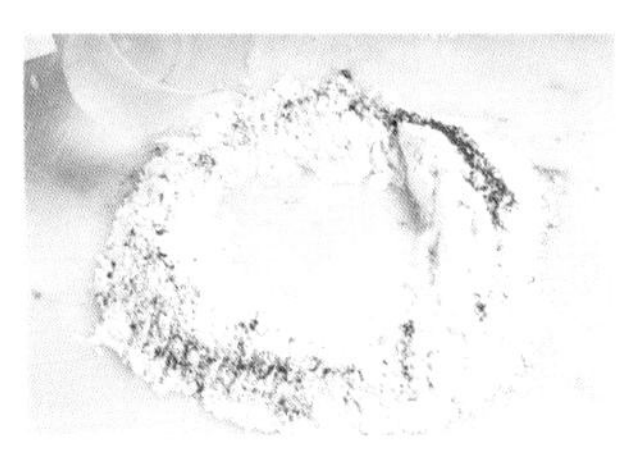

3. 把桑叶粉、低筋面粉、泡打粉和匀，开窝。

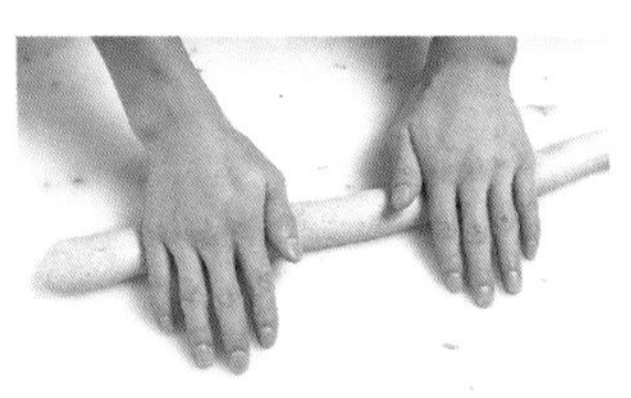

4. 加入酵母、白糖、水和匀，搓成长条形。

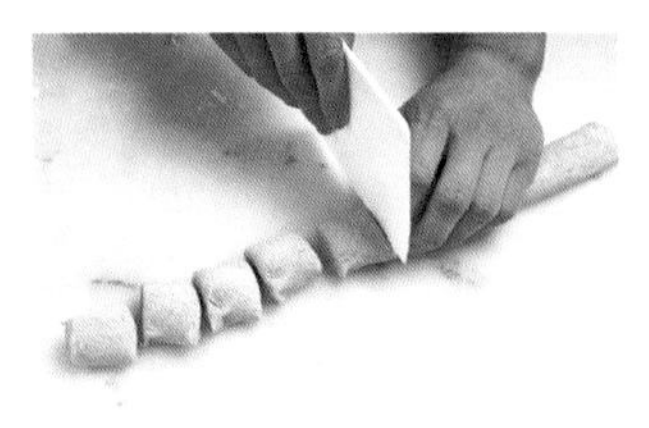

5. 分切成每份约 30 克的小剂。

6. 压扁后擀成圆形面皮。

7. 将馅包入，捏紧收口，呈雀笼形。

8. 收口朝下放入蒸笼静置醒发 35 分钟后，蒸约 8 分钟即可。

岭南鲜肉包

面皮：面粉 500 克，白糖 100 克，泡打粉 15 克，吉士粉 5 克，水 250 毫升。
馅：猪肉 500 克，葱 30 克，盐 6 克，味精 7 克，白糖 10 克。

大师支招：静置醒发的时间要充足。

制作步骤

1. 将面粉过筛。

2. 将面粉开窝，加入泡打粉、吉士粉、白糖、水和匀，搓至面团表面光滑。

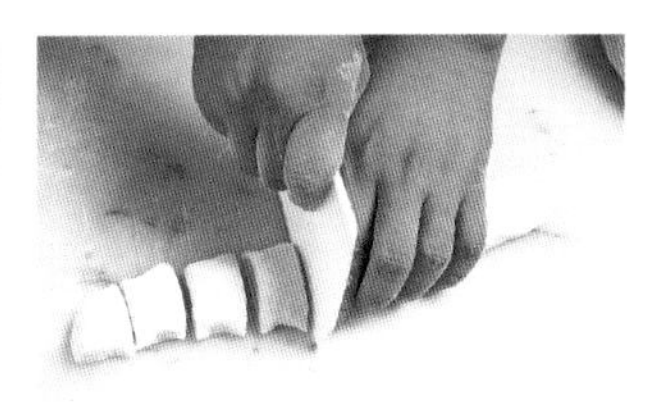

3. 搓成长条形后，分切成每份 30 克的小剂。

4. 用擀面棍擀成圆形面皮。

5. 猪肉剁碎，葱切碎，然后将它们混合拌匀。

6. 放入盐、味精、白糖和匀，制成馅。

7. 将馅包入面皮中，收紧接口，做出褶子。

8. 静置醒发 25 分钟后，放入蒸笼蒸 10 分钟即可。

蟹黄小笼包

面皮：面粉 500 克，水 250 毫升。

馅：猪肉 250 克，盐 6 克，味精 8 克，白糖 9 克。

其他：蟹黄适量。

大师支招：馅料要有足够的水分。

制作步骤

1. 把猪肉剁烂，加入盐、味精、白糖拌匀成馅。

2. 取 50 克面粉，加开水烫熟。

3. 再加入剩余的面粉及水和匀，搓成面团。

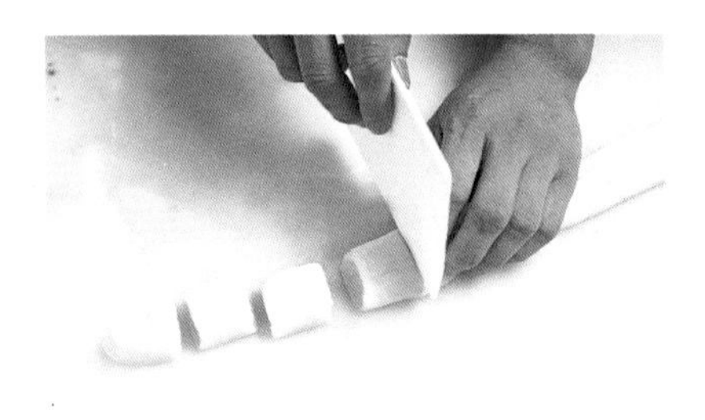

4. 搓成长条形，分成每份约 15 克的小剂，用擀面棍擀成圆形面皮。

5. 将馅包入，捏成雀笼形，收紧接口。

6. 静置醒发 30 分钟后，放入蒸笼蒸 7 分钟，熟后放上适量蟹黄即可。

脆皮黄金包

面皮：面粉 500 克，泡打粉 15 克，酵母 5 克，白糖 100 克，水 250 毫升。
馅：猪肉 150 克，叉烧肉 150 克，马蹄 50 克，葱 10 克，盐 5 克，味精 6 克，白糖 8 克。
其他：食用油、芝麻粒各适量。

大师支招：必须待食用油加热至约 160℃才能放入包子，不然芝麻会脱落。

制作步骤

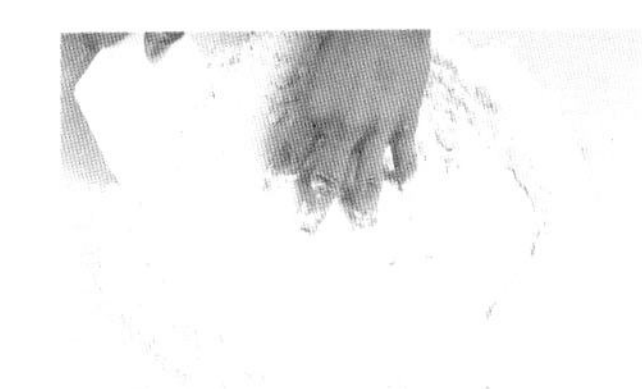

1. 把面粉与泡打粉混合均匀，再加入酵母、白糖、水和匀，搓成面团。

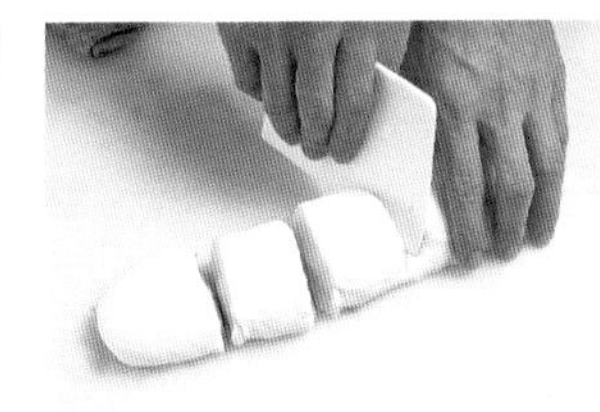

2. 把面团搓至表面光滑，再搓成圆棒状，分切成每份 40 克的小剂。

3. 用擀面棍擀成圆形面皮。

4. 把猪肉、叉烧肉、马蹄、葱切成粒后混合。

5. 加入盐、味精、白糖拌匀成馅。

6. 将馅包入面皮中，捏圆。

7. 包子表面粘上芝麻，再把包子稍微压扁。

8. 静置醒发 1 小时后，放入蒸笼蒸 12 分钟，然后放入 160℃的食用油中炸至表面呈金黄色即可。

蚬壳马蹄包

面皮：面粉 500 克，泡打粉 8 克，酵母 5 克，白糖 100 克，水 250 毫升，桑叶粉 5 克。
馅：猪肉 250 克，胡萝卜 50 克，马蹄 100 克，葱 50 克，盐 5 克，白糖 8 克，味精 6 克。

大师支招：两种面皮的色彩要分明，这样成品才美观。

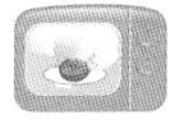

制作步骤

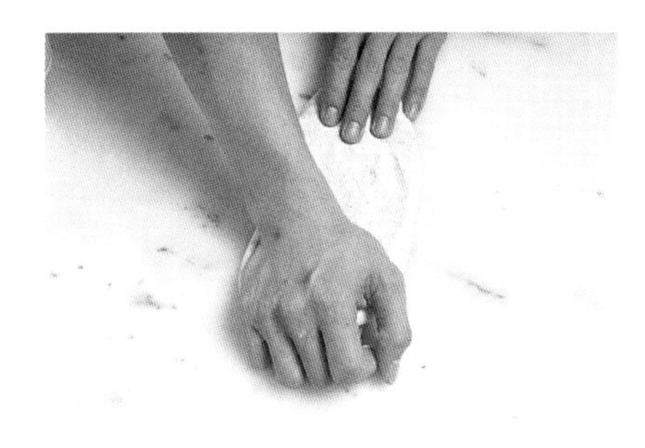

1. 把面粉、泡打粉混合均匀，开窝，加入酵母、白糖、水和匀。

2. 搓至面团表面光滑。

3. 将面团分成两份，其中一份加入桑叶粉和匀。

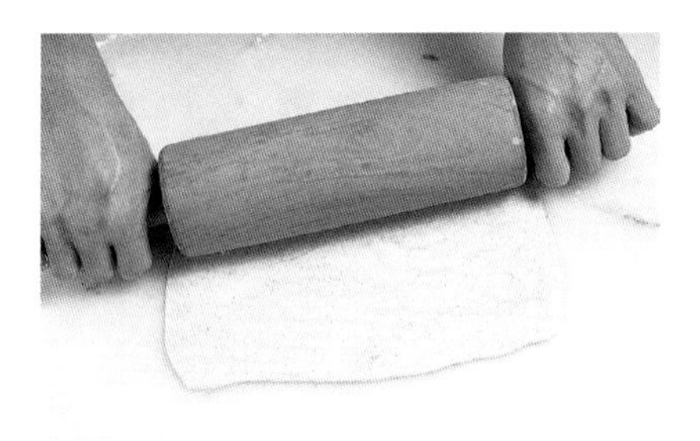

4. 将两份面团都擀成薄片。

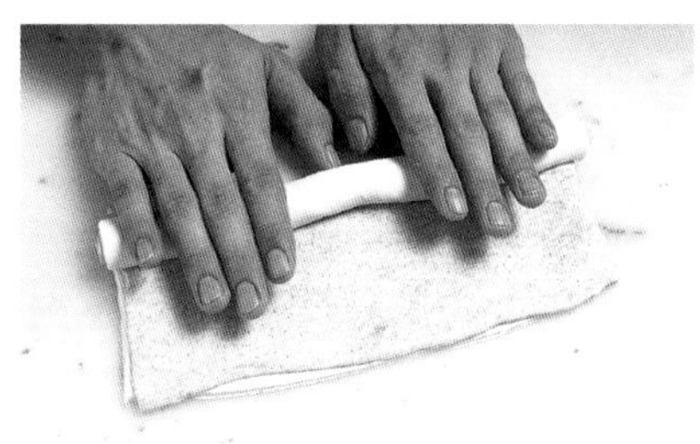

5. 将两片叠在一起，卷成条。

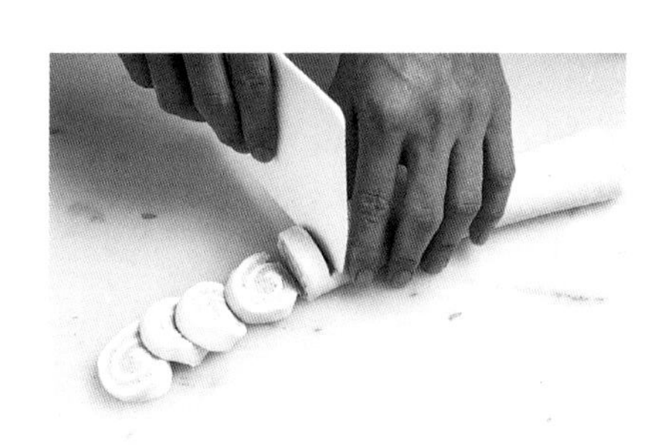

6. 切成每份约 30 克的小剂。

7. 用擀面棍擀成圆形面皮。

8. 将猪肉、胡萝卜、马蹄、葱切碎后混合，加入盐、白糖和味精和匀，制成馅。

9. 将馅包入面皮中，收紧接口。

10. 静置醒发 45 分钟后，放入蒸笼蒸 8 分钟即可。

甘笋流沙包

面皮：低筋面粉 1000 克，胡萝卜 520 克，白糖 120 克，泡打粉 15 克，酵母 8 克。
流沙馅：咸蛋黄 150 克，奶粉 50 克，吉士粉 50 克，黄油 120 克，白牛油 100 克，白糖 150 克。

大师支招：流沙馅要搅拌至起发。

流沙馅制作步骤

1. 将咸蛋黄蒸熟，用刮刀压烂成粉状。

2. 加入奶粉、吉士粉、黄油、白牛油拌匀。

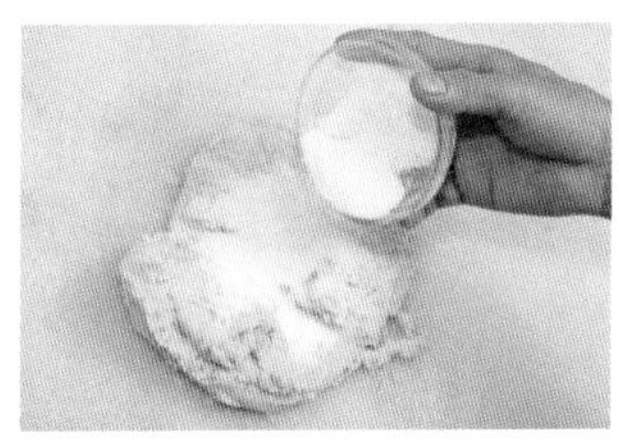

3. 加入白糖轻轻拌匀。

4. 分成每份 20 克的小剂，搓成圆形，稍冷藏备用。

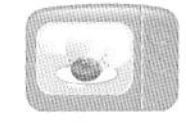

甘笋流沙包制作步骤

1. 胡萝卜榨汁。

2. 将低筋面粉开窝，加入白糖、泡打粉、酵母、胡萝卜汁和匀。

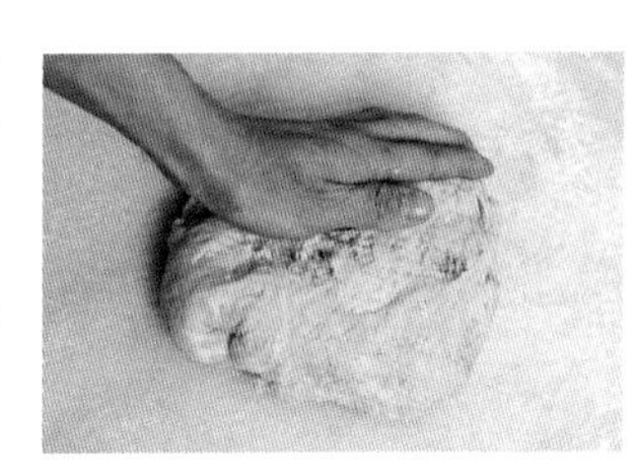

3. 搓至面团纯滑。

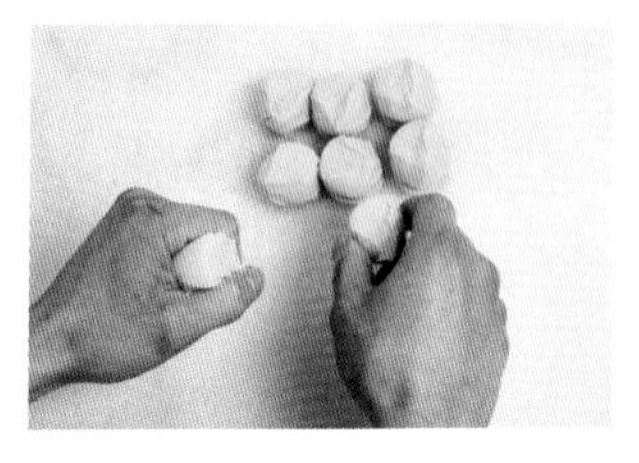

4. 分成每份 30 克的小剂。

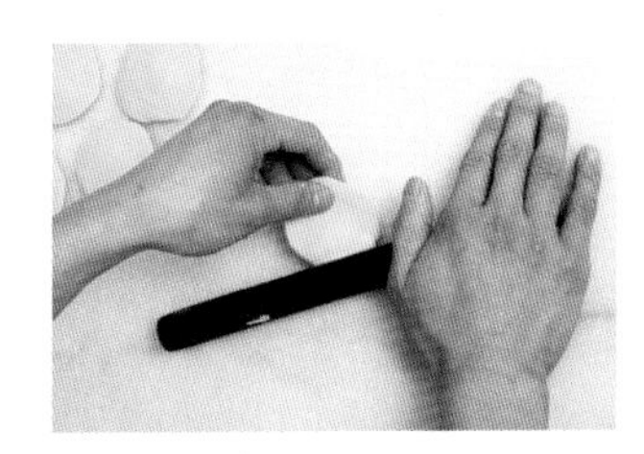

5. 擀成圆形面皮，厚薄要均匀。

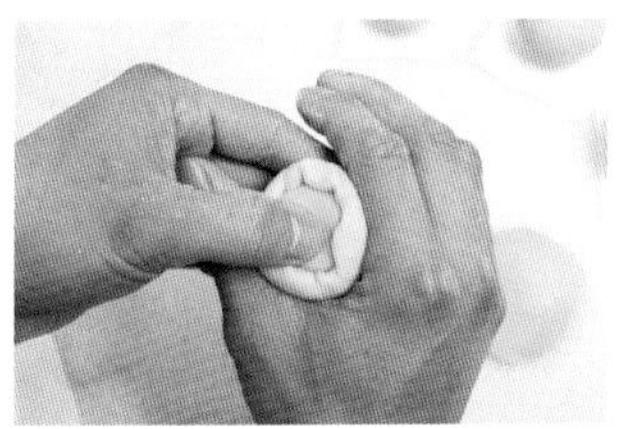

6. 将流沙馅包入，收紧接口。

7. 放入蒸笼静置醒发 50 分钟后，用中火蒸 7 分钟即可。

鲜奶椰浆赤豆包

面皮：低筋面粉 1000 克，白糖 200 克，泡打粉 15 克，酵母 8 克，牛奶 100 毫升，水 350 毫升，猪油 10 克。
鲜奶馅：低筋面粉 20 克，奶粉 15 克，玉米粉 50 克，淀粉 10 克，白糖 90 克，鲜牛奶 150 毫升，白奶油 50 克，椰浆 100 毫升，蛋清 40 克，炼乳 80 克。
馅：赤豆 250 克，鲜奶馅适量。
油心：低筋面粉 250 克，猪油 120 克。
（面团的制作请参考第 19 页）

大师支招：赤豆不要蒸得太熟，以保持粒状。

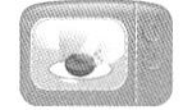

鲜奶馅制作步骤

1. 把低筋面粉、奶粉、玉米粉、淀粉、白糖拌匀，再加入鲜牛奶、白奶油、椰浆、蛋清、炼乳拌匀至无粒状。

2. 用纱网笊篱滤去杂质。

3. 放进蒸笼，每隔 4 分钟用打蛋器搅拌一下，以免沉底，直至蒸熟。

鲜奶椰浆赤豆包制作步骤

1. 把赤豆蒸熟、晾凉后，加入鲜奶馅，拌匀成馅。

2. 将制作油心所有的原料混合，搓匀成油心。

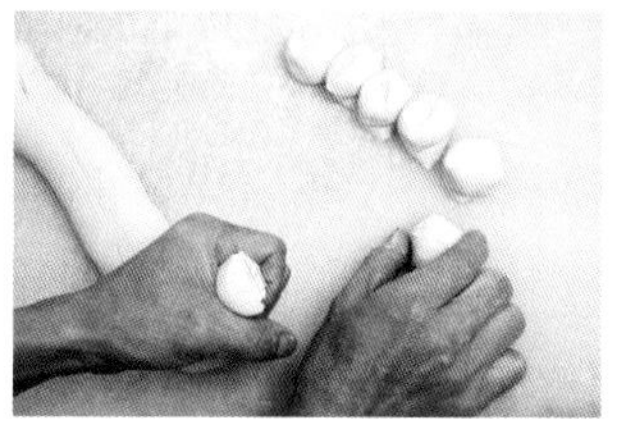

3. 把面团搓成长条形，分成每份 20 克的小剂。

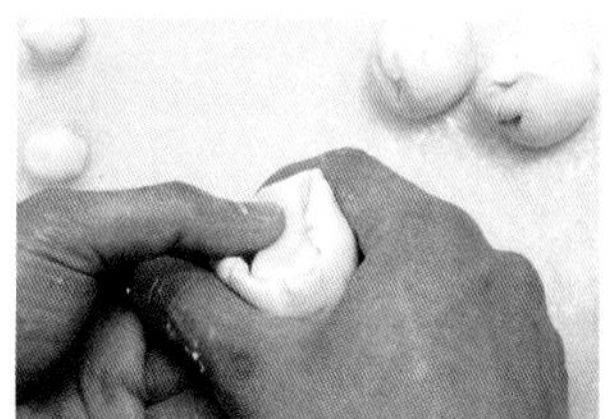

4. 每份包入 10 克油心。

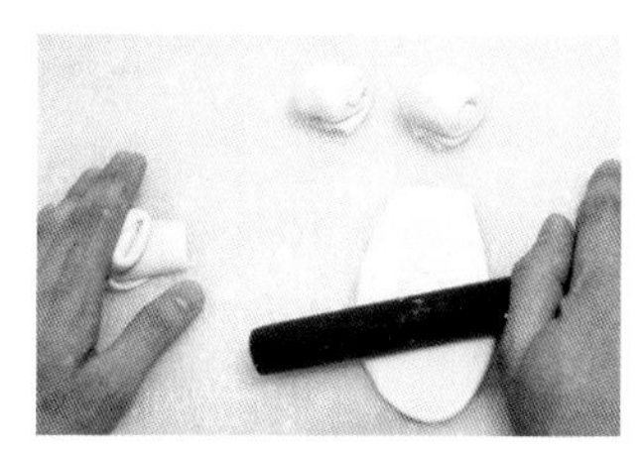

5. 擀薄，卷起折成 3 折。

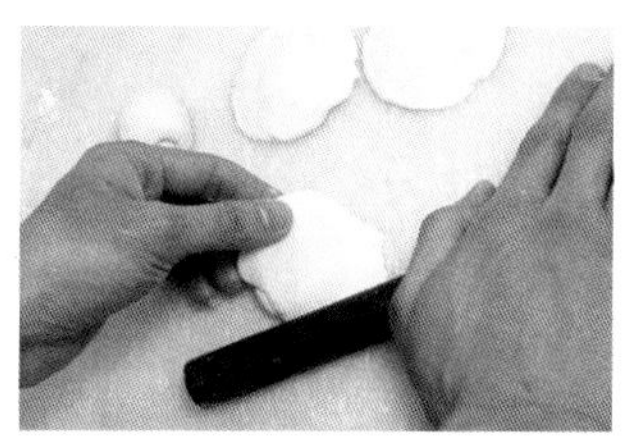

6. 擀成圆形面皮。

7. 将馅包入，收紧接口。

8. 放入蒸笼静置醒发 45 分钟后，蒸 8 分钟即可。

可可鲜奶核桃包

面皮：低筋面粉 250 克，可可粉 50 克，泡打粉 5 克，酵母 5 克，白糖 25 克，水 125 毫升。馅：纯牛奶 250 毫升，核桃（切碎）50 克，白糖 25 克。

大师支招：面皮和馅的用量比例控制在 5:1。

制作步骤

1. 将低筋面粉、泡打粉、酵母、25克白糖、水和匀成面团。

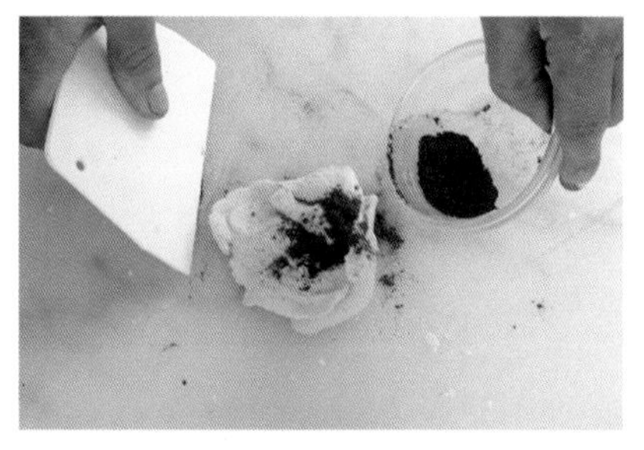

2. 加入可可粉和匀。

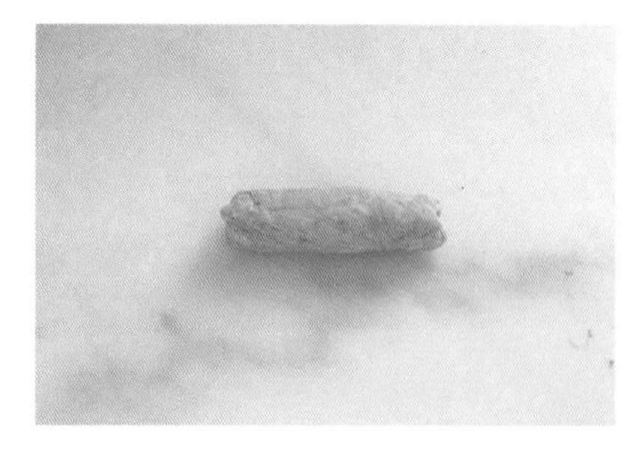

3. 静置醒发 20 分钟。

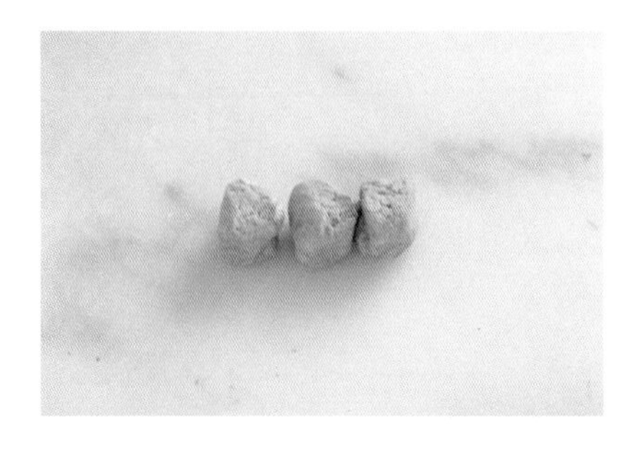

4. 分成每份 25 克的小剂。

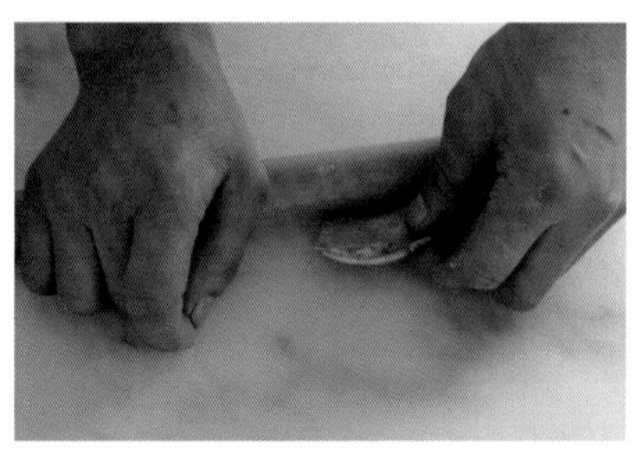

5. 擀成圆形面皮。

6. 核桃碎中加入纯牛奶拌匀。

7. 加入 25 克白糖拌匀成馅。

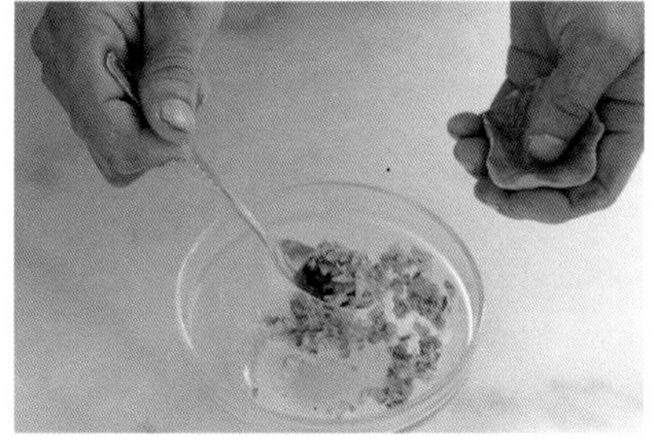

8. 将馅包入圆形面皮中。

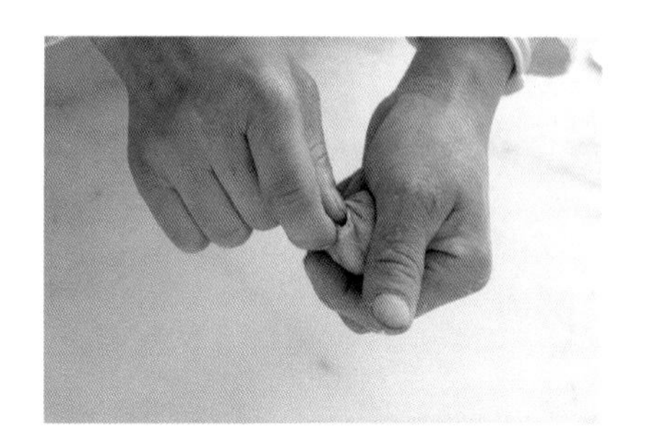

9. 收紧接口。

10. 放入蒸笼静置醒发 45 分钟后，蒸熟即可。

莲蓉包

面皮：低筋面粉 500 克，白糖 100 克，泡打粉 4 克，改良剂 25 克，酵母 4 克，水 225 毫升。

馅：莲蓉适量。

大师支招：包馅时不要把包子旋转过度，否则馅会偏离中心，出现厚薄不均的现象。

制作步骤

1. 将低筋面粉开窝，加入白糖、泡打粉、改良剂、酵母。

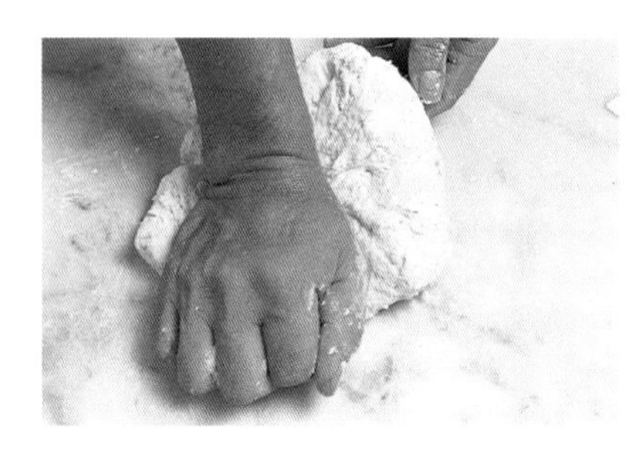

2. 加水和匀，搓至白糖溶化、面团表面光滑。

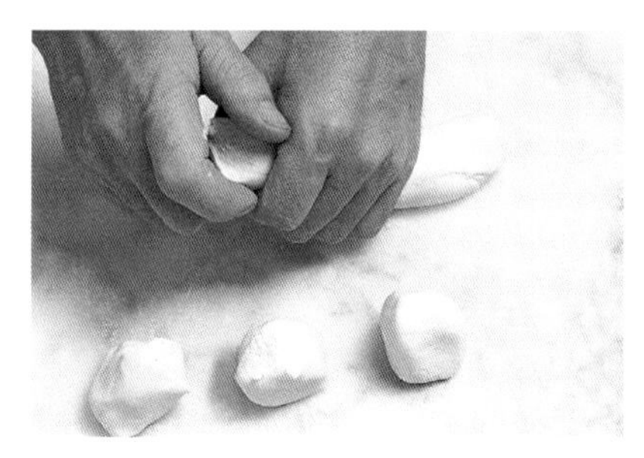

3. 将面团分成小剂。

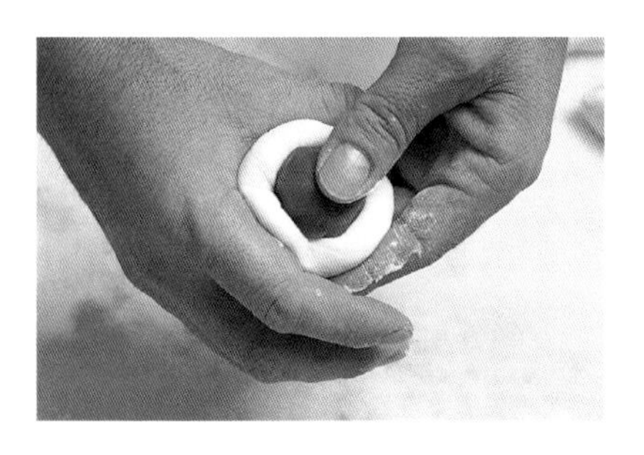

4. 包入莲蓉馅。

5. 搓圆，在常温下静置醒发 60 分钟。

6. 放入蒸笼用大火蒸约 10 分钟即可。

奶皇包

面皮：低筋面粉 500 克，白糖 100 克，泡打粉 4 克，改良剂 25 克，酵母 4 克，水 225 毫升。

馅：奶皇馅适量。

大师支招：包子要待醒发松软后再蒸。

制作步骤

1. 将低筋面粉开窝，加入白糖、泡打粉、改良剂、酵母和水。

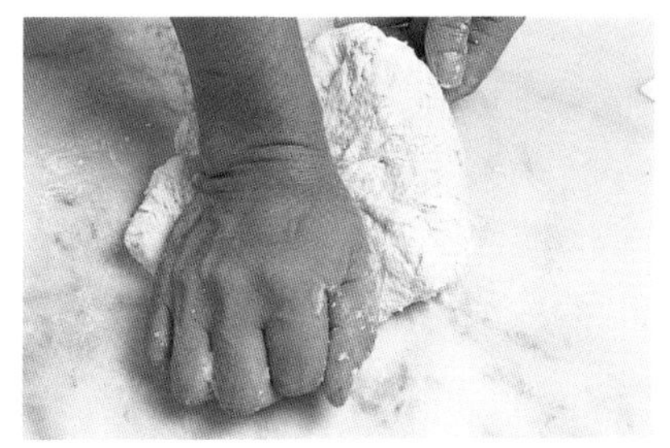

2. 和匀，搓至白糖溶化、面团表面光滑。

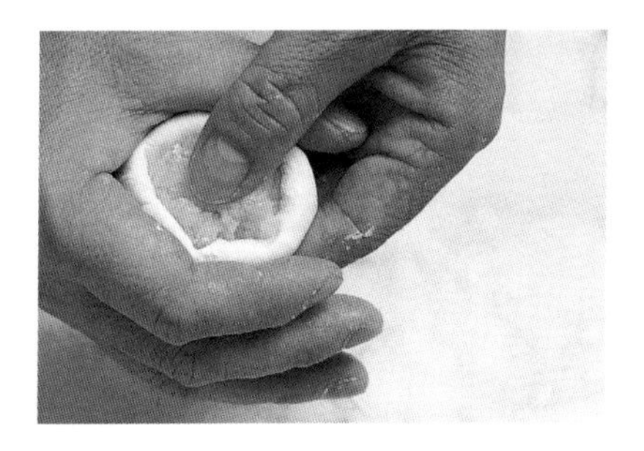

3. 将面团分成小剂，包入奶皇馅。

4. 搓圆，在常温下静置醒发 60 分钟。

5. 放入蒸笼用大火蒸约 10 分钟即可。

蚝汁叉烧包

面皮：面种 500 克，面粉 250 克，泡打粉 15 克，臭粉 3 克，白糖 250 克，碱水适量。

馅：盐 8 克，味精 7 克，白糖 10 克，蚝油 15 毫升，面粉 100 克，淀粉 50 克，水 1000 毫升，叉烧肉 250 克。

大师支招：包子皮厚薄要均匀，以免漏馅。

制作步骤

1. 把制作馅的原料中的盐、味精、白糖、蚝油拌匀。

2. 再加入面粉、淀粉、水煮匀成芡汁。

3. 叉烧肉切成粒，加入芡汁，拌匀成馅。

4. 在面种中加入白糖、臭粉、碱水和匀。

5. 加入面粉、泡打粉和匀，搓揉至面团表面光滑。

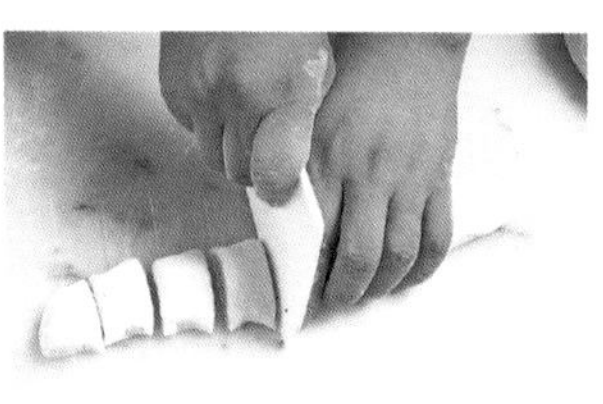

6. 把面团搓成长条形，再分切成每份 30 克的小剂。

7. 擀成圆形面皮，包入馅。

8. 静置醒发 30 分钟后，放入蒸笼用大火蒸 8 分钟即可。

酥皮奶油包

酥油500克，糖粉500克，面粉500克，黄油50克，水200毫升，鸡蛋2个，奶油100克。

大师支招：炉温不能过高，否则包子不膨松。

制作步骤

1. 把酥油、糖粉、适量面粉和匀，制成菠萝油皮。

2. 将剩余面粉、黄油和匀后，加入鸡蛋、水拌匀，制成面糊。

3. 将面糊挤成丸子。

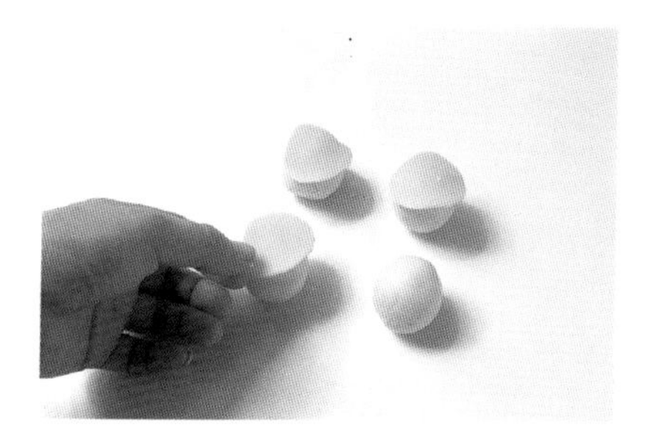

4. 盖上菠萝油皮。

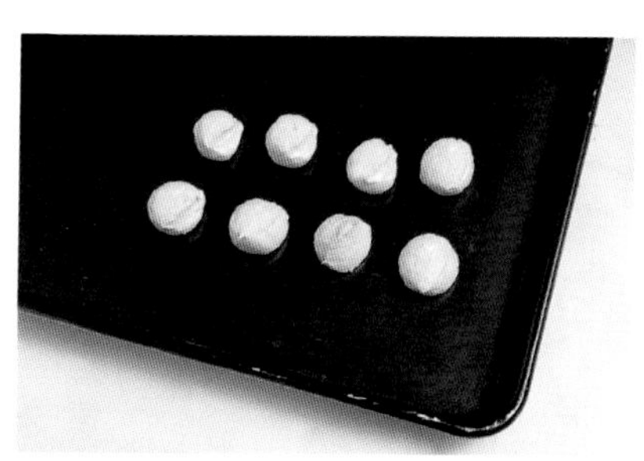

5. 放入烤盘中，入炉，以210℃烘烤约15分钟。

6. 出炉后，用裱花袋和花嘴将奶油从底部挤入包子内即可。

饺子类

碧绿白菜肉饺

白菜 200 克，胡萝卜 50 克，猪肉 150 克，盐 6 克，白糖 9 克，味精 7 克，蟹黄、面皮各适量。

大师支招：要用大火蒸，用小火蒸会使饺子皮过黏，口感不好。

制作步骤

1. 把白菜、胡萝卜、猪肉切成粒状，剁碎，一起放在碗中。

2. 放入盐、味精、白糖和匀，成馅。

3. 把馅包入面皮中。

4. 对叠，使面皮的边缘粘合。

5. 把两个边角捏拢，做成元宝状。

6. 在元宝上放上蟹黄，入蒸笼蒸 4 分钟即可。

晶莹香菜肉饺

面皮：淀粉150克，澄面350克，盐4克，水520毫升。

馅：猪肉馅400克，香菜150克，胡萝卜50克，马蹄100克，盐、味精各适量。

（猪肉馅的制作请参考第19页）

大师支招：面皮的接口要捏紧，以防止爆口。

制作步骤

1. 将猪肉馅和香菜、胡萝卜、马蹄切碎后和匀，再添加适量的盐、味精拌匀成馅。

2. 将淀粉、澄面、盐和匀，用开水烫熟。

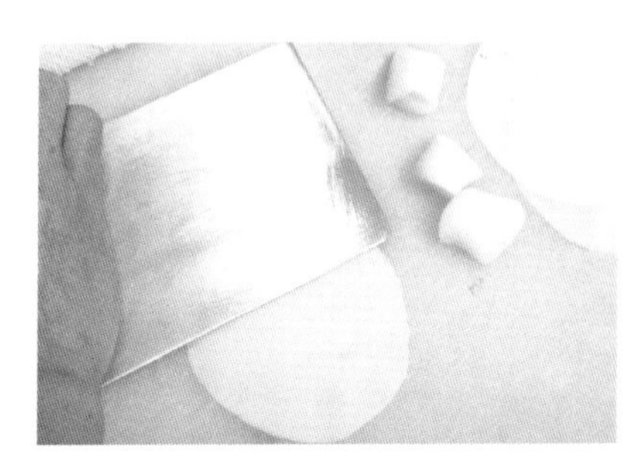

3. 搓至面团纯滑后搓成长条形，分成每份12克的小剂，用拍皮刀压成薄面皮。

4. 将馅包入面皮中，对折捏紧。

5. 用右手拇指、食指捏紧接口，用左手把面皮边向内推出褶纹。

6. 放入蒸笼蒸6分钟，然后摆盘即可。

金针菇玉米饺

猪肉馅 300 克，玉米粒 200 克，金针菇 80 克，
盐、味精、鳕鱼玉燕皮、香菜梗各适量。
（猪肉馅的制作请参考第 19 页）

大师支招：造型时手上动作要轻。

制作步骤

1. 将猪肉馅、玉米粒拌匀，加入盐和味精拌匀成馅。

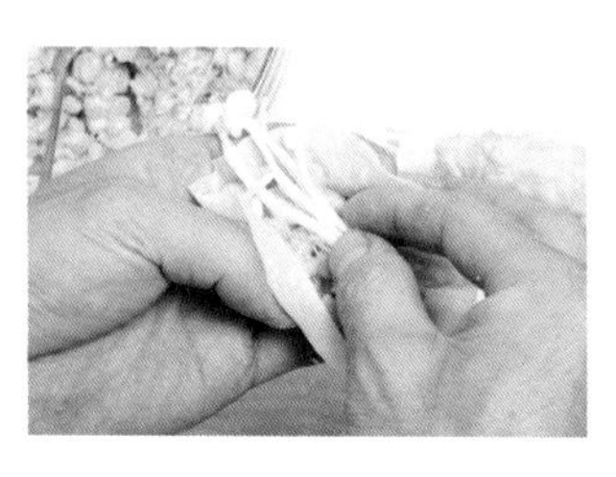

2. 将馅包入鳕鱼玉燕皮中，顶部放上金针菇，卷成圆锤状。

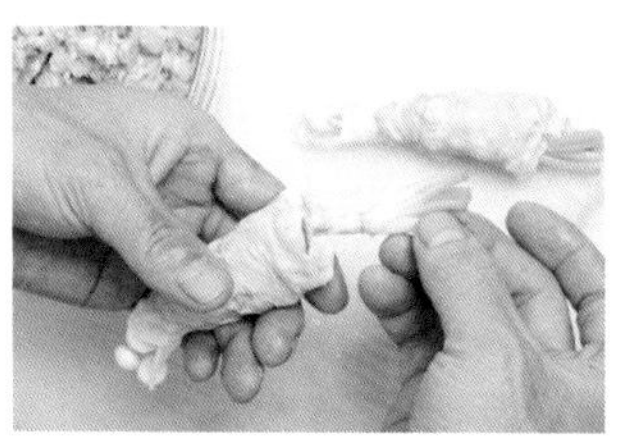

3. 尾部插上香菜梗作装饰。

4. 放入蒸笼蒸6分钟即可。

水晶香菜饺

面皮：澄面 500 克，淀粉 150 克，热水 700 毫升。

馅：猪肉 250 克，胡萝卜 50 克，香菜 100 克，盐 5 克，味精 7 克，白糖 9 克。

大师支招：蒸的时间不能过长，否则面皮会烂。

制作步骤

1. 将澄面、淀粉用热水和匀。

2. 搓揉至面团表面光滑。

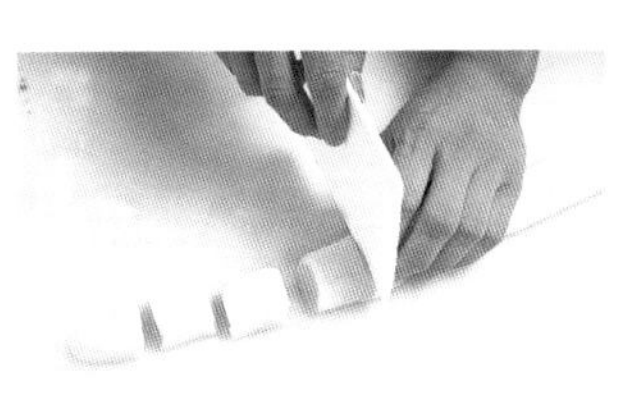

3. 搓成长条形后，切成每份约 20 克的小剂，再擀成圆形薄面皮。

4. 将猪肉剁碎，胡萝卜切成丝，香菜切碎，然后将它们混合。

5. 放入盐、味精、白糖和匀，成馅。

6. 将馅包入面皮中。

7. 左、右两边同时向中间捏拢，做出鸡冠形花纹。

8. 放入蒸笼蒸 6 分钟，然后摆盘即可。

七彩贡菜饺

胡萝卜 50 克，贡菜 150 克，猪肉 150 克，玉米粒 100 克，盐 6 克，味精 6 克，白糖 9 克，饺子皮、蟹黄各适量。

（面皮的制作请参考第 45 页）

大师支招： 贡菜要先用水煮一下，再用冷水冲凉。

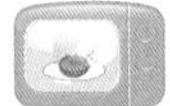

制作步骤

1. 把胡萝卜、贡菜、猪肉切成粒状，然后将它们与玉米粒混合，其中玉米粒和胡萝卜要留出一部分。

2. 加入玉米粒、盐、味精、白糖拌匀成馅。

3. 将馅包入饺子皮中，捏成"品"字形。

4. 在饺子的边缝中放入胡萝卜粒、玉米粒和蟹黄，放入蒸笼蒸 6 分钟即可。

玉米清香饺

原 料

面皮：澄面 500 克，淀粉 150 克，热水 700 毫升。
馅：胡萝卜 50 克，猪肉 150 克，玉米粒 100 克，盐 6 克，味精 6 克，白糖 9 克。
（面皮的制作请参考第 45 页）

大师支招：饺子收口时要用力，否则蒸熟后会开口。

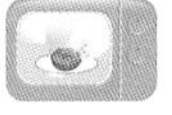

制作步骤

1. 把胡萝卜和猪肉切成粒状后混合。

2. 加入玉米粒、盐、味精、白糖拌匀成馅，包入面皮中。

3. 把饺子捏成带褶皱的弯月形。

4. 放入蒸笼蒸6分钟即可。

烧鸭萝卜饺

原料

面皮：澄面 500 克，淀粉 150 克，热水 700 毫升。
馅：烧鸭肉 200 克，胡萝卜 50 克，白萝卜 150 克，香菜 50 克，盐 4 克，味精 4 克，白糖 6 克。
（面皮的制作请参考第 45 页）

大师支招：蒸饺子的时间不能过长。

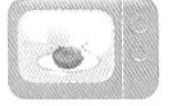
制作步骤

1. 把烧鸭肉、胡萝卜、白萝卜切成丝，香菜切断，然后将它们混合。

2. 加入盐、味精、白糖拌匀成馅。

3. 将馅包入面皮中，捏成水滴形。

4. 放入蒸笼蒸约5分钟即可。

上汤水饺皇

面皮：面粉 250 克，澄面 50 克，水 150 毫升。

馅：大白菜 50 克，猪肉 150 克，马蹄 50 克，胡萝卜 30 克，盐 4 克，味精 3 克，白糖 8 克。

汤：丝瓜 100 克，木瓜 100 克，上汤适量。

大师支招：汤要煮好再加入，不然会影响味道。

制作步骤

1. 把面粉、澄面和匀后加入水，搓成面团。

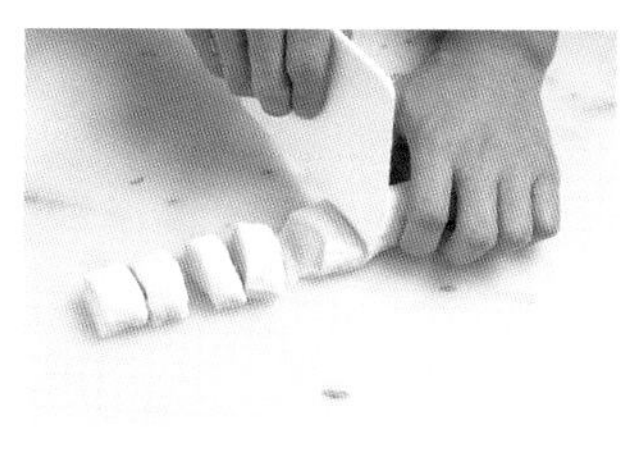

2. 将面团切成小剂。

3. 用擀面棍擀成圆形面皮。

4. 大白菜切成细丝，猪肉、马蹄、胡萝卜切成粒，然后将它们混合。

5. 加入盐、味精、白糖拌匀成馅。

6. 将馅包入面皮中，捏成水饺形。

7. 把丝瓜、木瓜切成粒，加入上汤煮熟。

8. 在碗内加入水饺和煮好的汤，放入蒸笼蒸 15 分钟即可。

广东韭菜肉饺

面皮：面粉 500 克，水 250 毫升。
馅：韭菜 200 克，胡萝卜 10 克，马蹄 20 克，猪肉 100 克，盐 6 克，味精 7 克，白糖 9 克。
其他：食用油适量。

大师支招：煎饺子时要移动煎锅，使火候均匀。

制作步骤

1. 将韭菜、胡萝卜、马蹄、猪肉切成粒状后混合。

2. 加入盐、味精和白糖拌匀成馅。

3. 取 50 克面粉用适量开水烫熟。

4. 加入剩余的面粉拌匀，再加入水和匀。

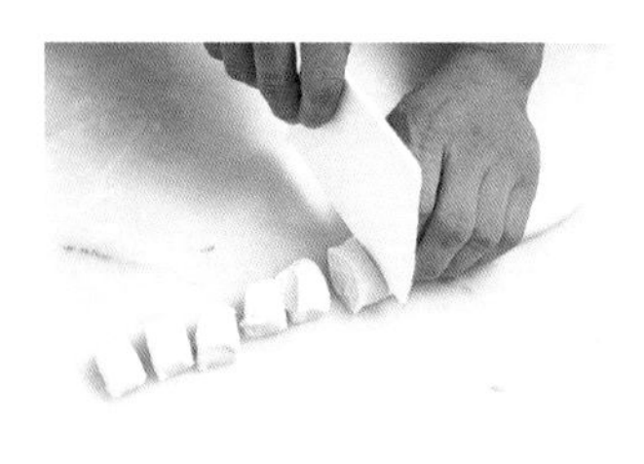

5. 搓成长条形，分切成每份 15 克的小剂。

6. 擀成圆形面皮。

7. 包入馅料，捏紧接口。

8. 放入锅中，用食用油煎至两面呈金黄色即可。

芋蓉菠菜饺

皮：白色、绿色鳕鱼玻璃皮数张。
馅：芋头300克，腊鸭肉丝50克，菠菜150克，猪油、盐、味精、白糖各适量。
其他：红辣椒1个，水适量。

大师支招：芋头要选粉糯的，这样成品才有幼滑的口感。

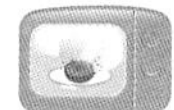

制作步骤

1. 芋头去皮，蒸熟，加入猪油、盐、味精和白糖，捣烂。

2. 加入腊鸭肉丝、已灼熟并沥干水分的菠菜，再加入猪油、盐、味精、白糖，炒香成馅。

3. 将绿色鳕鱼玻璃皮用模具压出柳叶形。

4. 用面浆将柳叶皮粘贴在白色鳕鱼玻璃皮的边角上。

5. 将馅包入。

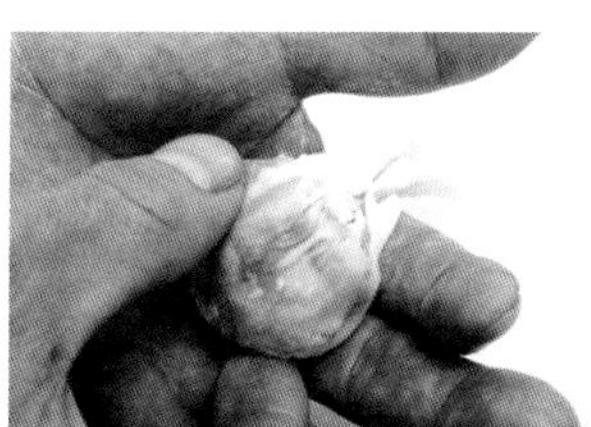

6. 用虎口压成蒜头形状。

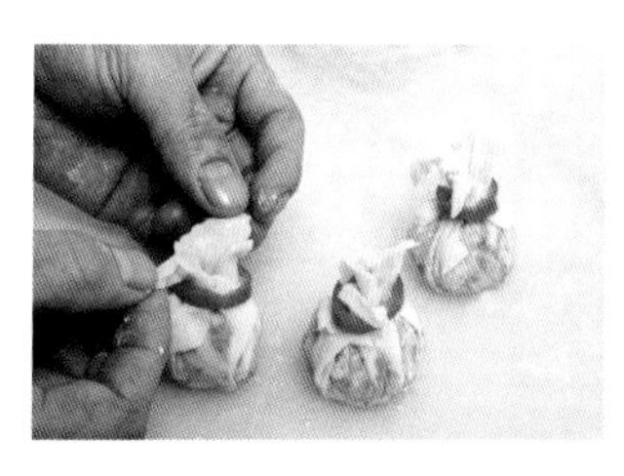

7. 将红辣椒切成辣椒圈，套在饺子上，将饺子顶部开成叶子状。

8. 放入蒸笼，喷上水，蒸4分钟即可。

白玉豇豆饺

面皮：熟米饭150克，糯米粉20克，水适量。

馅：青豇豆100克，鸡蛋2个，盐5克，味精5克，白糖6克，食用油适量。

大师支招：将米饭搓揉至细滑无颗粒为佳。

制作步骤

1. 把熟米饭和糯米粉放在案板上和匀。

2. 加水，搓至面团表面光滑。

3. 搓成长条形后分切成每份约 30 克的小剂。

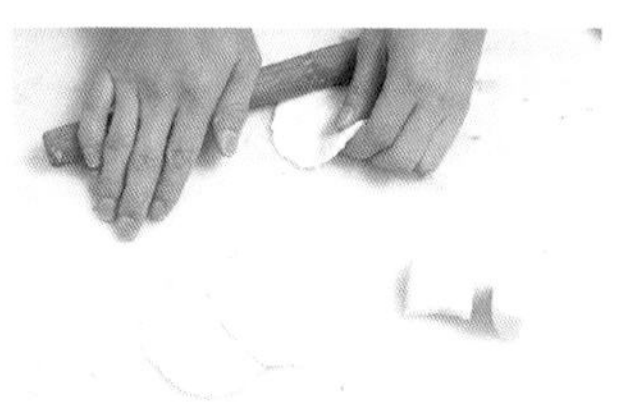

4. 压扁后用擀面棍擀成圆形面皮。

5. 将青豇豆切碎，炒熟，调入盐、味精、白糖。

6. 加入鸡蛋炒匀，制成馅。

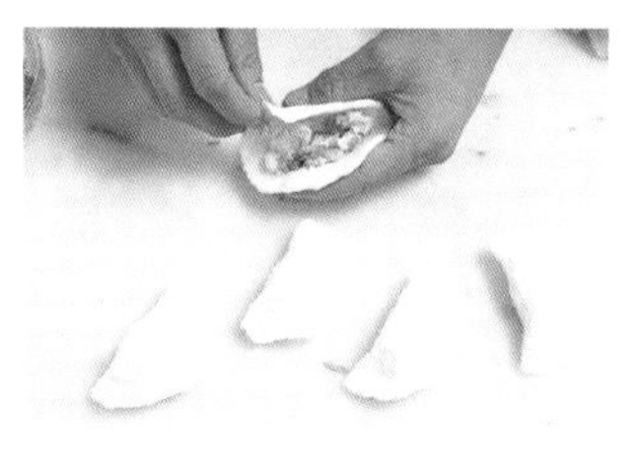

7. 将馅包入面皮中，对折封口。

8. 放入煎锅，用食用油煎至两面呈金黄色即可。

鲜虾白菜饺

原料

面皮：菠菜 450 克，淀粉 150 克，澄面 350 克，盐 4 克，水适量。
馅：小白菜 400 克，肥猪肉粒 50 克，鲜虾仁 200 克，猪油 50 克，盐 3 克，鸡精 4 克，白糖 6 克，淀粉 3 克。

大师支招：制作面皮时的用水量应根据粉质吸水性而定；包馅时面皮边不要粘上馅，以免造型时黏合不牢。

制作步骤

1. 将小白菜切成碎粒，肥猪肉粒氽水后沥干水分，与鲜虾仁、猪油、盐、鸡精、白糖、淀粉拌匀成馅。

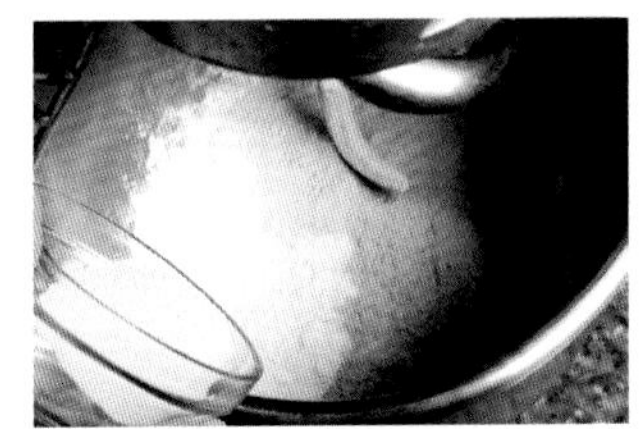

2. 将面皮原料中的淀粉、澄面、盐和匀，然后将其中一半用开水烫熟。

3. 菠菜加水，打成汁，煮开后，把另外一半澄面烫熟。

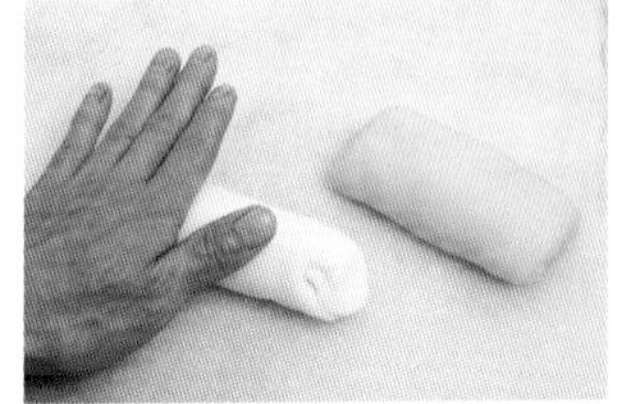

4. 将两种面团分别搓至纯滑。

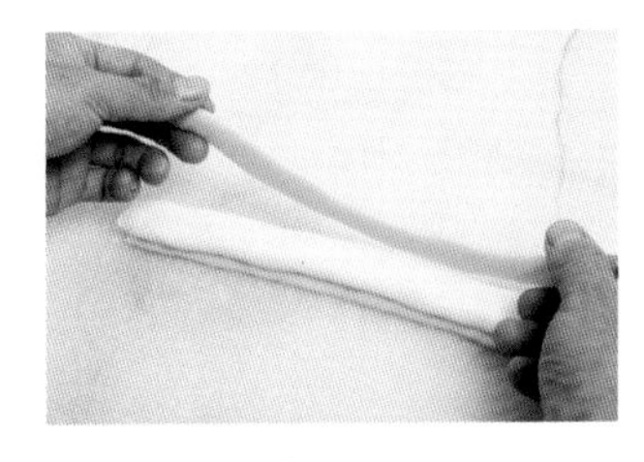

5. 将两种面团分别搓成细条，压扁，叠在一起粘紧。

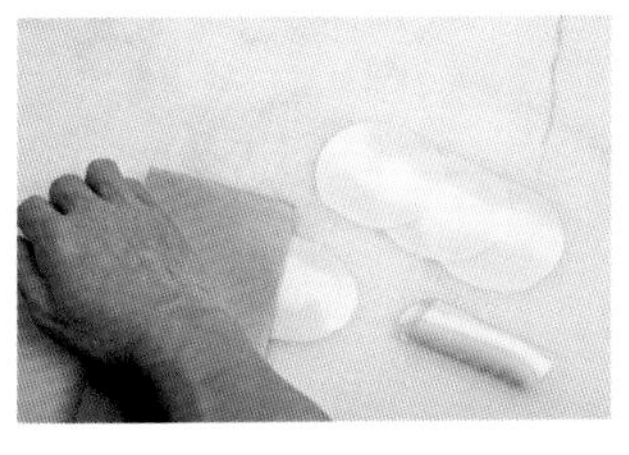

6. 用拍皮刀顺着直纹将细条拍成薄皮，中间白色纹路要清晰。

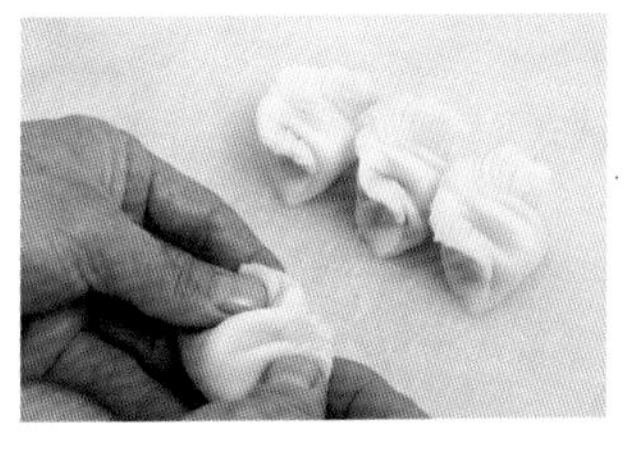

7. 将馅包入，中间对折粘紧，向中间推出花纹。

8. 放入蒸笼蒸5分钟即可。（放入冰箱冷藏 30 分钟定型，则效果更佳）

海苔鲜鱿芦荟饺

鲜鱿鱼 400 克，芦荟 200 克，盐 4 克，味精 4 克，白糖 3 克，淀粉 5 克，海苔 25 克，鳕鱼玉燕皮数张，芡汁适量。

大师支招：芦荟要现切现用，不宜冷藏。

制作步骤

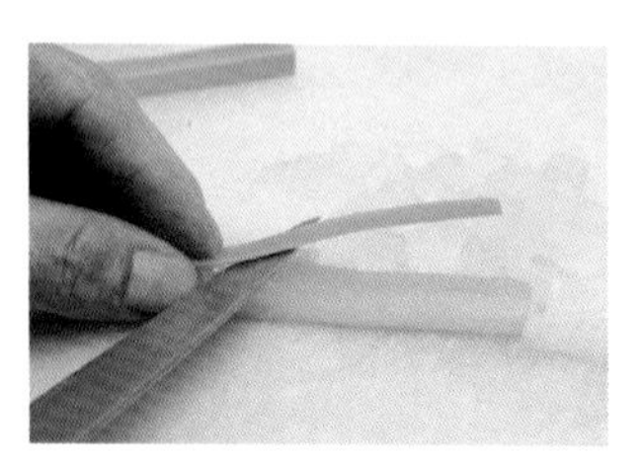

1. 芦荟去皮，切成粒状。

2. 用白糖腌制 30 分钟。

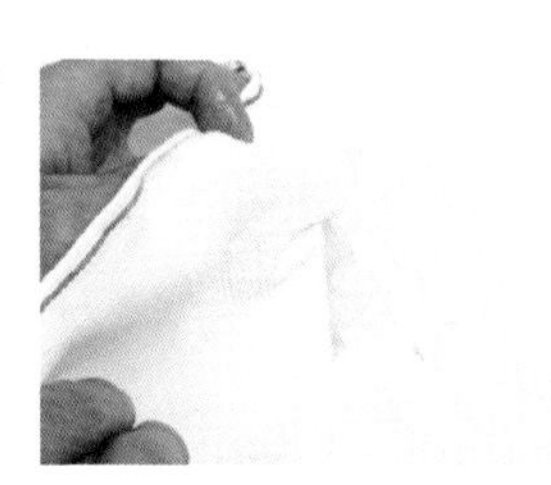

3. 洗干净，用毛巾吸干水分。

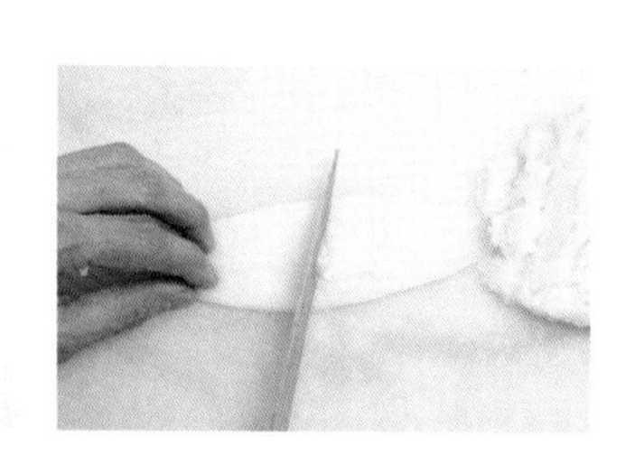

4. 鲜鱿鱼用刀刮成蓉状。

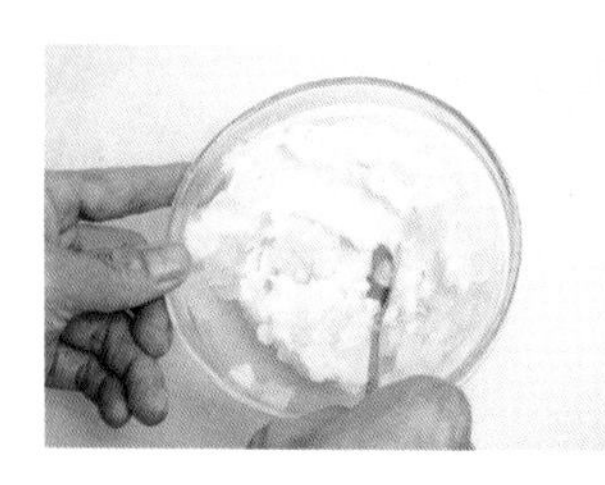

5. 用手打发至呈胶状后加入盐、味精、白糖、淀粉和芦荟粒，拌匀成馅。

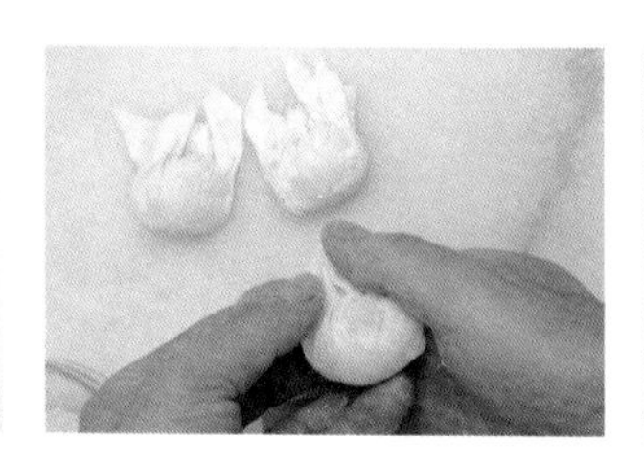

6. 将馅包入鳕鱼玉燕皮中，捏紧接口。

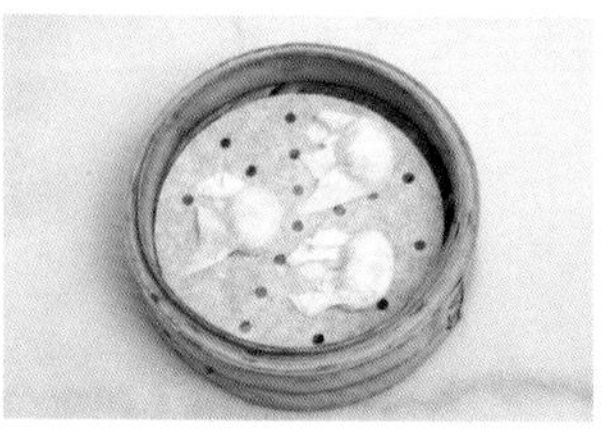

7. 放入蒸笼蒸 5 分钟。

8. 将海苔摆上碟，摆入饺子，淋上适量芡汁即可。

鲜虾香肉饺

淀粉 25 克，鲜虾 4 只，肉馅适量。

大师支招：制作时一定要用新鲜的活虾，这样摘下的虾头才更显生动。

制作步骤

1. 将淀粉铺撒在操作台面上。

2. 将鲜虾去掉头，剥去虾身上的壳，尾巴保留，然后放到淀粉上。

3. 用擀面棍把虾身压扁。

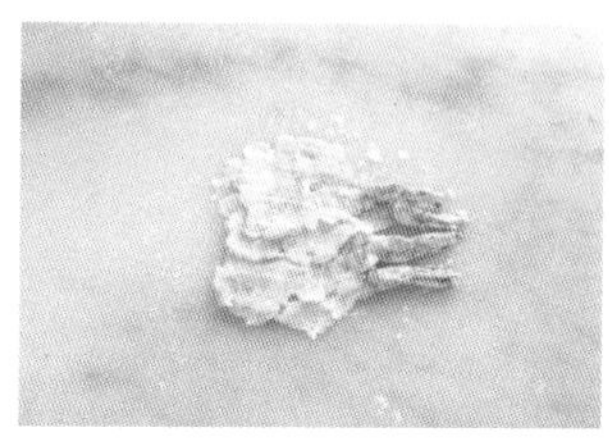

4. 打成 2 毫米厚的皮。

5. 包入肉馅约 15 克。

6. 包裹，捏紧。

7. 把虾头再插回去，做成虾形。

8. 用大火蒸 8 分钟即可。

晶莹鲜笋虾饺

面皮：淀粉 150 克，澄面 350 克，水 520 毫升，盐 4 克。

馅：鲜虾仁 400 克，肥肉粒 100 克，笋丝 100 克，猪油 50 克，食用油 50 毫升，盐 4 克，鸡精 5 克，白糖 8 克，淀粉 5 克，胡椒粉、碱水各适量。

大师支招：包馅时动作要轻，以免漏汁；面皮视粉的质量调配筋性。

制作步骤

1. 鲜虾仁用 pH 为 9 的轻度碱水腌制 50 分钟，然后用水冲洗至虾仁手感干爽。

2. 用毛巾吸干水分。

3. 加入盐，然后用手轻搓，至虾仁起胶。

4. 加入鸡精、白糖、淀粉、肥肉粒（先用水汆熟）、笋丝、胡椒粉，再加入猪油、食用油和匀成馅，冷藏。

5. 将制作面皮原料中的淀粉、澄面、盐和匀，用开水烫熟。

6. 搓至面团纯滑。

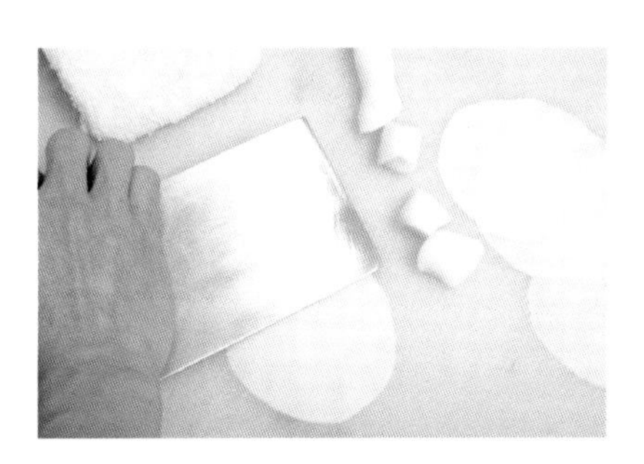

7. 将面团搓成长条形后分成每份 10 克的小剂，再用拍皮刀压成薄面皮。

8. 包入馅，由左向右推折。

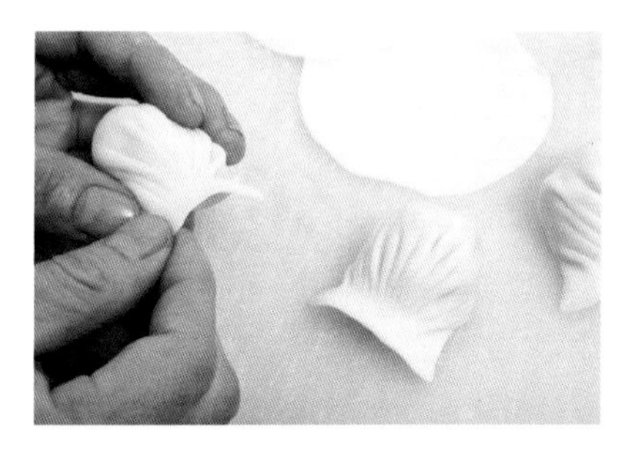

9. 捏紧接口，成型。

10. 放入蒸笼蒸 4 分钟即可。

柱甫黑珍珠饺

干贝 20 粒，黑鱼子 50 克，红鱼子 50 克，虾仁 300 克，蟹柳 100 克，盐 3 克，味精 3 克，白糖 3 克，淀粉 5 克，鳕鱼玻璃皮数张。

大师支招：干贝不宜炖得太烂。

制作步骤

1. 将虾仁拍烂。

2. 剁成末。

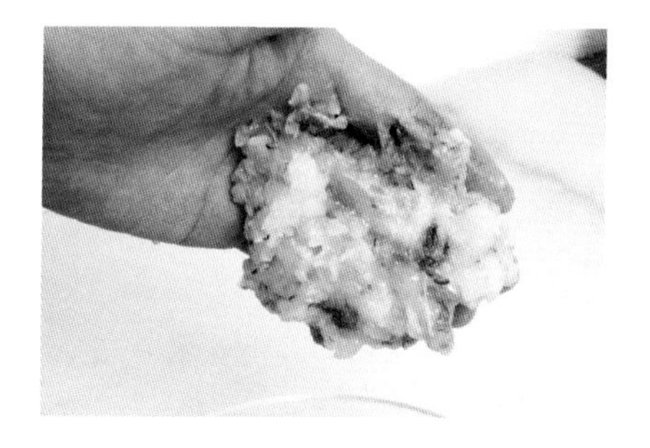

3. 用手轻打至起胶，加入盐、味精、白糖、淀粉拌匀。

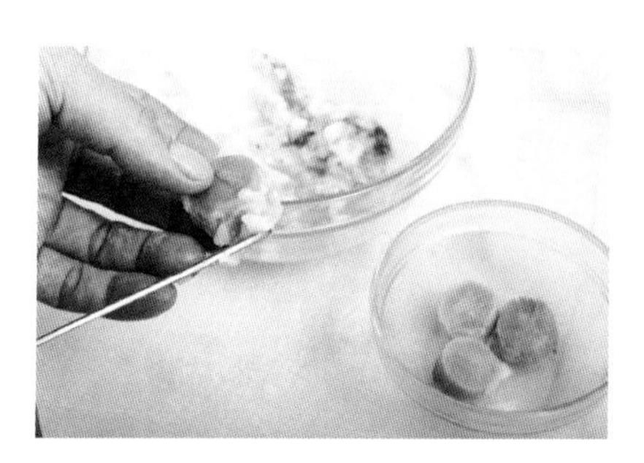

4. 在干贝侧边粘上虾胶。

5. 用鳕鱼玻璃皮包上虾胶馅。

6. 放上粘有虾胶的干贝，然后把皮的一组边对称地粘在干贝上。

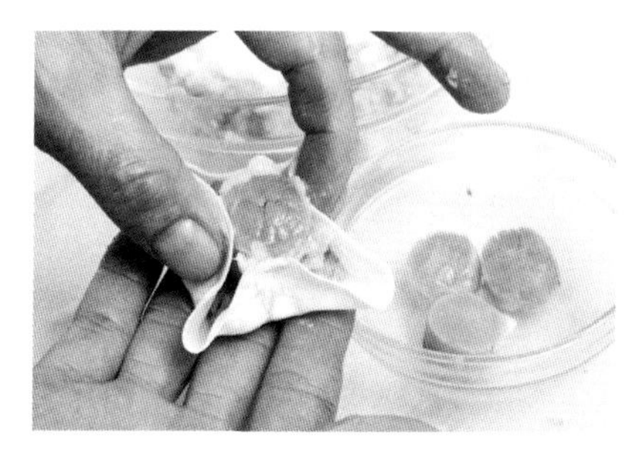

7. 再将另一组边对称地粘上。

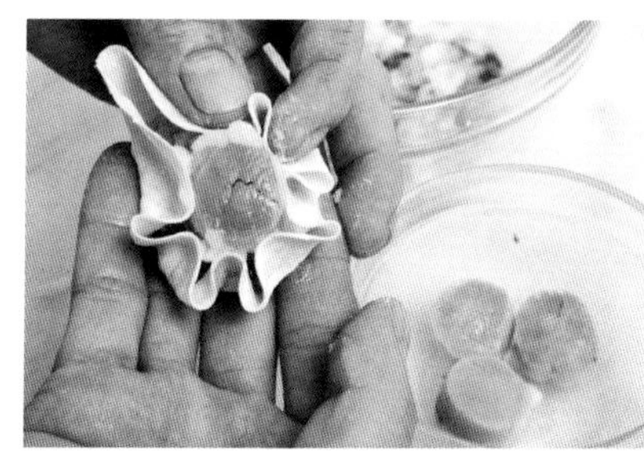

8. 做出梅花形状。

9. 蟹柳切成碎粒，和黑鱼子一起放在梅花眼上。

10. 放入蒸笼，将红鱼子放在饺子中间，蒸 5 分钟即可。

鲜虾百合饺

面皮：淀粉 200 克，澄面 200 克，水晶粉 100 克，盐 5 克，水 600 毫升。

馅：鲜虾仁 100 克，鲜百合 150 克，鸡蛋 2 个，胡萝卜 50 克，莴笋 100 克，盐、味精、水淀粉各适量。

其他：菠菜适量。

大师支招：芡汁要稍稠，否则影响造型。

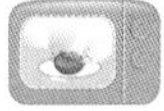

制作步骤

1. 将鸡蛋带壳蒸熟，取蛋白部分，与鲜虾仁、鲜百合、胡萝卜、莴笋一起切成小粒，混合后加入盐、味精，炒熟后加水淀粉勾芡成馅。

2. 将淀粉、澄面、水晶粉、盐混合，加入少量温水拌成稠浆，再把剩余的水煮开并快速冲入，烫熟面浆。

3. 用面棍搅匀。

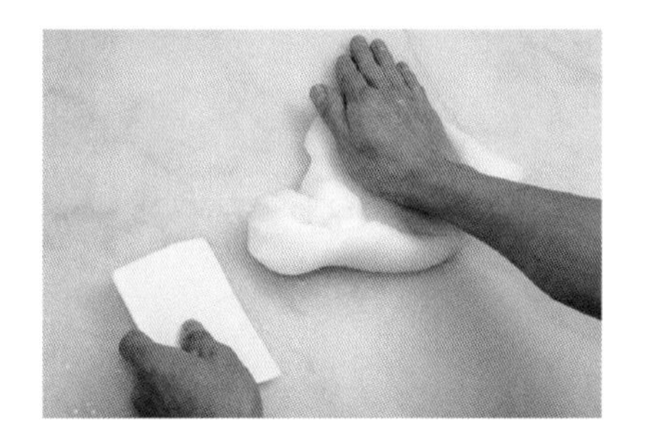

4. 趁热搓至面团纯滑。

5. 搓成长条形，分成每份 15 克的小剂。

6. 擀成圆形面皮。

7. 将馅包入，捏成鼠形，反转背面，捏紧接口。

8. 将菠菜榨成汁，加入适量面剂搓成绿色面团。

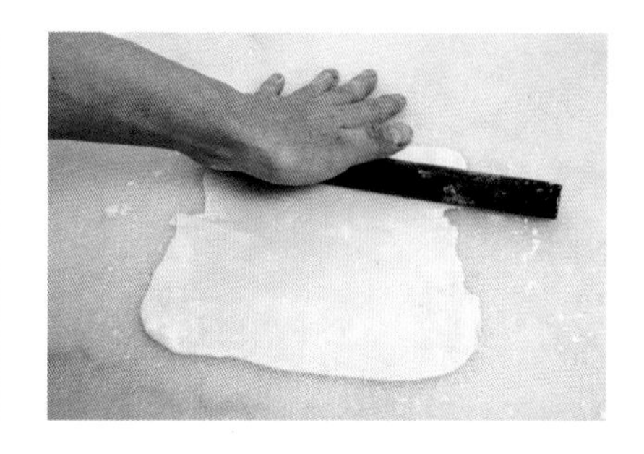

9. 擀薄至 1 毫米。

10. 用模具压出柳叶形。

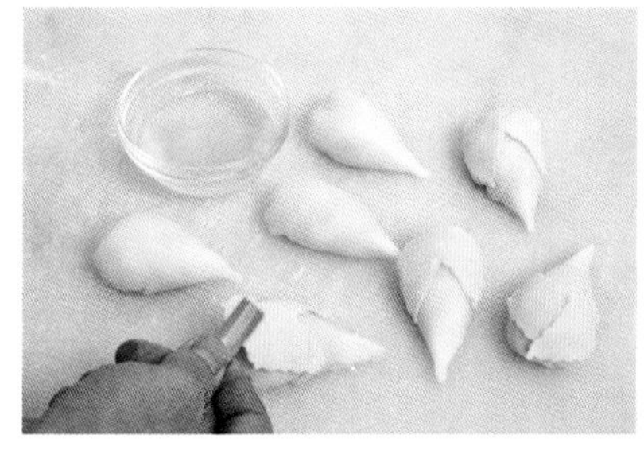

11. 用蛋清将叶子粘在饺子上作装饰。

12. 将饺子放入蒸笼蒸 4 分钟即可。

海皇龙珠饺

面皮：淀粉150克，澄面350克，水520毫升，盐5克。

馅：鲜虾仁200克，鲜贝肉200克，芹菜丝50克，胡萝卜丝50克，猪油50克，盐3克，味精3克，白糖3克，淀粉5克。

其他：车厘子2粒。

大师支招：饺子做好后冷藏片刻再蒸，定型效果会更佳。

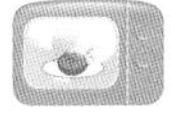

制作步骤

1. 将鲜虾仁搅打起胶，加入鲜贝肉、芹菜丝、胡萝卜丝、盐、味精、白糖、淀粉、猪油拌匀成馅。

2. 将淀粉、澄面和盐和匀，用开水烫熟。

3. 将面团搓至纯滑。

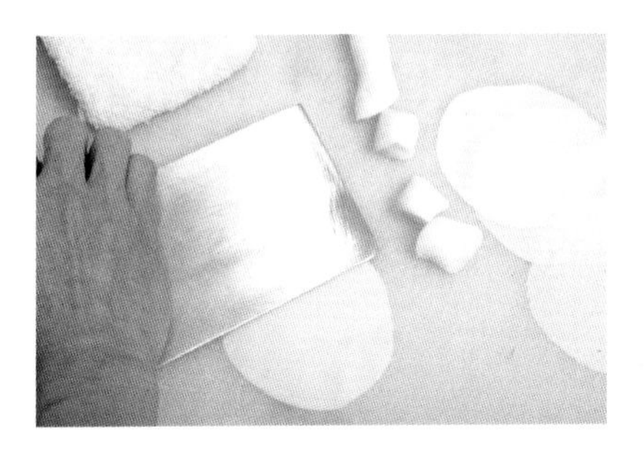

4. 搓成长条形，分成每份 10 克的小剂，再用拍皮刀压成薄面皮。

5. 把面皮翻面，折成三角形。

6. 将馅包入三角形面皮中。

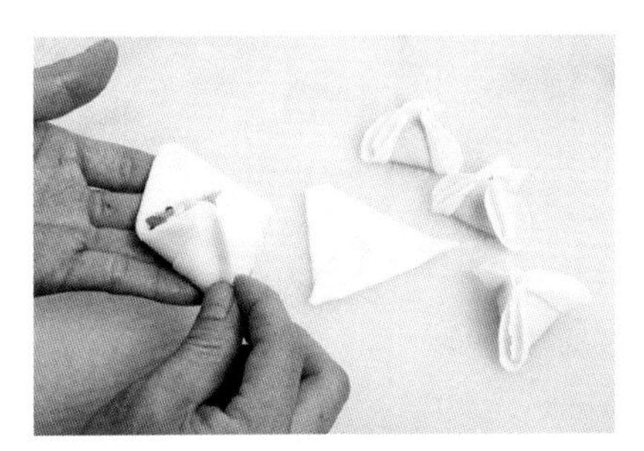

7. 将馅包裹上。

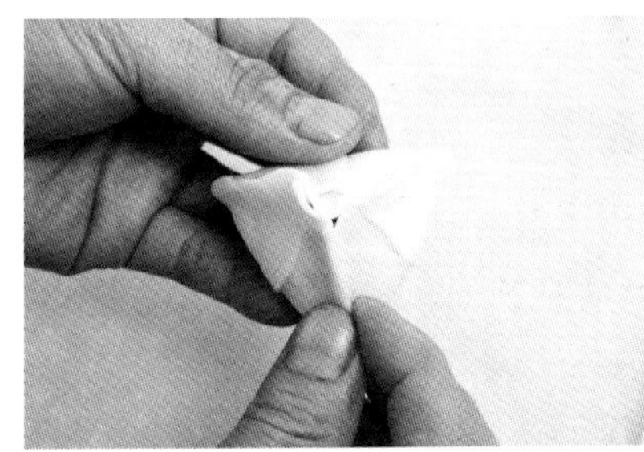

8. 捏紧边。

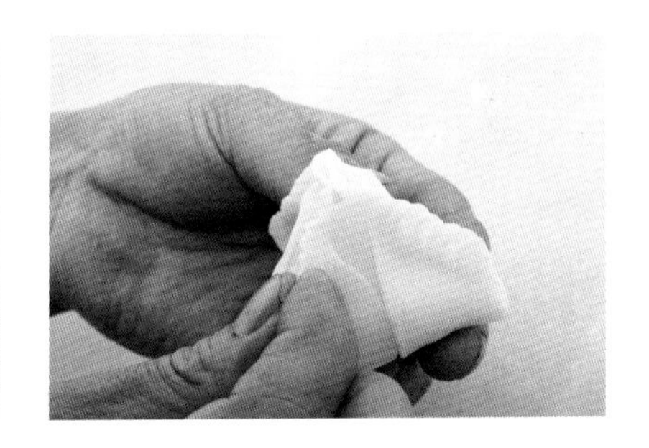

9. 由顶部开始轻推出龙尾褶纹。

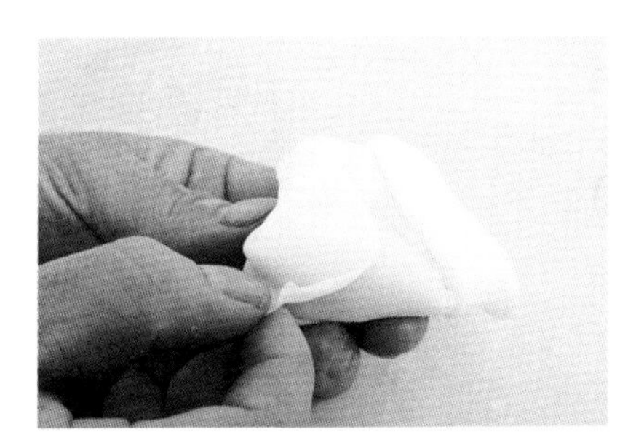

10. 再把面皮边向外翻出。

11. 摆上切碎的车厘子粒作龙珠。

12. 冷藏片刻后，放入蒸笼蒸 4 分钟即可。

北极贝蟹肉饺

原料

北极贝30克，蟹柳5条，虾胶150克，鱿鱼胶150克，黑鱼子10克，鳕鱼玉燕皮数张。

大师支招：虾胶的制作请参考第 59 页步骤 1 ~ 3，鱿鱼胶的制作请参考第 54 页步骤 4。

制作步骤

1. 将蟹柳切碎，与虾胶、鱿鱼胶和匀成馅。

2. 将馅包入鳕鱼玉燕皮中，然后对折，把皮往里推入。

3. 另一边捏成尖状。

4. 北极贝中间用刀轻切开。

5. 放在饺子中间，压结实。

6. 放入蒸笼蒸 5 分钟后，放上黑鱼子即可。

彩椒盅上汤饺

鲜虾仁500克，干海菜10克，盐4克，白糖3克，淀粉8克，鳕鱼玉燕皮数张，胡椒粉、彩色圆辣椒、上汤各适量。

大师支招：彩椒盅不宜煮得过熟，否则会影响外形。

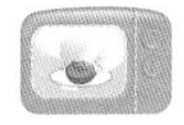

制作步骤

1. 干海菜用水浸泡20分钟，沥干水分。

2. 取一半鲜虾仁剁成蓉。

3. 加入另一半鲜虾仁、海菜、盐、白糖、淀粉、胡椒粉，拌匀成馅。

4. 将馅包入鳕鱼玉燕皮中，捏紧接口。

5. 彩色圆辣椒用刀切出盅形。

6. 用水煮熟。

7. 将饺子煮熟，连上汤一起装入盅内。

8. 上碟即可。

鲜虾干蒸烧麦

瘦肉粒350克，鲜虾仁100克，肥肉粒50克，碱水6毫升，食粉4克，淀粉12克，盐4克，味精3克，鸡精3克，白糖12克，食用油10毫升，水、干蒸皮、蟹黄、墨鱼胶各适量。

大师支招：馅要冷藏 5 小时。

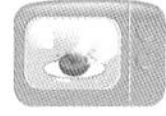

制作步骤

1. 瘦肉粒中加入碱水、食粉。

2. 用手轻拨，使其充分混合，再加入适量水腌制 80 分钟。

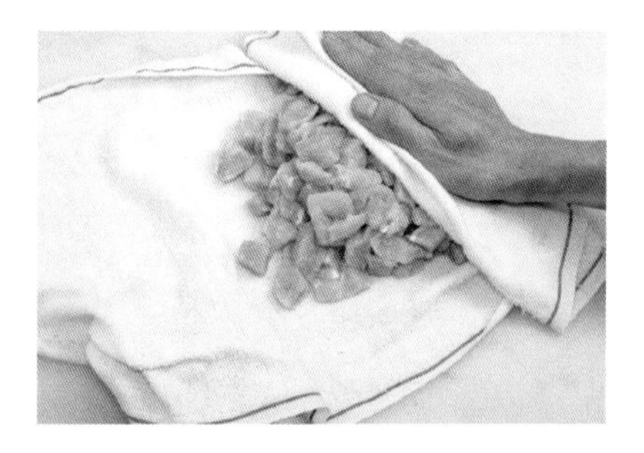

3. 瘦肉粒用清水冲洗 30 分钟后用干毛巾吸干水分，鲜虾仁切粒。

4. 瘦肉粒冷冻后，与适量虾仁粒一起倒入搅拌桶内，用中速搅拌。（注：也可先加入盐，使其起胶）

5. 搅拌 20 分钟，起胶后再加入淀粉、盐、味精、鸡精、白糖搅匀。

6. 将肥肉粒与食用油和匀后倒入搅拌桶内再搅拌，取出冷冻。

7. 将冷冻好的肉馅包入干蒸皮中。

8. 用手将烧麦抓紧，压实肉馅，不用封口。

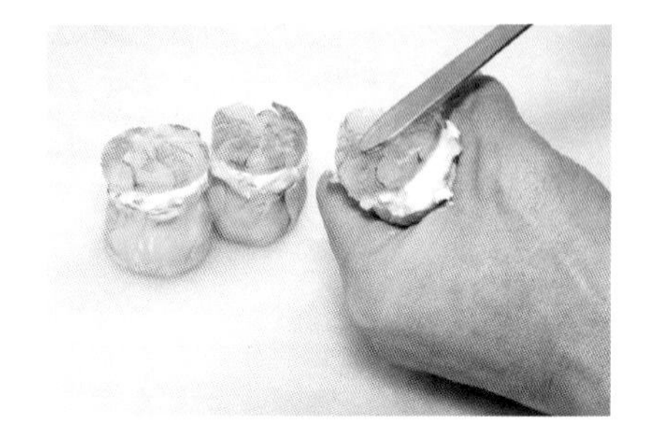

9. 抹上一层墨鱼胶，使其有层次感，再粘上虾仁粒。

10. 放入蒸笼，再放上蟹黄，蒸 10 分钟即可。

鲜虾紫菜饺

淀粉50克，澄面200克，紫菜125克，虾仁馅25克，水300毫升，蟹黄适量。

大师支招：制作馅时加入生粉，成品口感会更佳。

制作步骤

1. 将淀粉、澄面倒在盆中。

2. 冲入开水。

3. 不断搅拌至均匀。

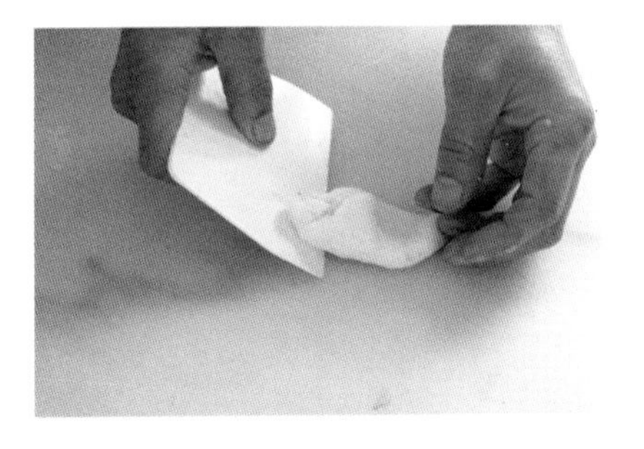

4. 和成面团，搓成长条形。

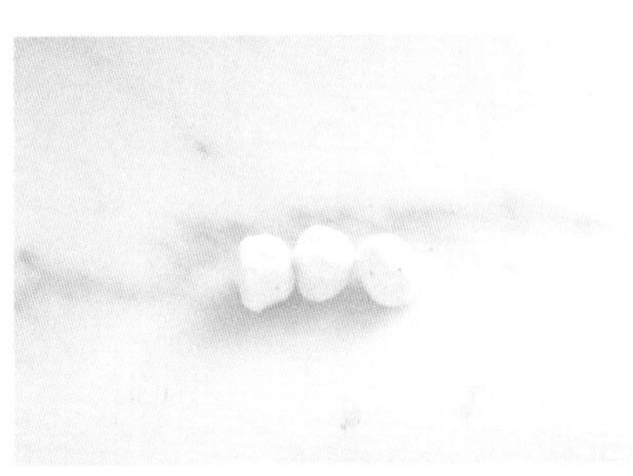

5. 分成每份 25 克的小剂。

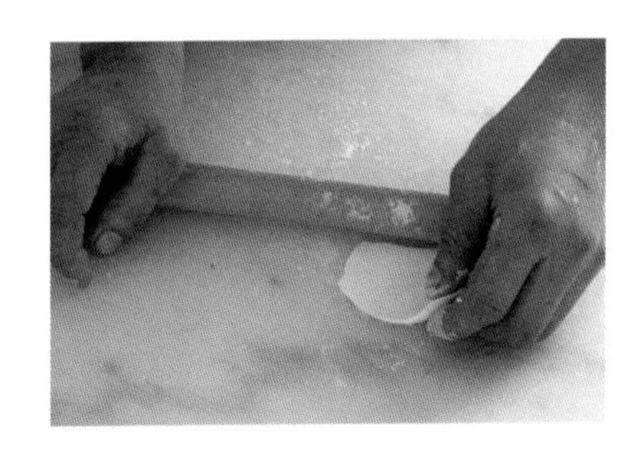

6. 擀成圆形面皮。

7. 将虾仁馅和紫菜拌匀成馅。

8. 将馅包入面皮中。

9. 对折，包成元宝形状。

10. 表面撒上蟹黄，放入蒸笼，用大火蒸 10 分钟即可。

鲜虾章鱼饺

面皮：澄面500克，淀粉150克，开水700毫升。

馅：虾仁500克，盐6克，白糖7克，味精7克。

其他：可可粉适量。

大师支招：制作馅时多搅拌一会儿，可使虾肉口感更好。

制作步骤

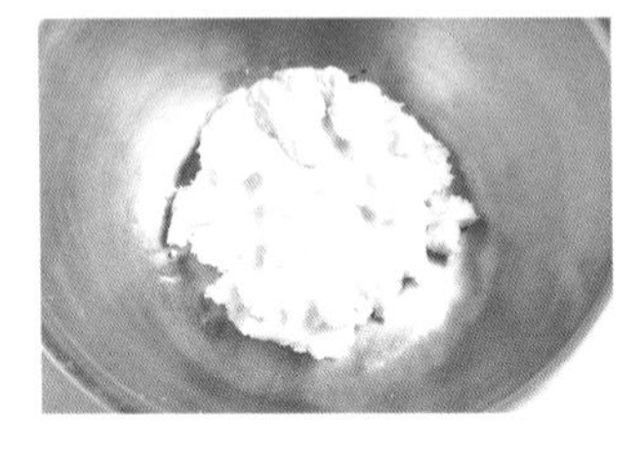

1. 用开水将澄面烫熟，然后加入淀粉和匀。

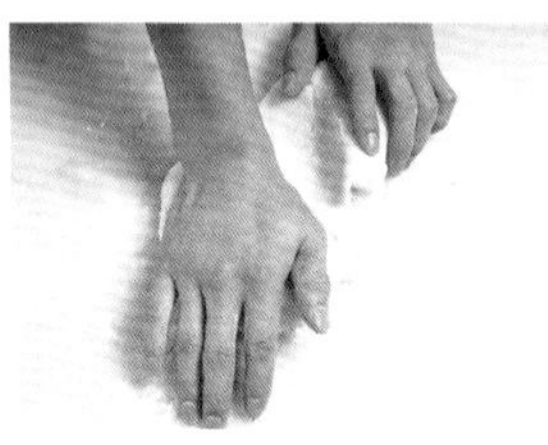

2. 搓揉至面团表面光滑。

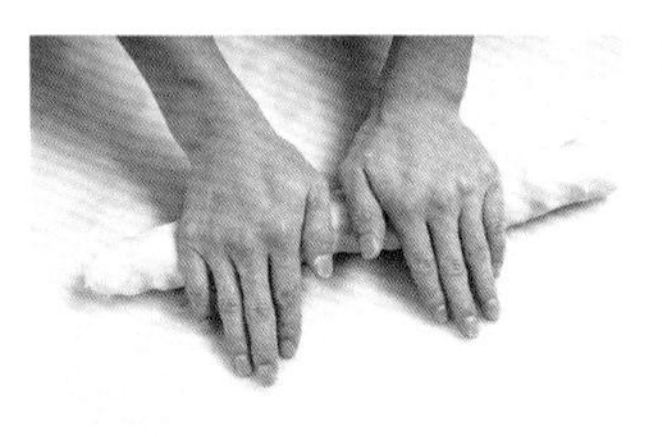

3. 搓成长条形。

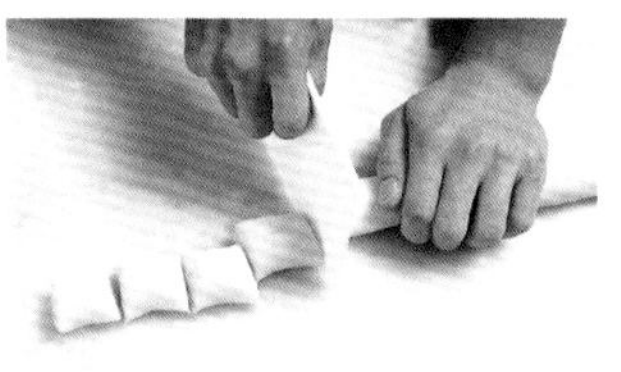

4. 切成约每个20克的小剂，再擀成圆形面皮。

5. 把虾仁搅碎，加入盐、白糖、味精拌匀成馅。

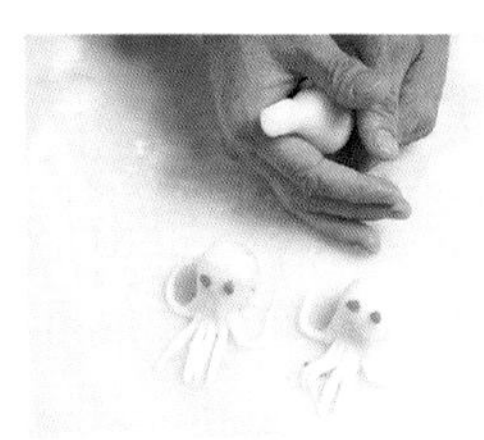

6. 将馅包入面皮中，捏紧收口，把收口搓成条形。

7. 把条形收口按扁，切开，做成章鱼须。

8. 用可可粉作眼睛并装饰须脚，然后将饺子放入蒸笼蒸3分钟即可。

酥饼类

筒形杂菌酥

熟香菇、熟金针菇、熟鲜蘑菇碎粒各100克，熟香菇3个，松酥皮数张，鸡蛋液、芡汁各适量。

（松酥皮的制作请参考第73页）

大师支招：做松酥皮用猪油，可以提香增色。

制作步骤

1. 擀薄松酥皮。

2. 用模具定型。

3. 再按成如图所示的形状。

4. 如图所示叠加好松酥皮，并刷上鸡蛋液。

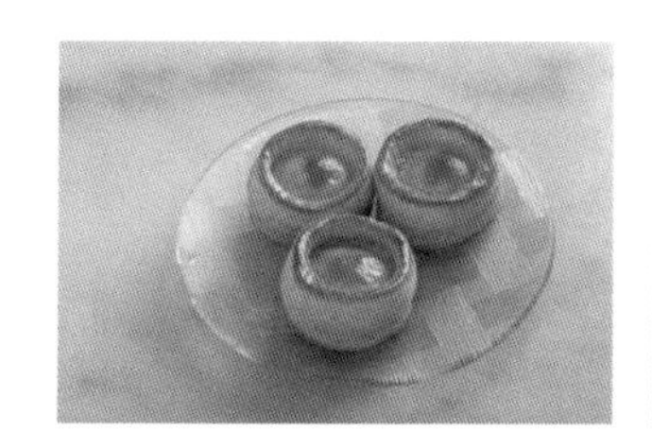

5. 放入烤箱烤至表面呈金黄色。

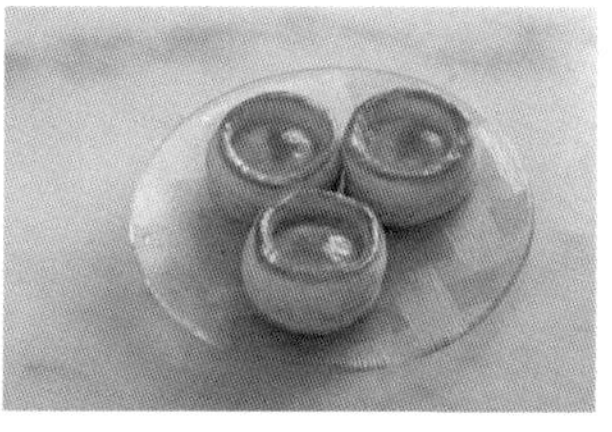

6. 将3种熟菌菇碎粒混合拌匀。

7. 填入步骤4的筒内。

8. 表面盖上熟香菇。

9. 淋上芡汁即可。

松化鲍汁叉烧酥

油心：低筋面粉1250克，牛油750克，猪板油1250克。
水油皮：低筋面粉1000克，高筋面粉200克，吉士粉150克，白糖150克，黄油1500克，鸡蛋2个，水1150毫升。
馅：叉烧肉300克，洋葱50克，鲍汁芡200克。
其他：蛋黄液、白芝麻各适量。
（鲍汁芡的制作请参考第22~23页）

大师支招：不同面粉筋性有差别，可用吉士粉或澄面调节其筋性。

松酥皮制作步骤

1. 将水油皮原料中的低筋面粉、高筋面粉、吉士粉和匀，开窝，加入白糖、黄油、鸡蛋、水搓匀。

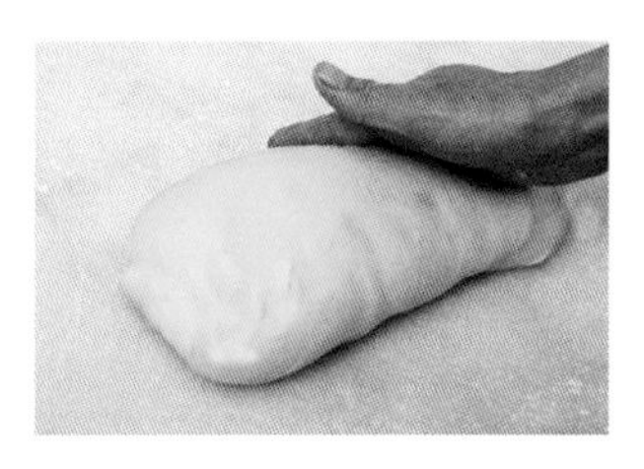

2. 搓至面团纯滑。

3. 压成长方形，铺在托盘中，用保鲜膜包好，静置醒发约1小时，入冰箱冷藏，成为水油皮。

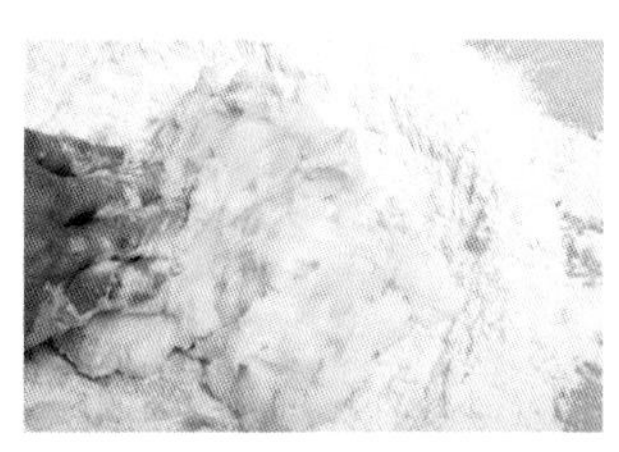

4. 将制作油心的所有原料混合，搓匀至没有颗粒物。

5. 放在已包保鲜膜的方盘上并抹平表面，包上保鲜膜，冷藏，成为油心。

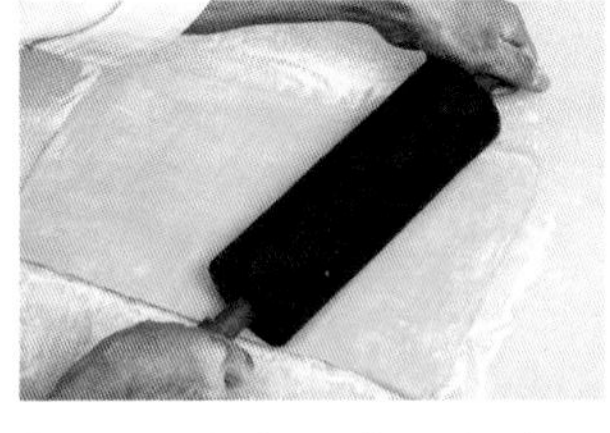

6. 将水油皮擀薄至长度为油心宽度的2倍。

7. 将油心放在水油皮中间，两边包起并捏紧。

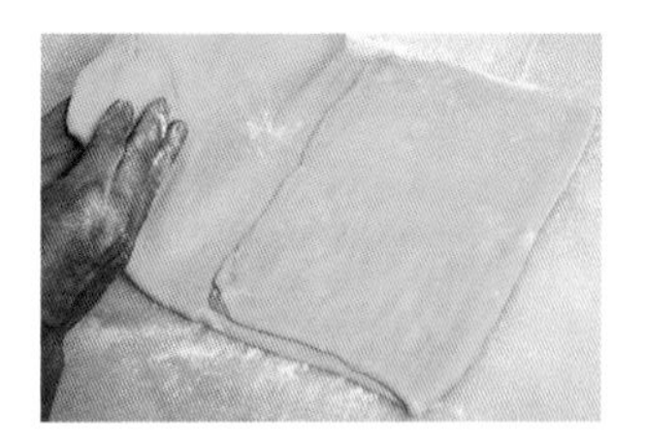

8. 擀薄至原来长度的3倍，然后折成3层。

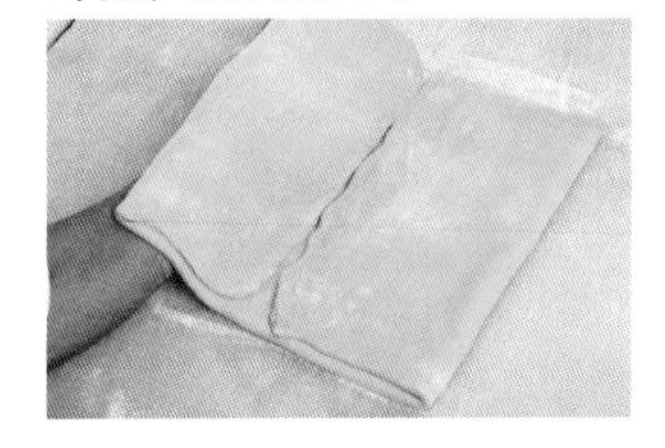

9. 再擀至原来长度的3倍，折成4层。

10. 用保鲜膜包好，冷藏，成为松酥皮。

松化鲍汁叉烧酥制作步骤

1. 将叉烧肉、洋葱切碎，混合后加入鲍汁芡拌匀成馅。

2. 将松酥皮擀薄至0.5厘米厚。

3. 用刀切成7厘米宽的条。

4. 再切成7厘米×7厘米的正方形。

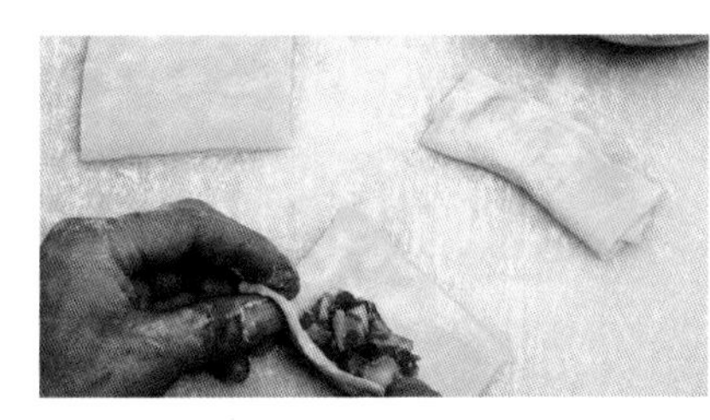

5. 将馅包入。

6. 刷上蛋黄液，撒上白芝麻，放入炉中，以上火190℃、下火170℃烘烤40分钟即可。

千层桂花腰果酥

奶黄馅：玉米粉200克，吉士粉300克，奶粉200克，鲜奶500毫升，椰浆500毫升，炼乳300克，白糖1500克，水1000毫升，黄油200克。

其他：腰果300克，桂花蜜60克，松酥皮数张，蛋黄液适量。

大师支招：做奶黄馅时，加入粉浆后要马上改用小火，以防焦煳；制作千层桂花腰果酥时，桂花蜜、奶黄馅不宜过多，否则烘烤时容易漏馅。

奶黄馅制作步骤

1. 将玉米粉、吉士粉、奶粉混合后加入鲜奶、椰浆、炼乳，拌匀成粉浆。

2. 将白糖、黄油、水一起煮沸。

3. 加入粉浆不断搅拌至均匀。

4. 用小火煮并搅拌至完全熟透。

5. 倒出晾凉。

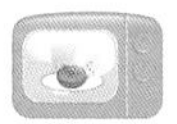

千层桂花腰果酥制作步骤

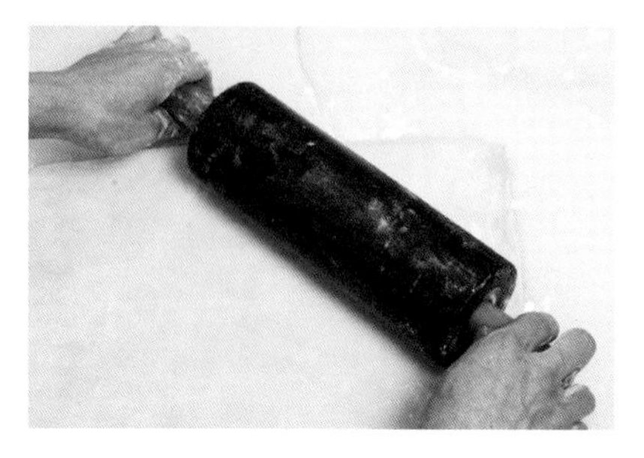

1. 将松酥皮擀薄至 0.5 厘米厚。

2. 用刀切成 4 厘米 ×6 厘米的长方形。

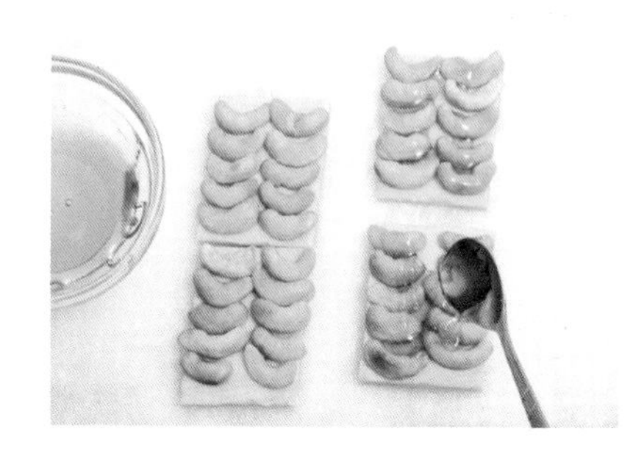

3. 放上腰果，涂上桂花蜜。

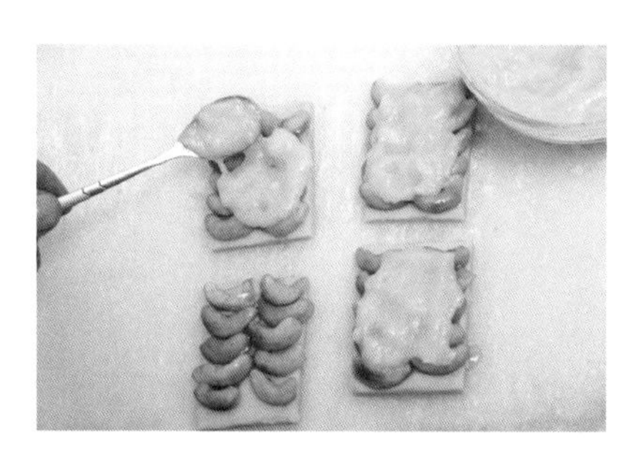

4. 抹上一层奶黄馅。

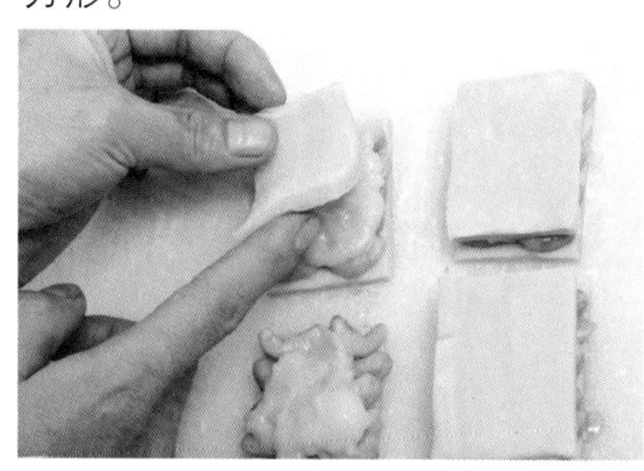

5. 盖上另外一块松酥皮。

6. 刷上蛋黄液，用竹签划出花纹，放入炉中，以上火 190℃、下火 170℃烘烤约 40 分钟即可。

核桃酥

低筋面粉500克，白糖350克，猪油200克，黄油50克，泡打粉10克，食粉2.5克，溴粉1.5克，鸡蛋2个，水50毫升，核桃仁适量。

大师支招： 面粉用堆叠的方法拌入，揉至起筋。

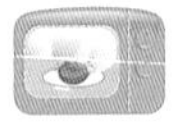

制作步骤

1. 把低筋面粉过筛，开窝，加入白糖、猪油、黄油、泡打粉、食粉、溴粉，搓至白糖七成溶化，加入鸡蛋和水搓匀。

2. 用堆叠的方法拌入面粉。

3. 搓成面团后静置醒发 20 分钟。

4. 搓成长条形后分切成小剂，搓圆后入烤盘再醒发 15 分钟。

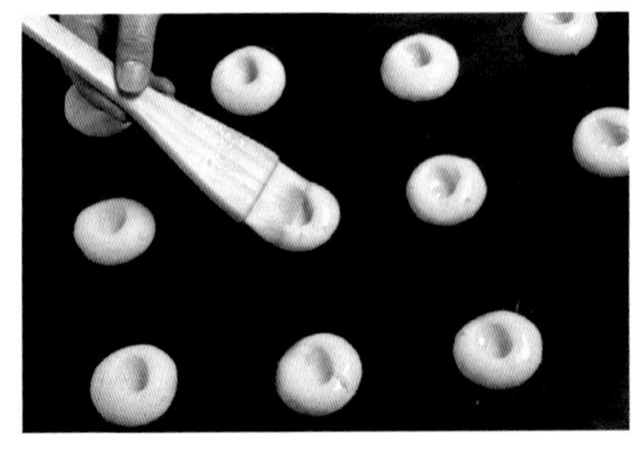

5. 在面剂上按一个小坑，刷上鸡蛋液（未在原料中列出）。

6. 在小坑内放入核桃仁，放入炉中，以上火 170℃、下火 150℃烘烤 25 分钟即可。

烤汁鳗鱼酥

鳗鱼肉500克，烧烤汁40克，鲍汁芡60克，松酥皮、紫菜各适量。
（松酥皮的制作请参考第73页，鲍汁芡的制作请参考第22~23页）

大师支招：切松酥皮时，刀口尽量轻碰，以免影响层次感。

制作步骤

1. 先将鳗鱼肉腌制好，再切成1.5厘米×4.5厘米的长方形。

2. 加入烧烤汁、鲍汁芡拌匀。

3. 将松酥皮擀薄至0.6厘米厚。

4. 然后分切。

5. 再分切成4厘米×5厘米的长方形。

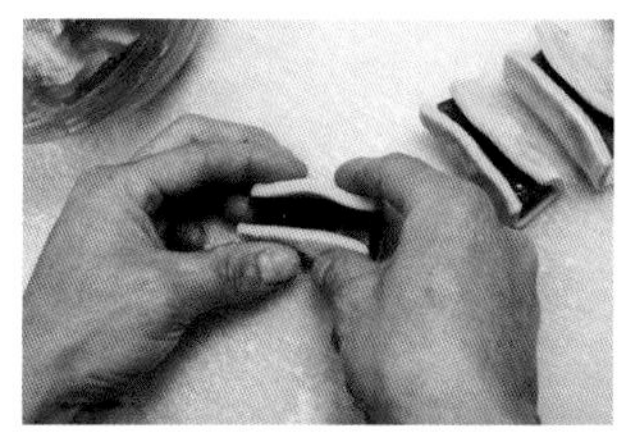

6. 将鳗鱼块放在长方形松酥皮中间，两边折起。

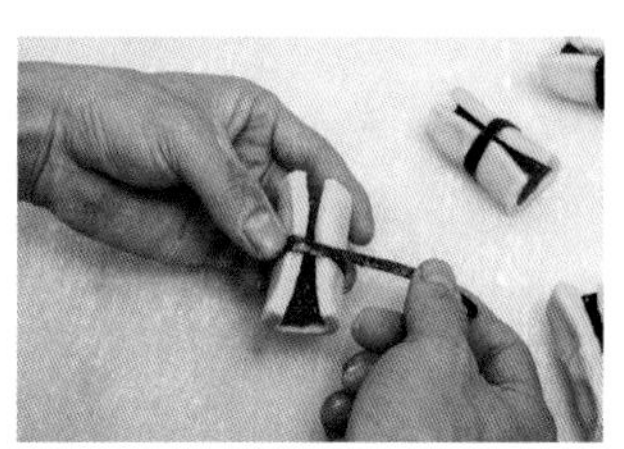

7. 用紫菜捆紧。

8. 放入烤盘，放入炉中以上火190℃、下火170℃烘烤约30分钟即可。

香芋酥

水油皮：中筋面粉400克，白糖70克，猪油80克，水180毫升，香芋色香油适量。

油酥：低筋面粉250克，猪油100克。

香芋馅：熟香芋300克，糖粉100克，黄油100克，三洋糕粉100克。

大师支招：香芋馅要搅拌均匀，不能太稀，要保持稍稠的糊状。

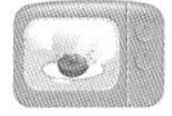

香芋馅制作步骤

1. 将熟香芋、糖粉混合后加入黄油搅拌成糊。

2. 再加入三洋糕粉。

3. 充分拌匀，备用。

香芋酥制作步骤

1. 将水油皮原料中的中筋面粉、白糖、猪油倒入搅拌桶内，再加入水与香芋色香油混合。

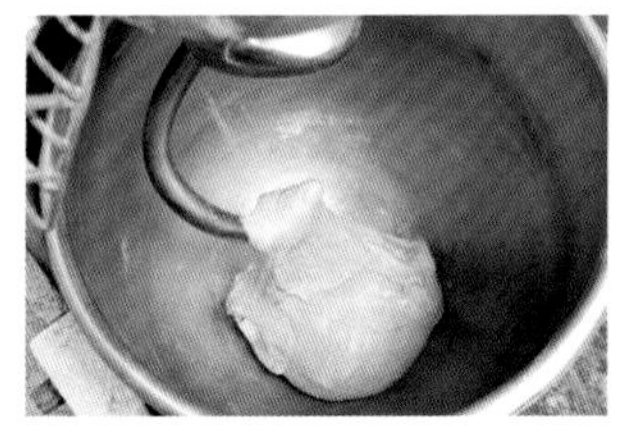

2. 搅拌至面团纯滑，醒发30 分钟，备用。

3. 将制作油酥的所有原料倒入搅拌桶内。

4. 搅拌至面团纯滑。

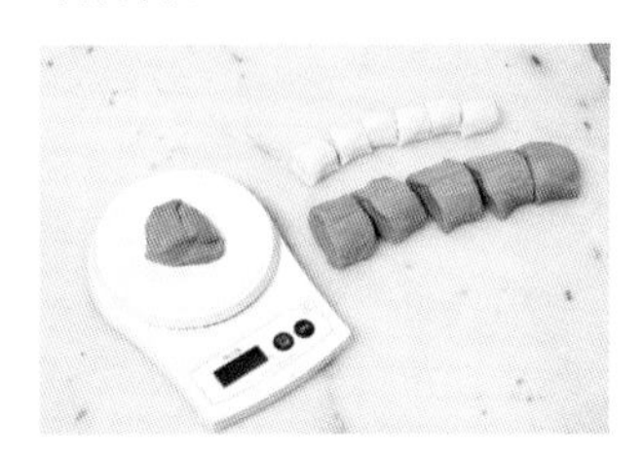

5. 将水油皮面团和油酥面团按 7 ∶ 3 的比例分成若干份。

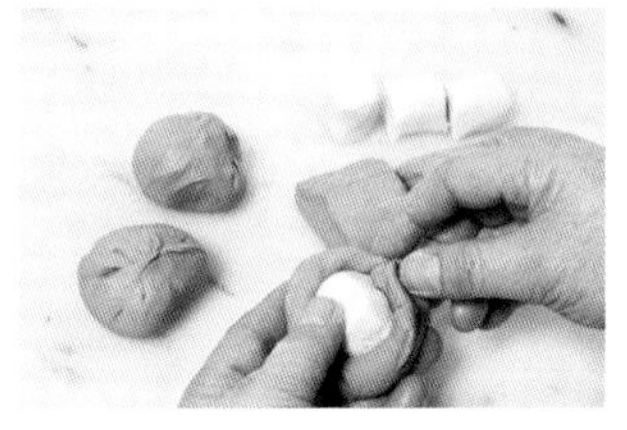

6. 将油酥包入水油皮中。

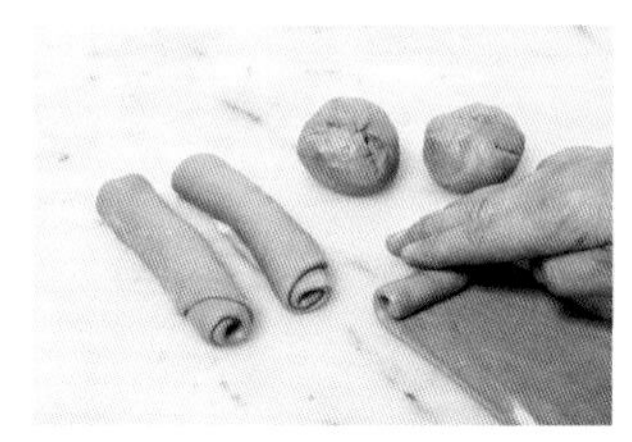

7. 用擀面棍擀薄再卷起。

8. 重复擀薄再卷起。

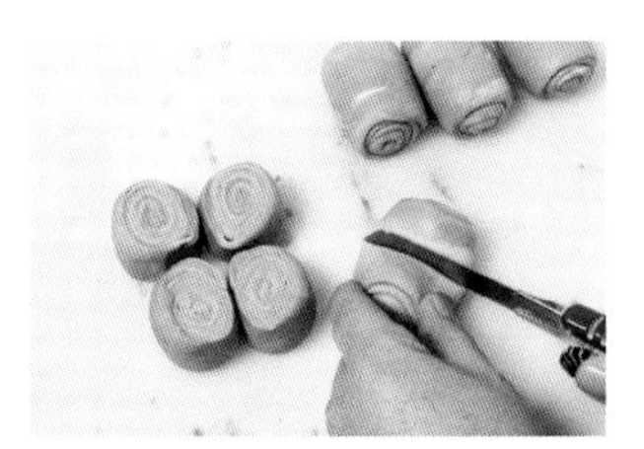

9. 中间分切，对开两半。

10. 切口向上，用擀面棍擀薄成皮胚。

11. 将香芋馅包入。

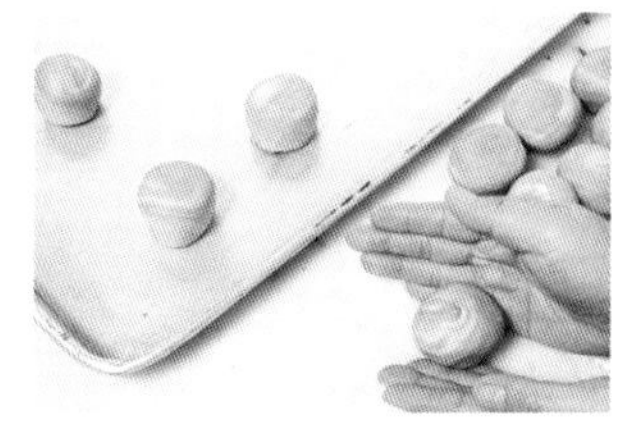

12. 成型后排入烤盘，醒发30 分钟后放入炉中，以上火 170℃、下火 160℃烘烤30 分钟即可。

冰花酥

中筋面粉1500克，猪油600克，黄油500克，白糖100克，鸡蛋2个，水400毫升。

大师支招：面团最后一次擀时一定要擀薄。

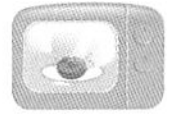

制作步骤

1. 各取500克中筋面粉、猪油及黄油拌匀，搓至面团纯滑成油酥。

2. 把油酥放入铺有白纸的烤盘内，抹平，放入冰箱冷冻结实，备用。

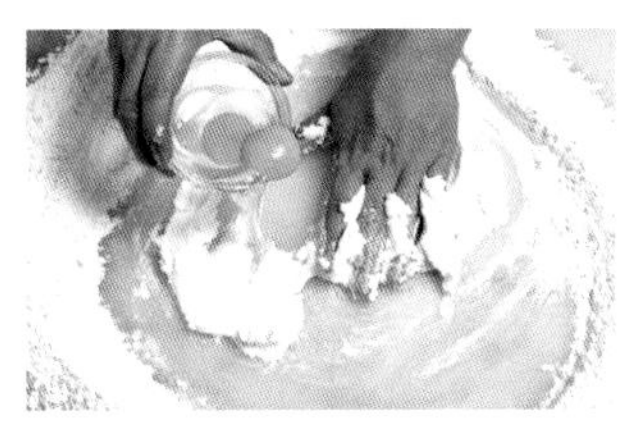

3. 将剩余的中筋面粉开窝，加入100克猪油、白糖、鸡蛋，搓匀。

4. 一边搓揉一边加入水，搓至白糖溶化。

5. 继续搓至面团纯滑、起筋，用保鲜膜盖住，醒发20分钟。

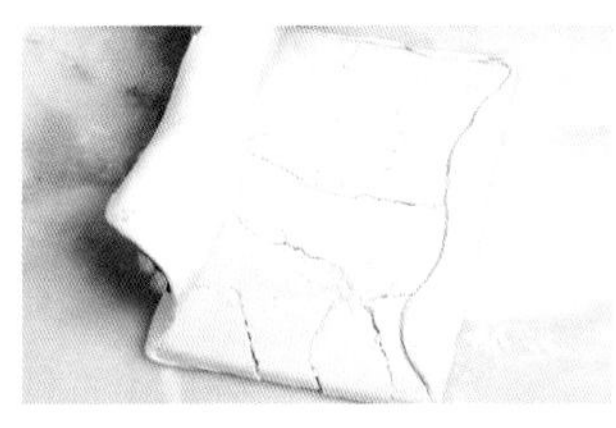

6. 将醒发好的面团擀薄，用折叠的方法包入油酥。

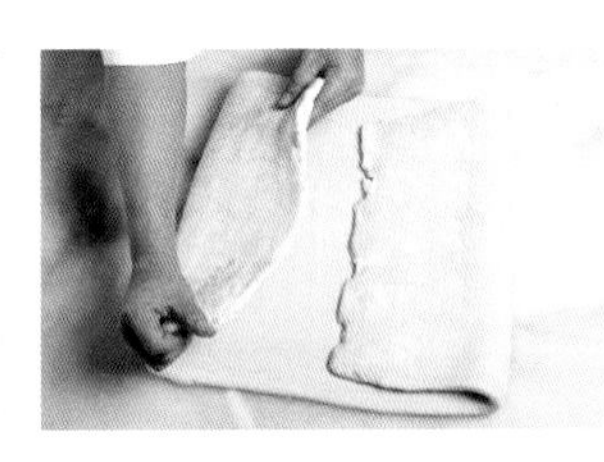

7. 擀薄成“日”字形，把两边折向中间，再对折。

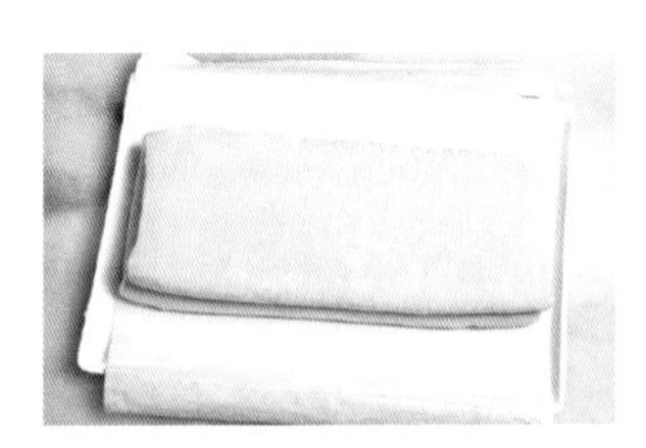

8. 用保鲜膜盖住，放入冰箱冷藏1小时。

9. 取出后再重复步骤7~8三次。

10. 擀薄至约3毫米厚。

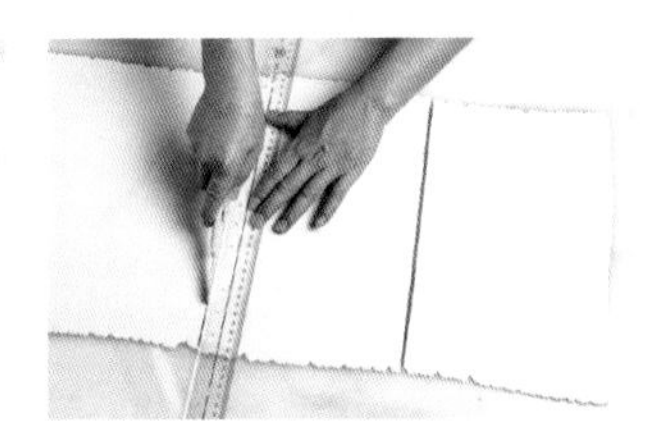

11. 分切成22厘米宽。

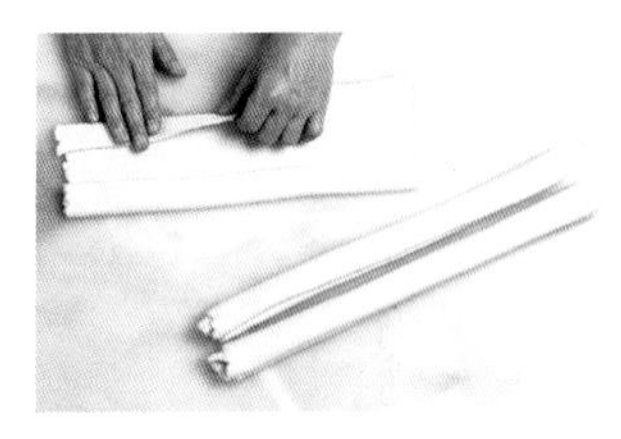

12. 把两边向中间折，共4层。

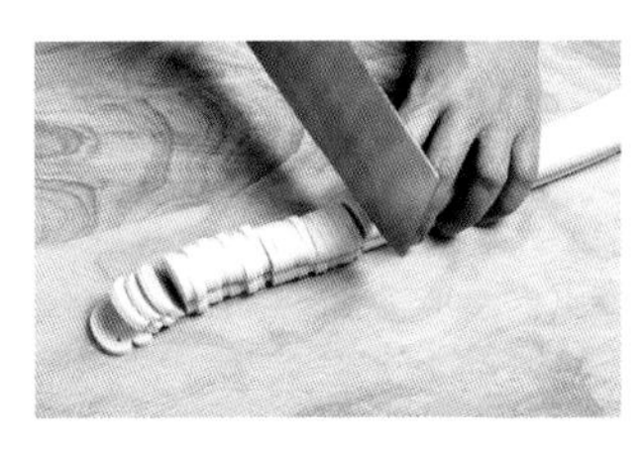

13. 放入冰箱冷冻结实，取出后切成3毫米厚的薄片。

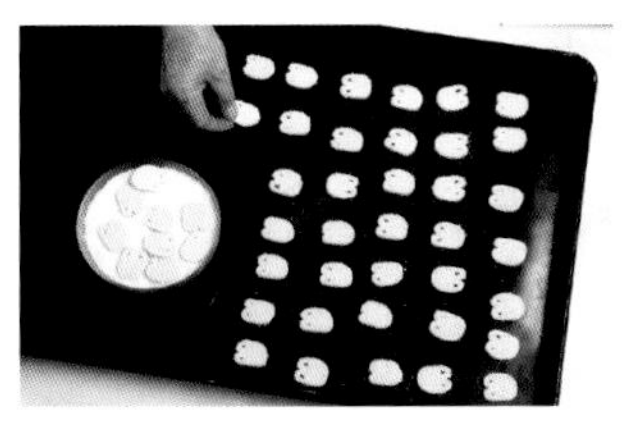

14. 其中一面粘上白糖（未在原料中列出），排于烤盘内（粘有白糖的一面向上）。放入炉中，以上火170℃、下火150℃烘烤约25分钟至表面呈金黄色即可。

甘露酥

原料

白糖275克，黄油175克，泡打粉10克，鸡蛋2个，低筋面粉500克，吉士粉25克，奶香粉2克，莲蓉、鸡蛋液各适量。

大师支招：搅拌面团时，白糖不必完全溶化。

制作步骤

1. 将白糖、黄油、泡打粉混合，搅拌至白糖七成溶化。

2. 分次加入鸡蛋拌匀。

3. 加入低筋面粉、吉士粉、奶香粉拌匀。

4. 将面团分切为每份 50 克的小剂，莲蓉分切为每份 30 克。

5. 将莲蓉包入小剂中，成型后静置醒发 20 分钟。

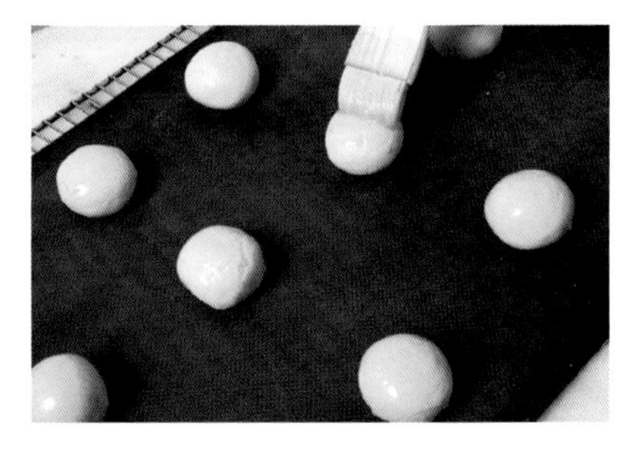

6. 刷上鸡蛋液后放入炉中，以上火170℃、下火 140℃烘烤 30 分钟即可。

牛肉酥

牛肉碎200克，白糖10克，盐4克，鸡精2克，色拉油10毫升，洋葱丁100克，水油酥皮数张，蛋黄液适量。

（水油酥皮的制作请参考第87页）

大师支招：牛肉酥烤熟即可，烘烤时间不宜过久。

制作步骤

1. 将牛肉碎、白糖、盐、鸡精搅拌至起胶。

2. 加入色拉油、洋葱丁。

3. 拌匀成馅，盛出备用。

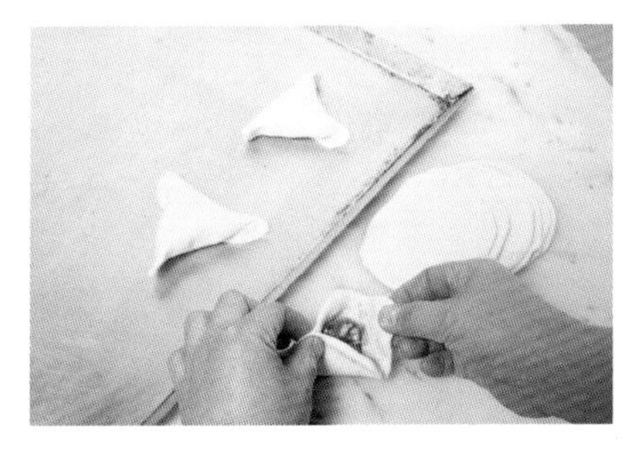

4. 将馅包入水油酥皮中，成型后排入烤盘内醒发 30 分钟。

5. 刷上蛋黄液后放入炉中，以上火 200℃、下火 160℃烘烤约 25 分钟。

6. 上碟即可。

咖喱酥

牛肉碎200克，白糖10克，盐4克，色拉油10毫升，咖喱粉5克，洋葱丁100克，水油酥皮数张，蛋黄液适量。
（水油酥皮的制作请参考第87页）

大师支招：注意烘烤时间。

制作步骤

1. 将牛肉碎、白糖、盐搅打至起胶。

2. 加入色拉油、咖喱粉、洋葱丁。

3. 拌匀成馅，盛出备用。

4. 将馅包入水油酥皮中，成型后排入烤盘内醒发 30 钟。

5. 刷上蛋黄液后放入炉中，以上火 200℃、下火 160℃烘烤 25 分钟。

6. 上碟即可。

牛油蒜香酥

皮：水油酥皮数张。

馅：低筋面粉100克，麦芽糖50克，酥油20克，奶香粉3克，奶粉20克，蒜蓉180克，糖粉110克，盐3克。

其他：蛋黄液适量。

（水油酥皮的制作请参考第87页）

大师支招：注意烘烤时间。

制作步骤

1. 将制作馅的所有原料混合，拌匀后盛出备用。

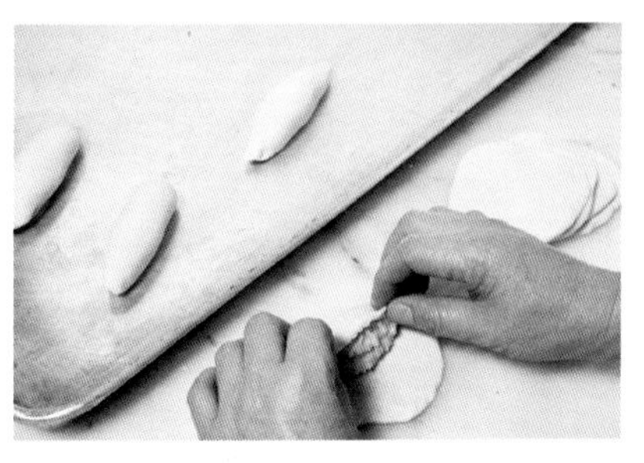

2. 将馅与水油酥皮按4：6的比例包成橄榄形，排入烤盘内，醒发30分钟。

3. 刷上蛋黄液。

4. 稍晾干后，用剪刀剪成刺猬状，放入炉中，以上火200℃、下火160℃烘烤20分钟。

5. 上碟即可。

椰奶香妃酥

水油皮：中筋面粉400克，白糖40克，猪油100克，水180毫升。
油酥：低筋面粉500克，猪油250克。
馅：椰蓉200克，糖粉100克，酥油100克，鸡蛋1个，奶粉40克，椰香粉3克。
其他：蛋黄液适量。

大师支招：接口要紧密，椰奶香妃酥烤熟即可。

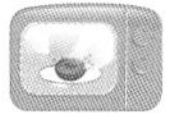

水油酥皮制作步骤

1. 将制作水油皮的所有原料放入搅拌桶内。

2. 搅拌至面团纯滑，醒发30分钟，备用。

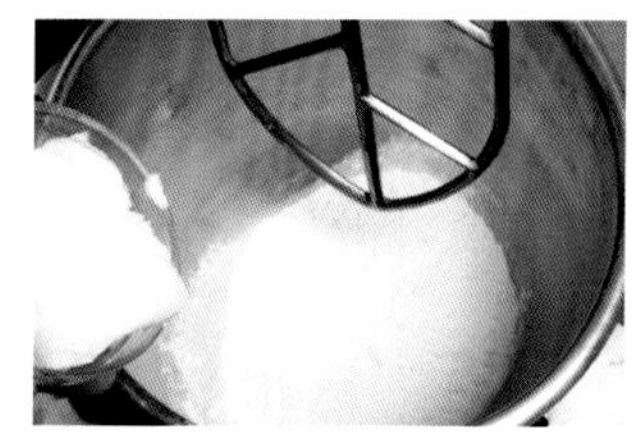

3. 将制作油酥的所有原料倒入搅拌桶内。

4. 搅拌至面团纯滑。

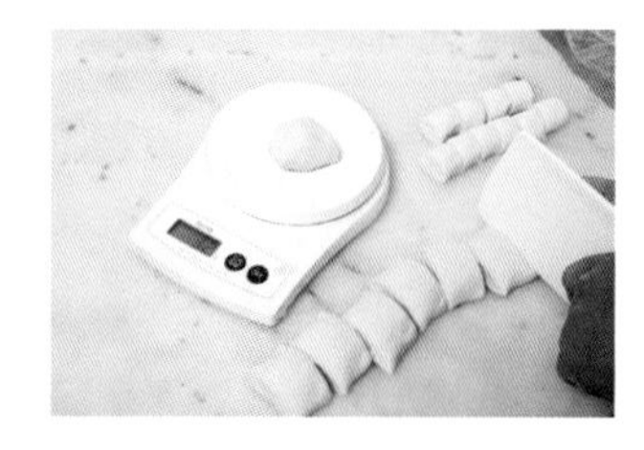

5. 将水油皮与油酥按7：3的比例分成若干份。

6. 将油酥包入水油皮中。

7. 用擀面棍擀薄，卷成条状，再折3次。

8. 将折好的水油酥皮再用擀面棍擀成圆形薄皮。

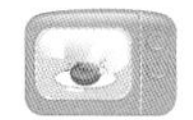

椰奶香妃酥制作步骤

1. 将制作馅的所有原料倒入搅拌桶内。

2. 拌匀成馅，盛出备用。

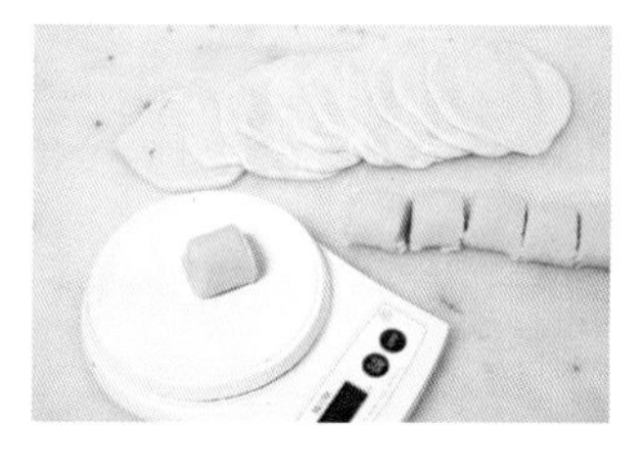

3. 将馅与水油酥皮按1:1的比例分成若干等份。

4. 将馅包入水油酥皮中。

5. 揉搓成型后排入烤盘，醒发30分钟。

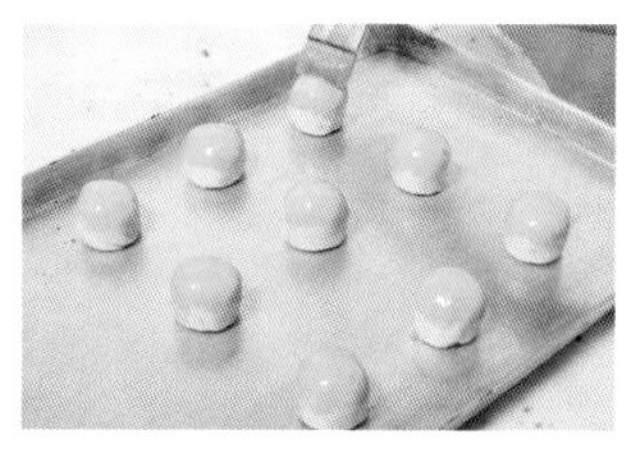

6. 刷上蛋黄液。

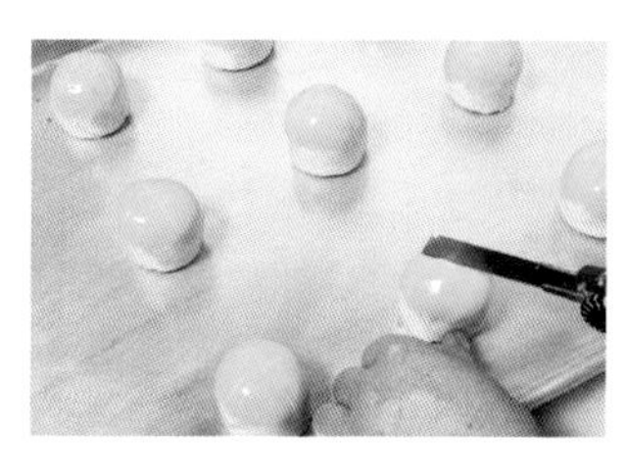

7. 待蛋黄液稍干后，在上面切十字形。

8. 放入炉中，以上火190℃、下火160℃烘烤25分钟即可。

锦绣山药酥

水油皮：高筋面粉750克，吉士粉150克，鸡蛋（取蛋黄）1个，黄油50克，水适量。

油心：低筋面粉800克，薯粉200克，酥油1000克。

馅：鲜山药馅（即山药去皮，蒸熟，加入白糖、鲜奶油捣烂）。

其他：水、食用油各适量。

大师支招：织酥网时动作要轻，结构要紧凑。

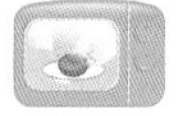

制作步骤

1. 将鲜山药馅分成每份 30 克的小剂，搓圆，冷藏备用。

2. 将高筋面粉开窝，加入吉士粉、蛋黄、黄油、水搓匀。

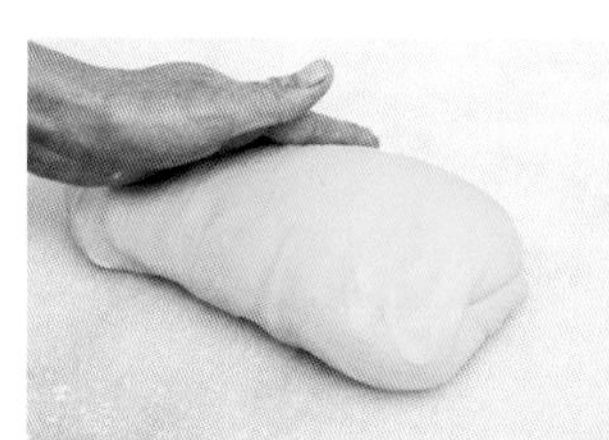

3. 搓至面团纯滑。

4. 擀薄后放进托盘，包上保鲜膜，醒发 1 小时后冷藏成为水油皮。

5. 低筋面粉中加入薯粉、酥油搓匀。

6. 放进托盘，抹平后稍冷藏，成为油心。

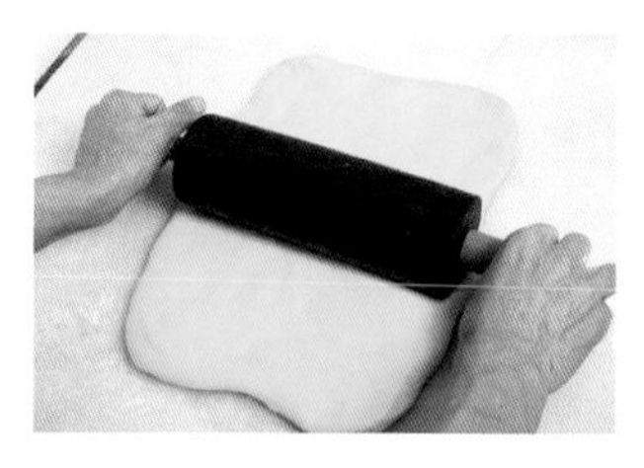

7. 把冷藏好的水油皮擀薄至长度为油心宽度的 2 倍。

8. 将油心包入。

9. 擀成 80 厘米 ×35 厘米的薄片，皮边切平整。

10. 喷上适量水，向中间对折。

11. 再对折，完成第一个 4 层，然后重复步骤 9~11 两次。

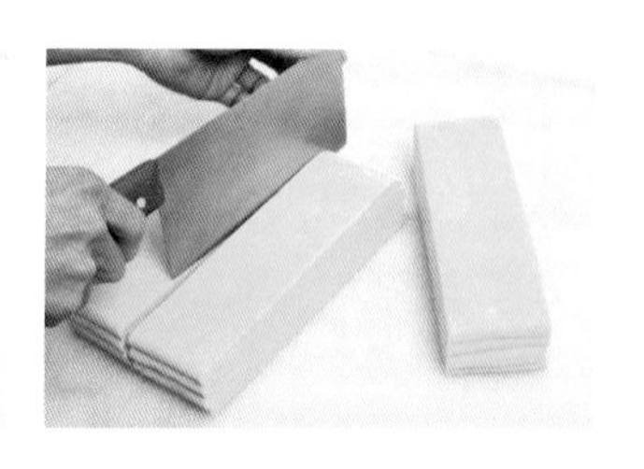

12. 完成三次叠层后，切成 10 厘米宽的条形，成为千层酥皮，稍冷藏。

13. 用刀切出 0.2 厘米厚的直纹酥皮。

14. 用擀面棍顺着酥皮直纹擀成 0.08 厘米厚的薄片。

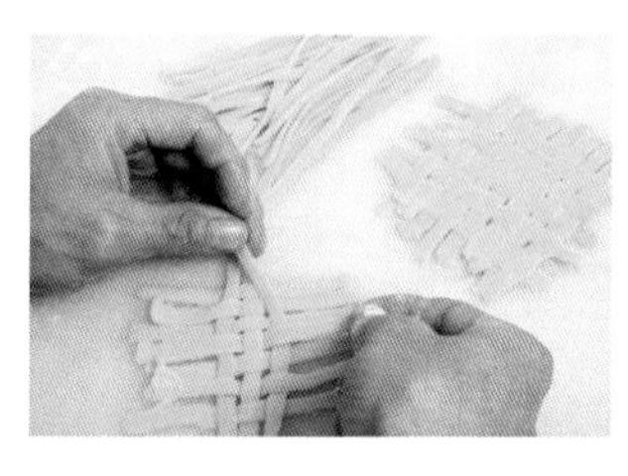

15. 顺着直纹切出 0.4 厘米宽的条形，织成席纹酥网。

16. 将鲜山药馅包入，收紧接口，用 160℃的食用油炸至表面呈金黄色即可。

莲藕酥

油心：面粉500克，白牛油100克，黄油100克。
水油皮：面粉500克，白糖25克，水250毫升，黄油30克，鸡蛋1个。
馅：莲藕1节，南乳2块。
其他：紫菜、食用油各适量。

大师支招： 水油皮和油心要折叠整齐。

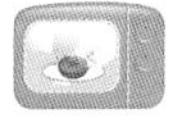

制作步骤

1. 把水油皮原料中的面粉开窝，加入白糖、水、黄油、鸡蛋和匀，搓至面团起筋，成为水油皮。

2. 把油心原料中的面粉开窝，加入白牛油和黄油，拌匀成油心。

3. 把油心放入托盘中，抹平后放入冰箱冷冻，变硬后取出。

4. 把莲藕剁碎，加入南乳拌匀成馅。

5. 把水油皮和油心分别擀薄呈“日”字形。

6. 把水油皮和油心叠在一起，然后将两边折向中间，折成3层。

7. 用刀切成片。

8. 再擀成薄片。

9. 包入莲藕馅。

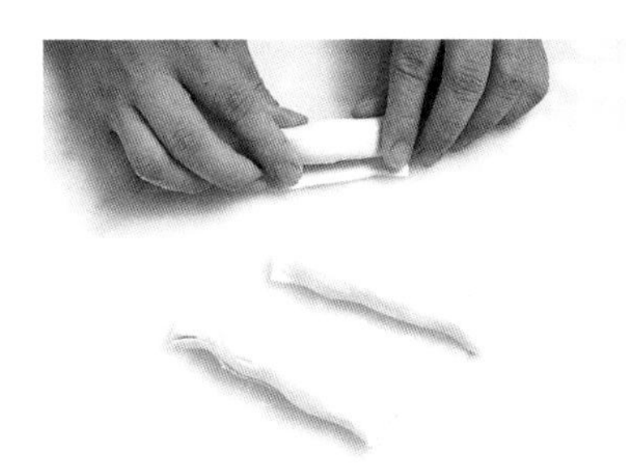

10. 卷成圆柱形，捏紧接口。

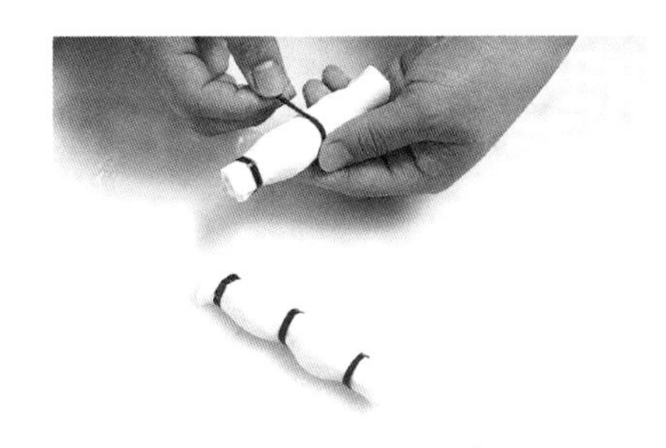

11. 用紫菜扎三道。

12. 放入150℃的食用油中炸至表面呈金黄色即可。

黄桃奶香酥

黄桃粒250克，鲜奶馅400克，千层酥皮数张，蛋清、糯米皮、食用色素、食用油各适量。

（千层酥皮的制作请参考第91页步骤1~6；鲜奶馅的制作请参考第35页）

大师支招：酥皮边要用蛋清粘紧，否则容易散。

制作步骤

1. 将黄桃粒、鲜奶馅拌匀成馅。

2. 用锋利刀具将千层酥皮切成 0.2 厘米厚的直纹酥皮。

3. 用擀面棍顺着直纹擀成 0.08 厘米厚的薄片。

4. 包入馅料后卷成圆筒形。

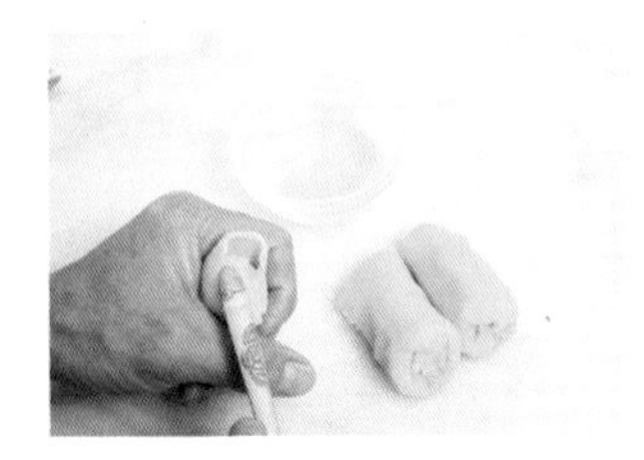

5. 粘上蛋清，向内收紧接口。

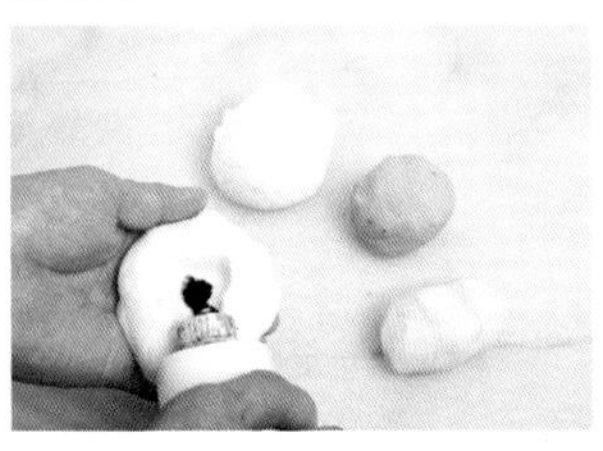

6. 糯米皮搓匀，加入食用色素做出装饰枝叶。

7. 粘在黄桃奶香酥的顶部。

8. 用 160℃的食用油炸至表面呈金黄色即可。

旋风板栗酥

原料

皮：面粉500克，白牛油100克，水250毫升，白糖25克，黄油100克，板栗蓉、食用油各适量。

大师支招：黄油要涂抹均匀。

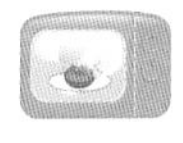
制作步骤

1. 将面粉开窝，加入白牛油、水、白糖拌匀，搓至面团表面光滑。

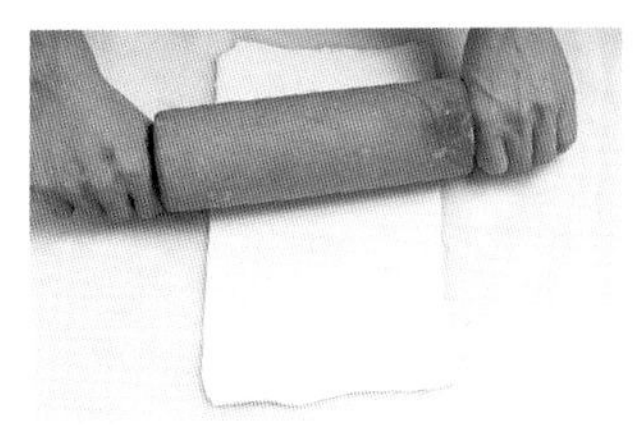
2. 用擀面棍擀薄。

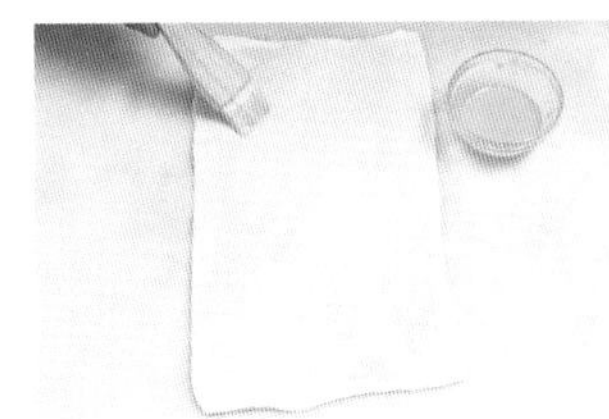
3. 刷上黄油。

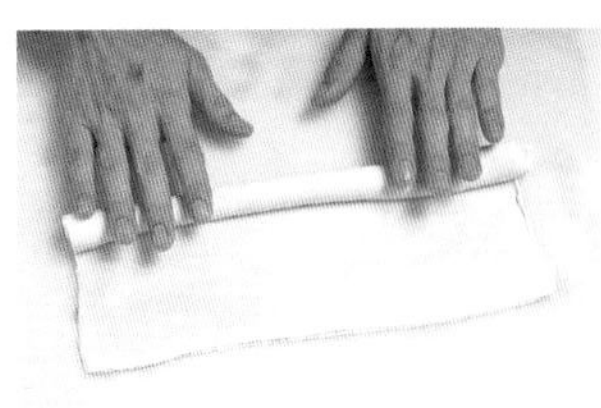
4. 卷成条状。

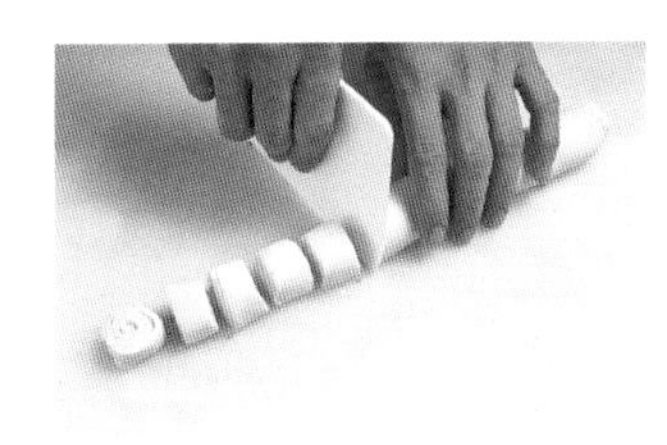
5. 分切成每份30克的小剂。

6. 擀成圆形面片。

7. 将板栗蓉包入，捏成雀笼形。

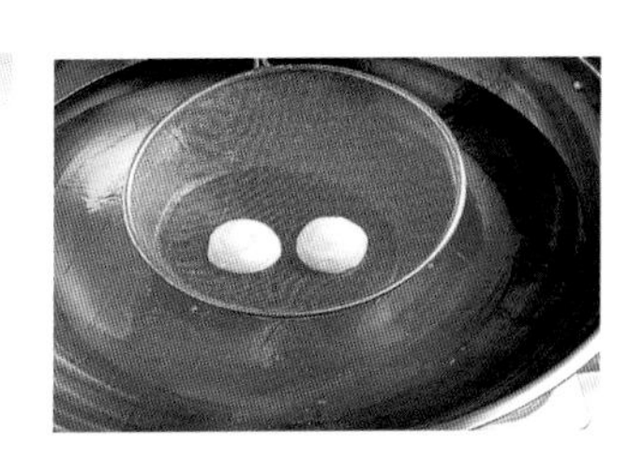
8. 放入约160℃的食用油中炸至表面呈金黄色即可。

虾米萝卜酥

盐5克，味精3克，白糖9克，水油皮数张，白萝卜、虾米、食用油各适量。

大师支招：捏成椭圆形时，接口要捏紧。

制作步骤

1. 将白萝卜切丝。

2. 加入虾米、盐、味精、白糖拌匀成馅。

3. 将馅包入水油皮中，捏成椭圆形。

4. 放入约160℃的食用油中炸至表面呈金黄色即可。

特色西芹酥

西芹250克，盐3克，味精3克，白糖6克，水油皮数张，食用油适量。

大师支招：封口处必须压紧。

制作步骤

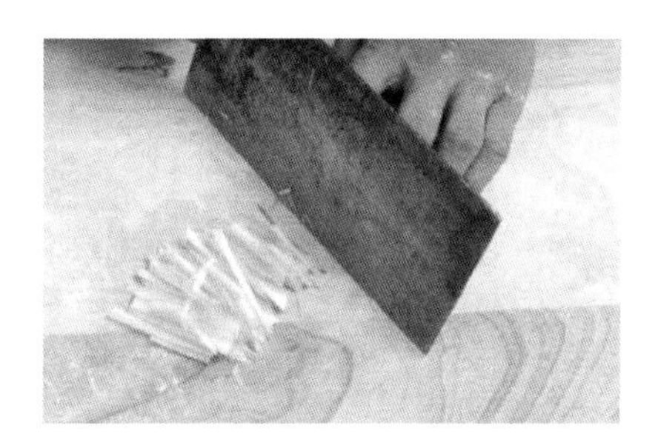

1. 将西芹切成丝，加入盐、味精、白糖拌匀成馅。

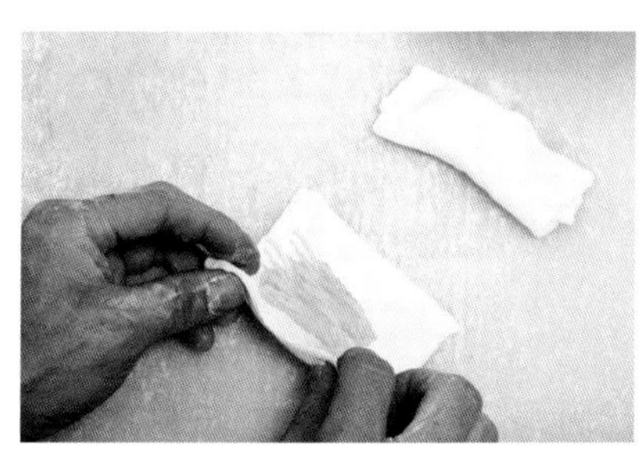

2. 将馅放在水油皮中间，卷成扁形，然后压紧两边。

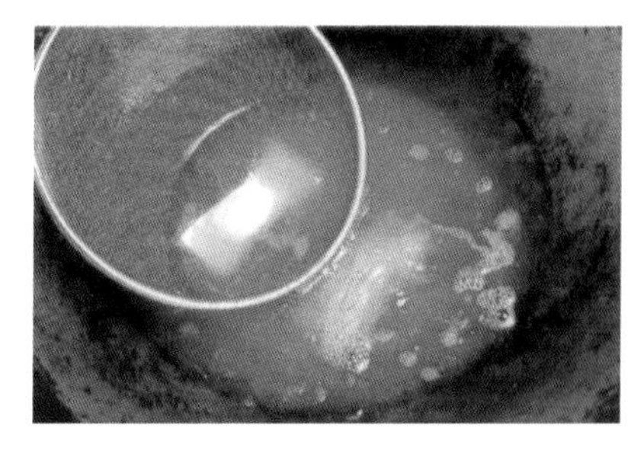

3. 放入约180℃的食用油中炸至表面呈金黄色即可。

飘香榴莲酥

原料

千层酥皮数张，榴莲肉、食用油适量。

大师支招：包馅时底部收口不要太厚。

制作步骤

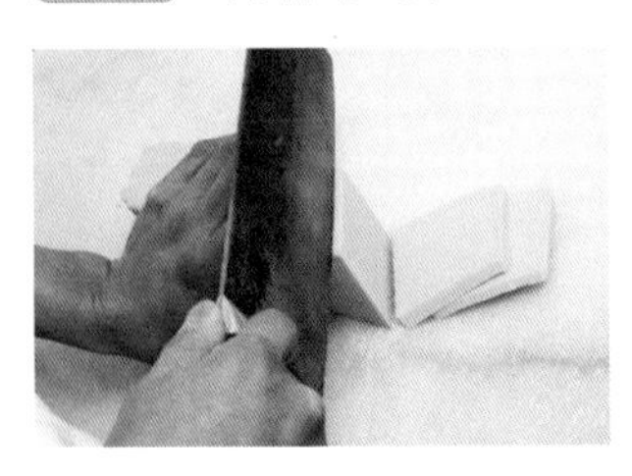

1. 将千层酥皮顺着直纹切成0.3厘米厚的皮。

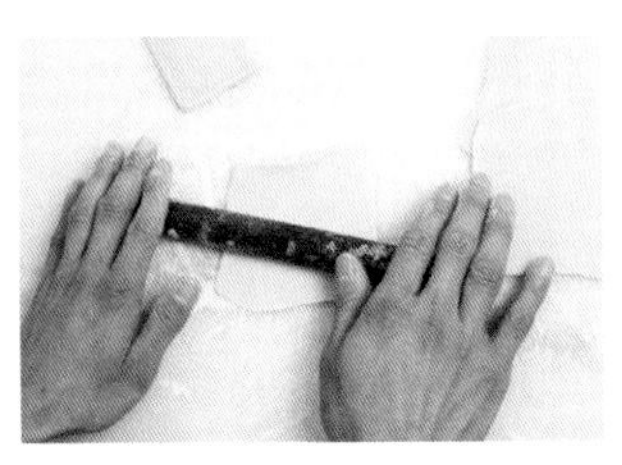

2. 顺着直纹擀成0.15厘米厚的薄皮。

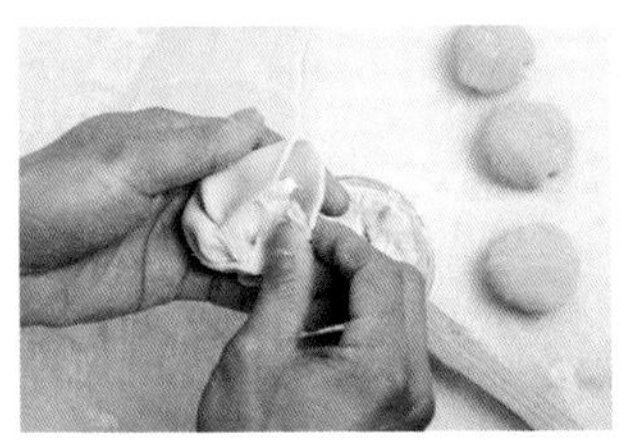

3. 将榴莲肉包入，收紧接口。

4. 放入约160℃的食用油中炸至表面呈金黄色即可。

椰奶酥饼

糖粉200克，椰蓉50克，椰香粉2克，色拉油80毫升，水15毫升，淀粉5克，中筋面粉250克。

大师支招：饼面放入模具后必须压结实。

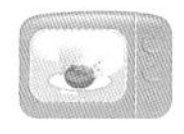

制作步骤

1. 将糖粉、椰蓉、椰香粉、色拉油混合，拌匀。

2. 加入水、淀粉稍拌匀。

3. 加入中筋面粉搅拌至完全透彻成饼面。

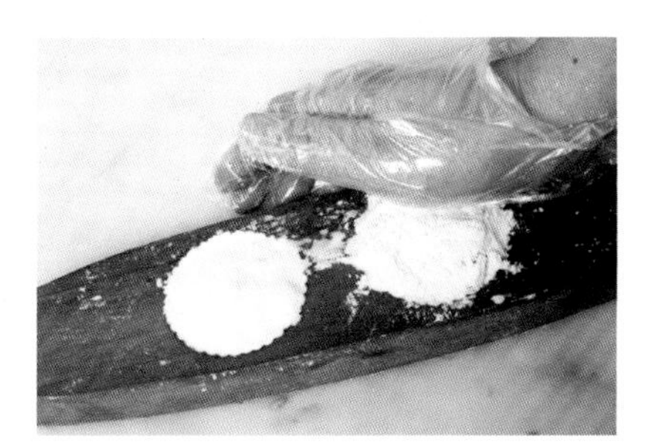

4. 将饼面放入模具内压紧。

5. 将表面铲平。

6. 脱模，排在耐高温布上，放入炉中，以上火170℃、下火150℃烘烤25分钟即可。

花生饼

糖粉225克，花生粉50克，色拉油100毫升，鸡蛋1个，水10毫升，淀粉5克，食粉3克，中筋面粉250克。

大师支招：饼面放入模具后必须压结实，烘烤不必上色。

制作步骤

1. 将糖粉、花生粉、色拉油混合，搅拌至均匀。

2. 加入鸡蛋、水、淀粉、食粉拌匀。

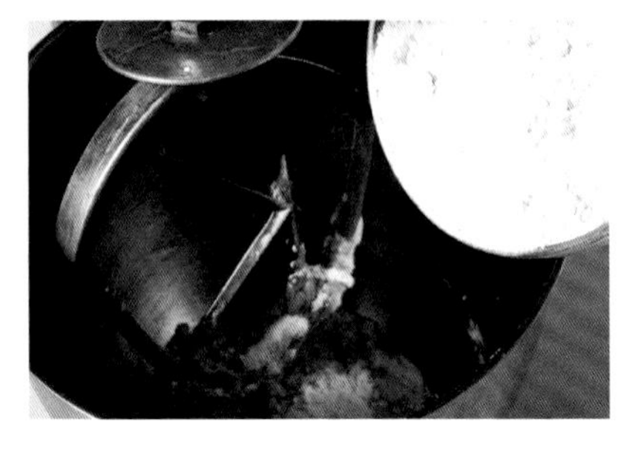

3. 加入中筋面粉搅拌至完全混合成饼面。

4. 将饼面放入模具内并压紧。

5. 表面用刮刀铲平。

6. 脱模，成饼胚，放入炉中，以上火 170℃、下火 150℃烘烤 25 分钟即可。

杏仁饼

糖粉220克，色拉油60毫升，杏仁粉20克，榄仁粉15克，凉开水20毫升，绿豆粉170克，冰肉适量。
（冰肉是指用烧酒和白糖精制过的肥猪肉）

大师支招： 饼面放入模具后必须压结实。

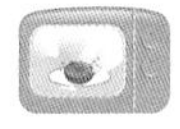

制作步骤

1. 将糖粉、色拉油、杏仁粉、榄仁粉、凉开水混合，拌匀。

2. 放入绿豆粉拌匀成饼面。

3. 将饼面放入模具内至约 1/2 满，加入冰肉为馅。

4. 再用饼面填满模具并压实。

5. 表面用刮刀铲平。

6. 脱模后，排于耐高温布上，放入炉中，以上火 170℃、下火 150℃烘烤 25 分钟即可。

麒麟饼

皮：水油酥皮数张。

馅：酥油200克，白糖150克，盐2.5克，鸡蛋1个，奶粉250克，白芝麻30克，低筋面粉50克。

其他：蛋黄液适量。

大师支招：接口要收紧，饼烤熟即可。

制作步骤

1. 将制作馅的所有原料倒入搅拌桶内。

2. 拌匀成馅，盛出备用。

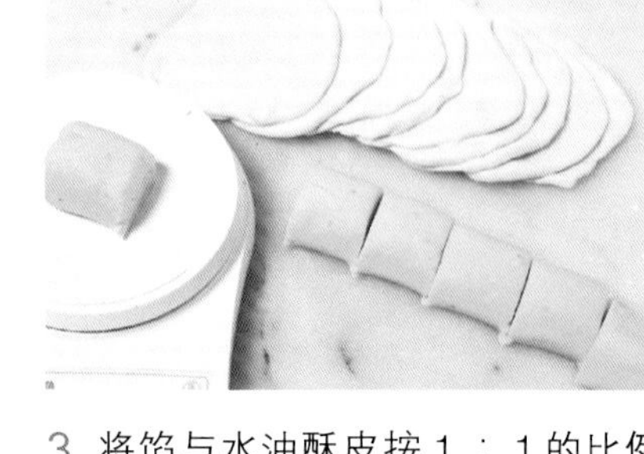

3. 将馅与水油酥皮按1：1的比例分成若干份。

4. 将馅包入水油酥皮中，捏成橄榄形，排入烤盘后醒发30分钟。

5. 刷上蛋黄液。

6. 待蛋黄液稍干后，画出花纹，放入炉中，以上火200℃、下火160℃烘烤20分钟即可。

绿豆饼

去壳绿豆170克，糖粉220克，水20毫升，黄油15克，杏仁粉20克，水油酥皮数张。

大师支招： 绿豆饼表面扎孔后再放入炉中烤熟，其味更佳。

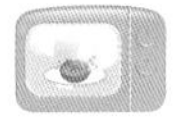

制作步骤

1. 将去壳绿豆、糖粉、水、黄油混合，搅拌至呈泥糊状。

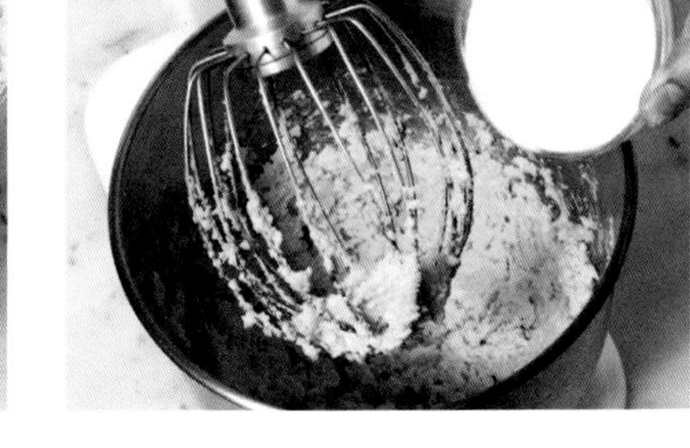

2. 加入杏仁粉继续搅拌。

3. 拌匀成馅，盛出备用。

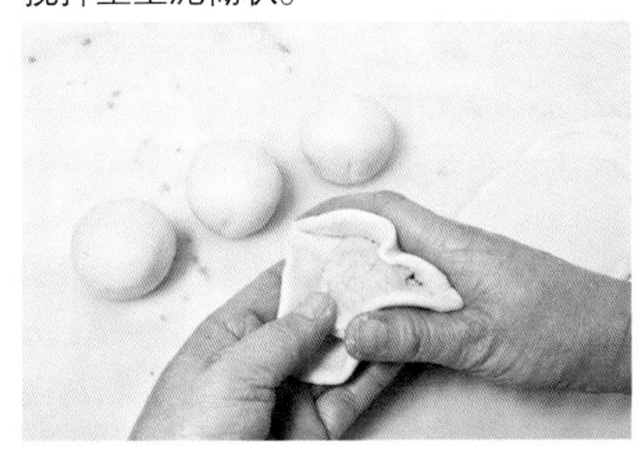

4. 将馅与水油酥皮按1:1的比例包好。

5. 排入烤盘内，压扁，醒发30分钟，放入炉中，以上火170℃、下火160℃烘烤25分钟。

6. 上碟即可。

老公饼

皮：水油酥皮数张。
馅：水180毫升，白糖150克，盐2克，猪油70克，紫菜5克，三洋糕粉90克。
其他：蛋黄液、白芝麻各适量。

大师支招：饼表面扎孔后再放入炉中烤熟，其味更佳。

 制作步骤

1. 将制作馅的所有原料混合。

2. 拌匀成馅，盛出备用。

3. 将馅与水油酥皮按6:4的比例分成若干份。

4. 将馅包入水油酥皮中，醒发20分钟。

5. 用擀面棍擀薄，呈长圆状，放入烤盘后醒发30分钟。

6. 刷上蛋黄液。

7. 撒上白芝麻。

8. 于中间切两刀后放入炉中，以上火200℃、下火160℃烘烤25分钟即可。

鸡仔饼

原料

高筋面粉700克，低筋面粉300克，冰肉500克，南乳35克，蒜蓉125克，白芝麻125克，花生碎125克，盐25克，麦芽糖200克，五香粉5克，胡椒粉5克，蛋黄液适量。

大师支招： 炉温过高或过低均影响成品的质量。

制作步骤

1. 将高筋面粉、低筋面粉混合，开窝，加入冰肉、南乳、蒜蓉、白芝麻、花生碎、盐、麦芽糖、五香粉、胡椒粉。

2. 搓揉至完全混合。

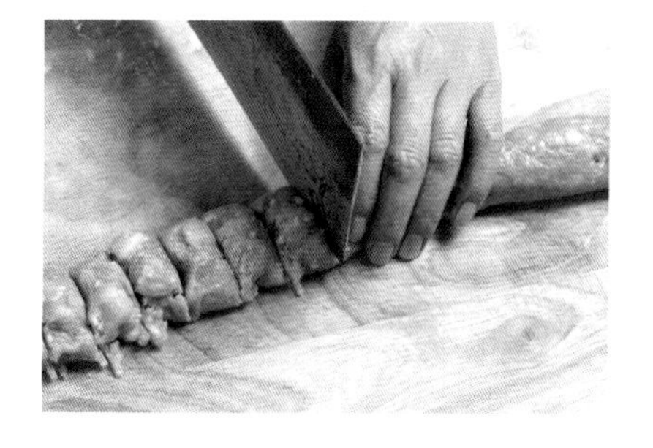

3. 搓成长条形，切成小剂。

4. 排入烤盘中。

5. 用手掌稍稍压扁。

6. 刷上蛋黄液，放入炉中，以上火180℃、下火160℃烘烤约25分钟，烤熟后出炉即可。

老婆饼

皮：水油酥皮10张。
馅：白糖400克，猪油70克，色拉油100毫升，椰丝50克，白芝麻75克，温水500毫升，三洋糕粉300克。
其他：蛋黄液、白芝麻各适量。

大师支招：饼面要经过多次醒发。

制作步骤

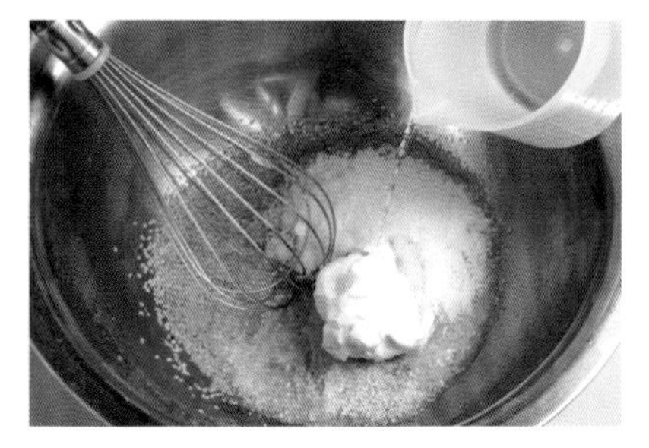

1. 把白糖、猪油、色拉油、椰丝、白芝麻、温水混合，搅拌至白糖溶化。

2. 慢慢加入三洋糕粉，边加入边搅拌至没有颗粒状，成馅。

3. 静置醒发 30 分钟。

4. 将馅分成小份，每份约 45 克，把水油酥皮擀成圆形薄皮。

5. 将馅包入水油酥皮中，捏成圆形，稍作醒发。

6. 醒发后擀成饼形，置于烤盘中再醒发 15 分钟。

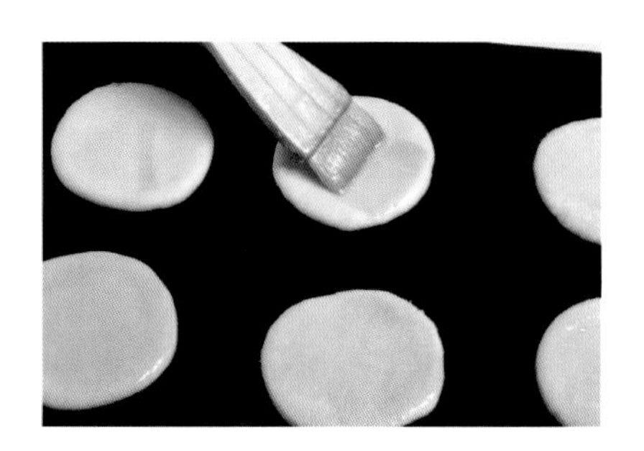

7. 在表面刷上蛋黄液。

8. 撒上白芝麻，用刀在表面切开两个小口后，以上火 180℃、下火 160℃烘烤 25 分钟，出炉即可。

芝麻酥饼

皮：酥油200克，糖粉100克，鲜奶125毫升，中筋面粉600克。
馅：白糖200克，葡萄糖浆70克，酥油100克，鲜奶110毫升，熟芝麻40克，葡萄干50克，白糖冬瓜条50克，核桃碎40克，瓜子仁40克，绿豆粉60克，低筋面粉300克，三洋糕粉50克。
其他：水、芝麻各适量。

大师支招：皮原料中的酥油可以用黄油或色拉油代替，风味略有不同。

制作步骤

1. 将皮原料中的酥油、糖粉混合，搅拌至呈奶白色。

2. 分次加入鲜奶拌匀。

3. 加入中筋面粉拌匀，成面团。

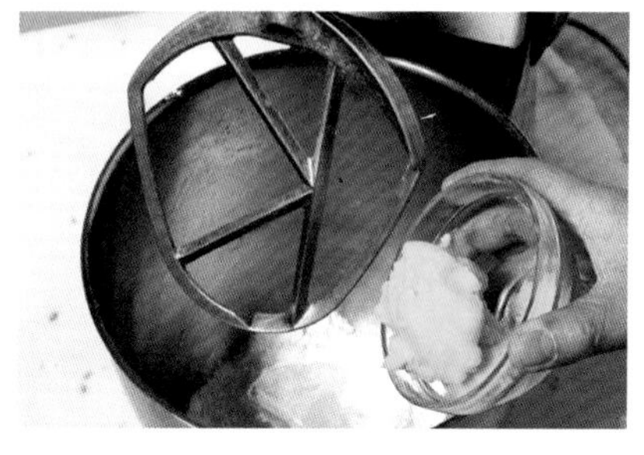

4. 将馅原料中的白糖、葡萄糖浆、酥油混合，拌匀。

5. 分次加入鲜奶拌匀。

6. 加入熟芝麻、葡萄干、白糖冬瓜条、核桃碎、瓜子仁、绿豆粉、低筋面粉、三洋糕粉拌匀成馅。

7. 将面团与馅按 6 : 4 的比例分成若干份。

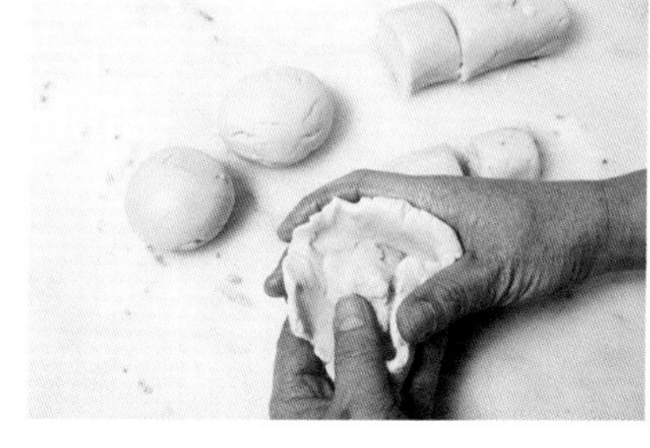

8. 把小面团压薄，将馅包入。

9. 放在耐高温布上，压扁。

10. 喷上适量水。

11. 撒上芝麻，放入炉中，以上火 170℃、下火 140℃烘烤 25 分钟。

12. 上碟即可。

礼饼

原料

水油皮：中筋面粉500克，猪油100克，水200毫升，食用色素适量。
油心：低筋面粉500克，猪油250克。
馅：莲蓉适量。
其他：食用油适量。

大师支招：在水油皮面团中加入不同颜色的色素，可做成各色礼饼。

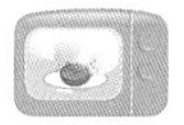

制作步骤

1. 将水油皮原料中的中筋面粉开窝，加入猪油、水、食用色素搓匀。

2. 搓至面团表面光滑，制成水油皮面团，用保鲜膜盖住，稍作醒发。

3. 将制作油心的所有原料混合，搓至面团表面光滑，制成油心面团。

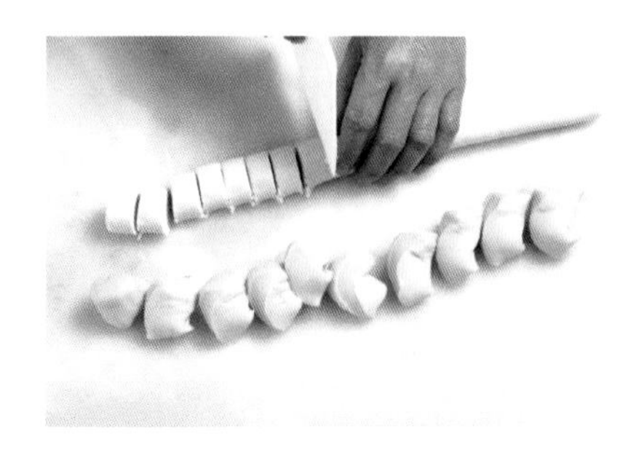

4. 将醒发好的水油皮面团和油心面团搓成长条，按 3 ∶ 2 的比例切成若干份。

5. 将油心包入水油皮中。

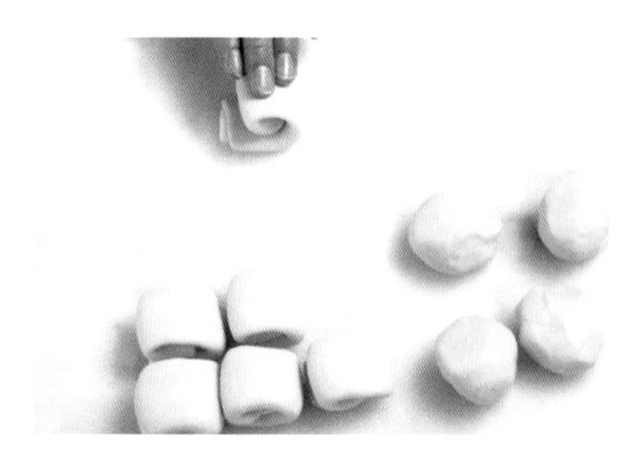

6. 擀开后卷成筒状。

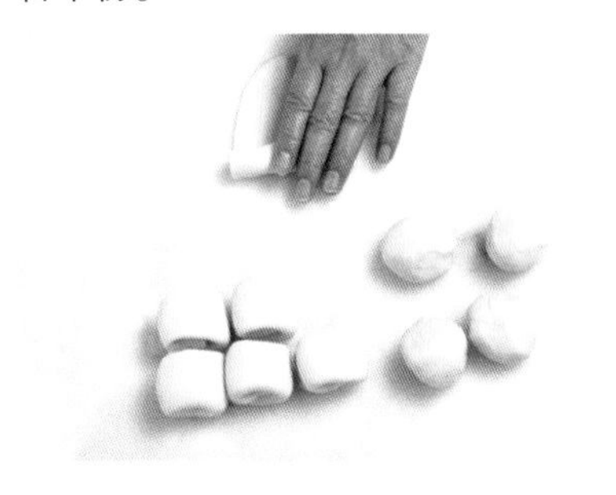

7. 压扁，折成 3 折。

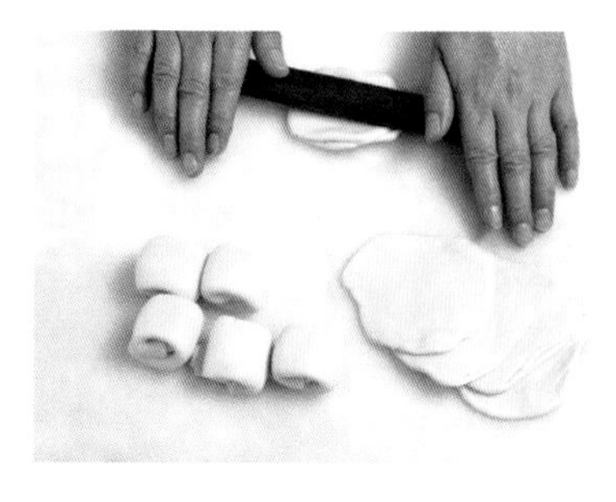

8. 再擀成圆形的水油酥皮。

9. 把莲蓉切成与水油酥皮等量的小份，包入水油酥皮中，排入烤盘。

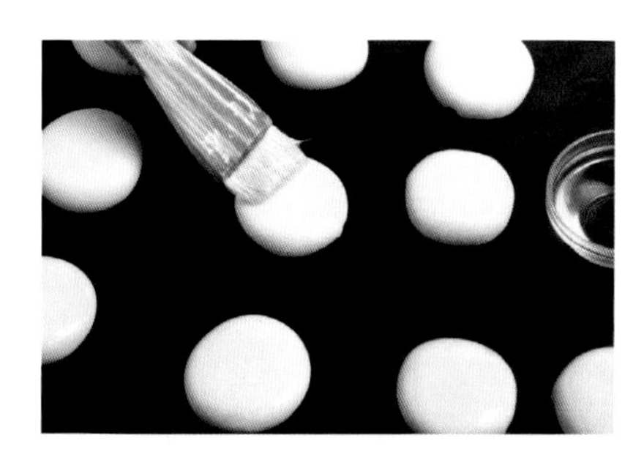

10. 稍压扁并稍作醒发后，在表面刷上食用油，放入炉中，以上火 170℃、下火 160℃烘烤 25 分钟，出炉即可。

冰花饼

低筋面粉500克，白糖200克，糖浆25克，臭粉3克，泡打粉15克，黄油100克，水50毫升，鲜奶50毫升，鸡蛋3个。

大师支招：烘烤过程中不要打开炉门。

制作步骤

1. 将白糖、糖浆、臭粉、泡打粉、黄油混合，搅拌至白糖七成溶化。

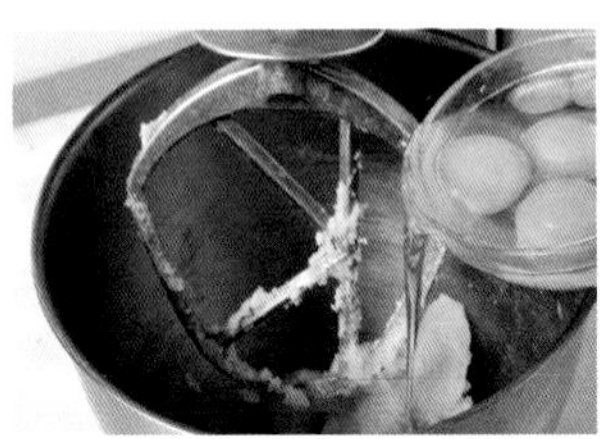

2. 分次加入水、鲜奶、鸡蛋拌匀。

3. 加入低筋面粉拌匀成面团。

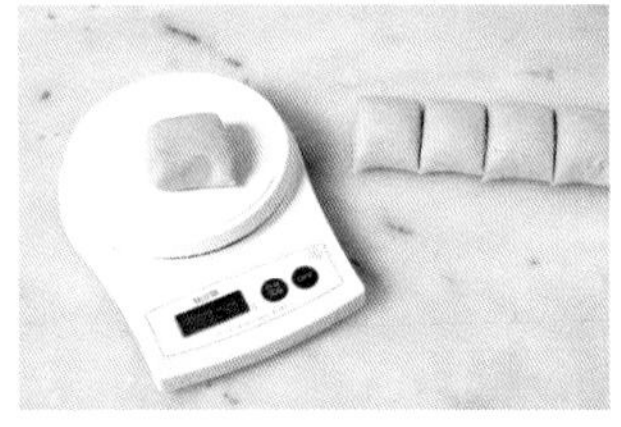

4. 将面团分切成每份70克的小剂。

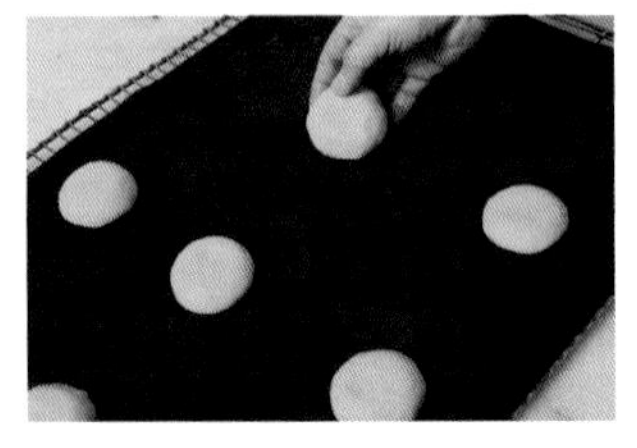

5. 搓圆后排于耐高温布上，静置醒发20分钟。

6. 刷上水（未在原料中列出）。

7. 撒上白糖（未在原料中列出）后放入炉中，以上火170℃、下火140℃烘烤约25分钟。

8. 上碟即可。

麦香金沙煎软饼

粗麦片200克，澄面75克，糯米粉500克，白糖100克，猪油50克，水375毫升，流沙馅、食用油各适量。

（流沙馅的制作请参考第33页）

大师支招：煎饼时要用小火，否则会外焦内生。

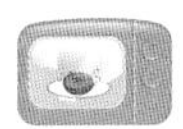

制作步骤

1. 粗麦片用水浸泡1小时后隔水蒸熟。

2. 澄面用开水烫熟。

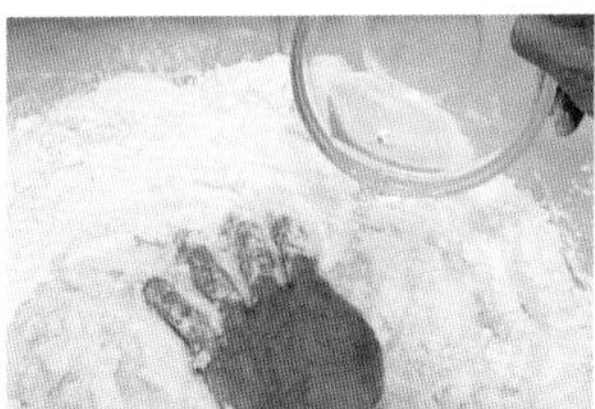

3. 将糯米粉开窝，加入熟澄面、白糖、猪油、水搓至纯滑。

4. 搓成长条形，分成每份30克的小剂。

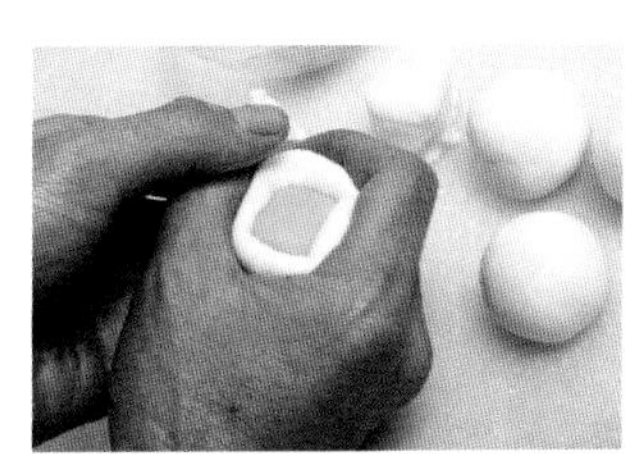

5. 将流沙馅包入，搓圆。

6. 粘上熟粗麦片。

7. 用模具压成饼形。

8. 锅内放食用油，以小火将饼煎熟即可。

韭菜汁咸肉煎饼

原料

面皮：韭菜300克，糯米粉500克，盐3克，猪油100克，白糖50克，水适量。
馅：韭菜花150克，猪瘦肉粒250克，猪皮胶200克，京葱50克，姜末20克，南乳2块，鸡精3克，白糖15克，盐、食用油各适量。
其他：食用油适量。

大师支招：包馅时不要放偏，以免漏馅。

制作步骤

1. 将制作馅原料中的猪瘦肉粒、适量盐、南乳拌匀，腌制5小时，成咸肉粒，再用食用油炸干水分。

2. 韭菜花、京葱切成粒状，加入咸肉粒、猪皮胶、姜末、盐、鸡精、白糖拌匀成馅。

3. 将制作皮原料中的韭菜、水和盐，打成韭菜汁。

4. 将韭菜汁煮沸，用来烫熟糯米粉。

5. 加入猪油、白糖搓匀。

6. 搓成长条形，分成每份35克的小剂。

7. 擀成圆形面皮，然后将馅包入，压成饼形。

8. 锅内放食用油，放入饼，以小火煎熟至两面呈金黄色即可。

夏果芋蓉香煎饼

芋头500克，夏威夷果100克，花生米150克，芝麻50克，白糖150克，食用油100毫升，蛋清适量。
（流沙馅的制作请参考第33页）

大师支招： 芋头要选粉糯的。

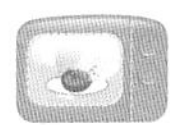

制作步骤

1. 将芋头去皮，蒸熟，加入白糖、食用油捣烂成蓉。

2. 稍微煮干些。

3. 夏威夷果、花生米分别用擀面棍压碎。

4. 芋蓉中加入适量花生碎、芝麻搓匀。

5. 用擀面棍擀成 0.8 厘米厚的薄片。

6. 用圆牙嘴模具压出圆形。

7. 刷上蛋清，粘上夏威夷果和花生碎。

8. 锅内放入食用油，将饼煎至两面呈金黄色即可。

南瓜泥玉米煎饼

南瓜1000克，玉米粒300克，白糖100克，玉米粉50克，春卷皮20张，柠檬叶丝、食用油各适量。

大师支招： 煎饼时不宜放过多食用油。

制作步骤

1. 将南瓜蒸熟，加入白糖，煮干些。

2. 加入玉米粉勾芡，再加入玉米粒拌匀成馅。

3. 在春卷皮上用模具压出直径5厘米的圆形。

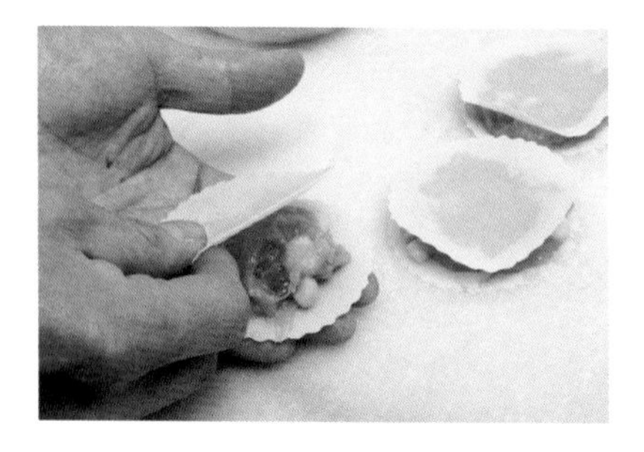

4. 馅料放中间，用两张圆形皮夹紧。

5. 锅内放入食用油，将饼煎至两面呈金黄色。

6. 再放上适量柠檬叶丝即可。

虾米咸薄饼

原料

面皮：糯米粉250克，盐15克，水300毫升，食用油5毫升。
馅：韭菜50克，火腿30克，虾米20克。

大师支招：煎面皮时不能用大火。

制作步骤

1. 把糯米粉、盐、水和匀。

2. 边搅拌边加入食用油制成粉浆。

3. 把韭菜、火腿、虾米切成粒状，炒熟成馅，备用。

4. 往平底锅中加入1勺粉浆，摊开。

5. 再均匀加入馅，把两面煎至呈金黄色。

6. 铲起，用刀背在两边压一下。

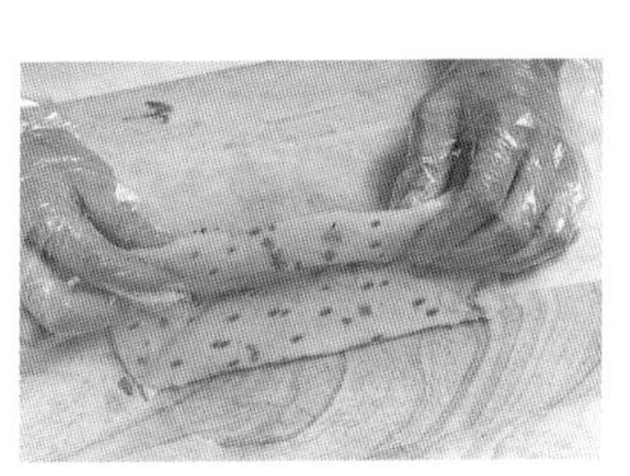
7. 沿压痕折起来，再对折。

8. 然后切块即可。

脆皮咸甜煎薄饼

面皮：糯米粉500克，水350毫升。
甜馅：熟花生碎250克，白糖150克，椰蓉50克，熟芝麻100克。
咸馅：腊肠200克，菜脯100克，虾米50克，韭菜100克，胡萝卜、盐、味精、淀粉各适量。
其他：花生酱、食用油各适量。

大师支招：搓好的面团不宜存放，否则会影响皮的脆度。

制作步骤

1. 将制作甜馅的所有原料混合，制成甜馅。

2. 将除盐、味精、淀粉外的所有咸馅原料切成粒状后混合，加入盐、味精炒熟，再用淀粉勾芡制成咸馅。

3. 将水倒入糯米粉中。

4. 搓至面团纯滑及无干粉粒。

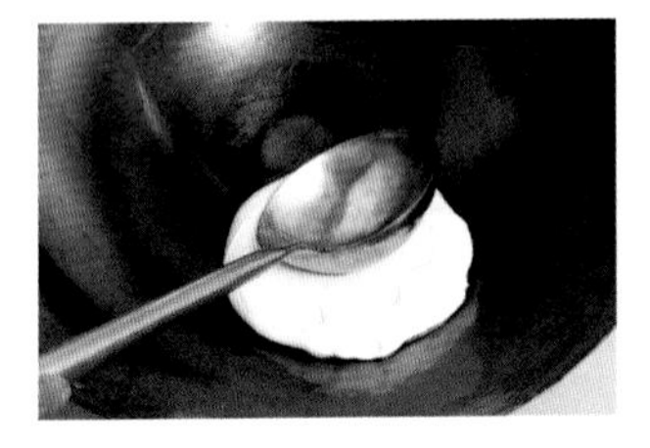

5. 烧热炒锅，加入适量食用油，将糯米团下锅煎。

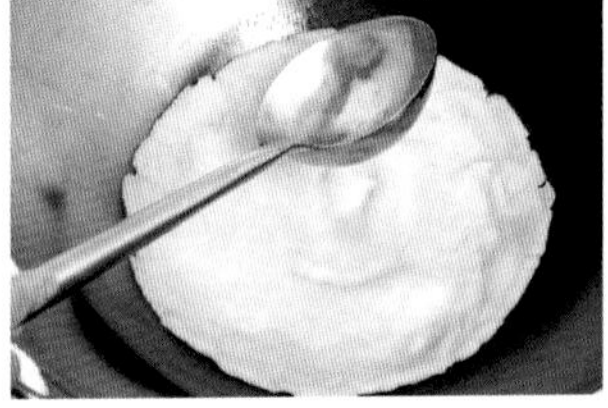

6. 边煎边用炒勺锤薄饼皮。

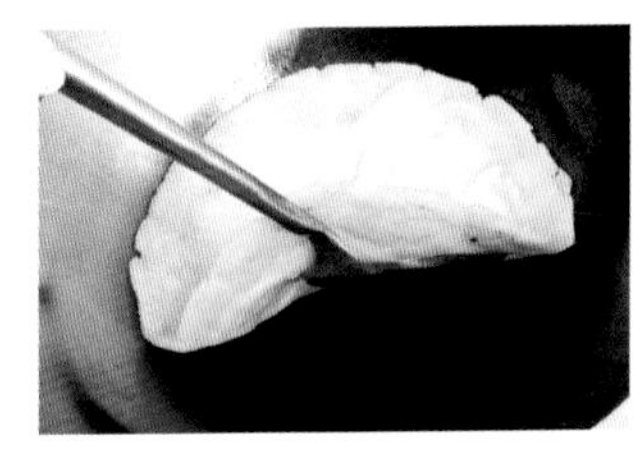

7. 翻面，再轻煎。

8. 煎至起焦，加入沸食用油，炸至表面呈金黄色。

9. 倒出，滤去油。

10. 用干净毛巾吸掉软边的油分。

11. 用刀轻敲碎脆皮层。

12. 再翻过来，将软层向上，用刀切开。

13. 一半皮上抹花生酱，放上甜馅。

14. 卷起。

15. 另一半皮上加入咸馅，也卷起。

16. 最后用刀切成2厘米宽的饼块即可。

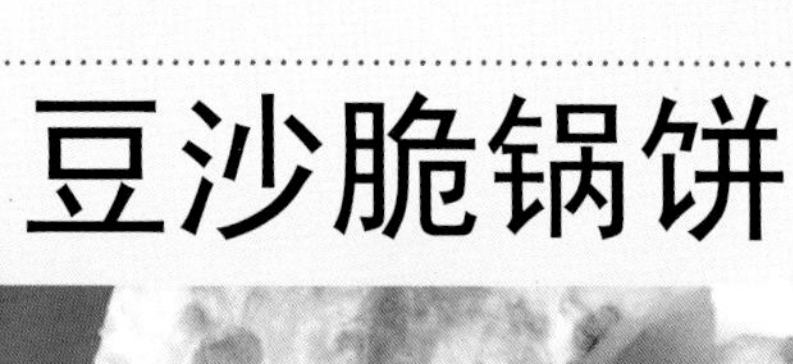

豆沙脆锅饼

面皮：糯米粉250克，白糖50克，水300毫升，食用油适量。
馅：赤豆沙。

大师支招： 第一次煎面皮时只需煎至稍硬、色微黄即可。

制作步骤

1. 把糯米粉、白糖放入盆中，加入水和成粉浆。

2. 往平底锅中倒入粉浆，煎至两面呈微黄色后取出。

3. 在皮中间抹上赤豆沙。

4. 折叠包成正方形。

5. 锅内放入食用油，放入饼煎至两面呈金黄色。

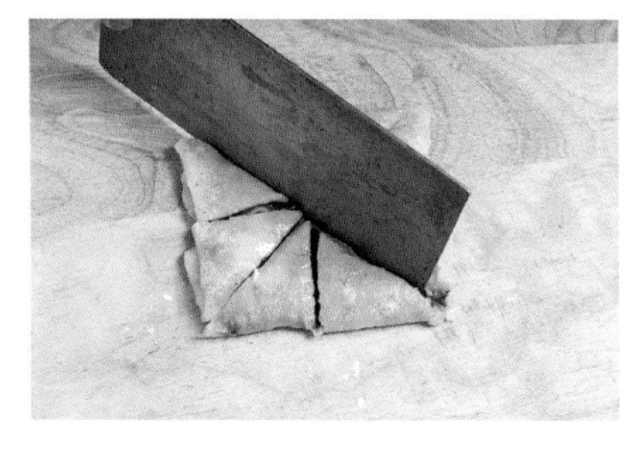

6. 铲起并放在砧板上，用刀切块即可。

脆皮甜薄饼

原料

面皮：糯米粉250克，水300毫升，白糖25克，食用油适量。
馅：芝麻20克，花生碎50克。

大师支招： 要控制好粉浆的稀稠度，煎面皮时不能用大火。

制作步骤

1. 将芝麻和花生碎拌匀成馅。

2. 将糯米粉、水、白糖和匀成粉浆。

3. 往平底锅中加入食用油，再加入1勺粉浆，摊开。

4. 煎至两面呈金黄色。

5. 铲起，均匀铺上馅。

6. 用刀背在两边压一下。

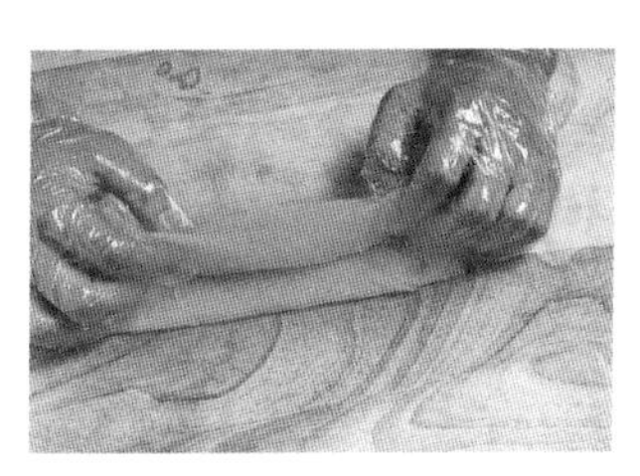

7. 沿压痕折起来，再对折。

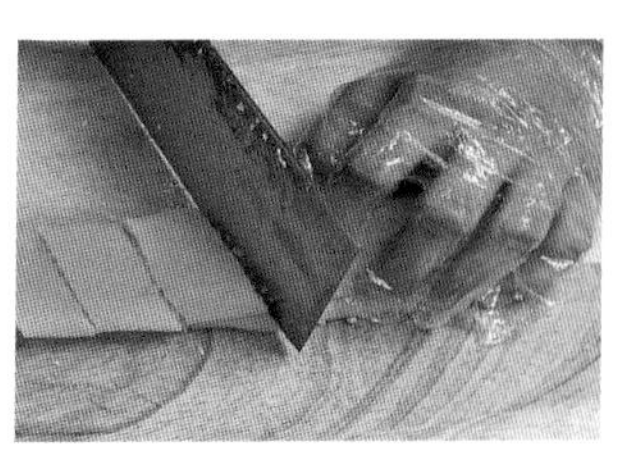

8. 切块即可。

脆锅饼

面粉500克，泡打粉8克，黄油30克，盐6克，葱30克，水450毫升，食用油适量。

大师支招： 制作面团时不能加入太多水；炸饼时食用油的温度不能太高，否则炸出的饼不脆。

制作步骤

1. 将葱切碎成葱花。

2. 将面粉、泡打粉和匀后加入黄油、盐和水和匀，搓至面团表面光滑。

3. 加入葱花，和匀。

4. 用擀面棍把面团擀薄。

5. 用带花纹的模具印出饼皮。

6. 放入140℃的食用油中炸至表面呈金黄色即可。

冰皮月饼

面皮：糖浆500克，葡萄糖浆50克，白奶油40克，三洋糕粉120克，熟玉米淀粉40克。
馅：莲蓉适量。
其他：水、鸡蛋液各适量。

大师支招：保持制作工具的清洁和环境的卫生。

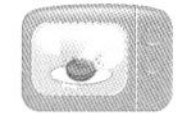

制作步骤

1. 将糖浆、葡萄糖浆混合，加入已融化的白奶油拌匀。

2. 加入三洋糕粉、适量熟玉米淀粉拌匀。

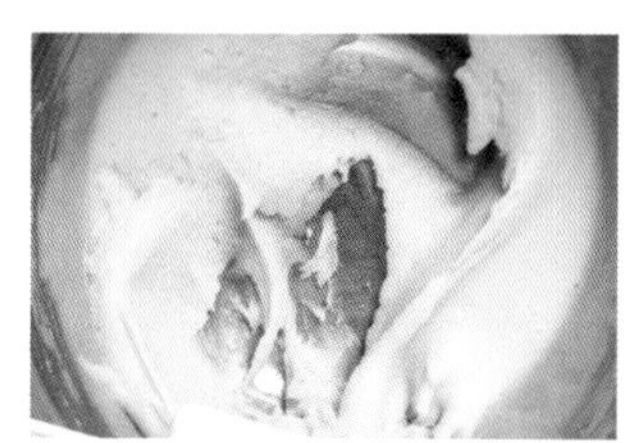

3. 静置醒发2小时后倒在案板上。

4. 加入剩余熟玉米淀粉，拌至软硬度适中。

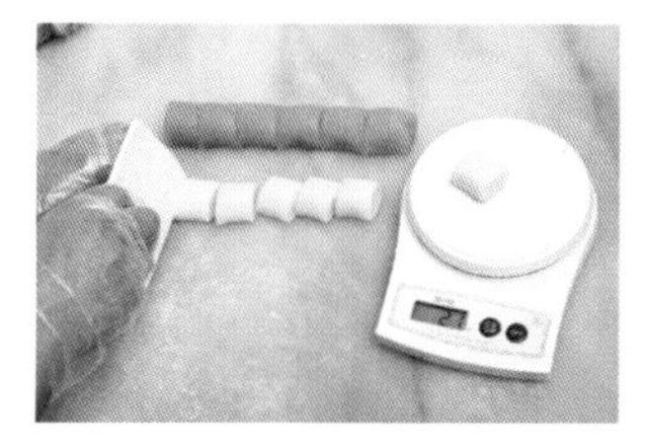

5. 将面团和馅按3∶7的比例分切成若干份。

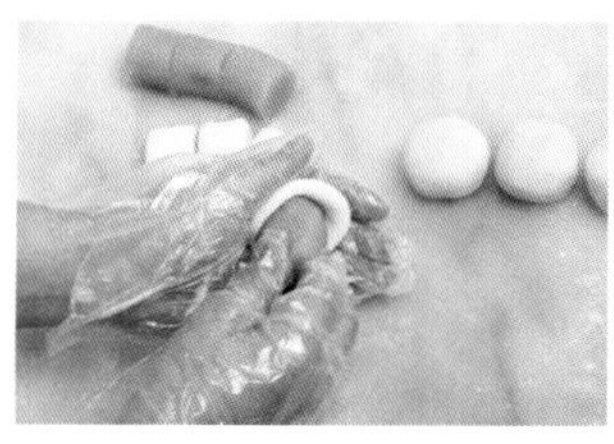

6. 将面团压薄成面皮，包入莲蓉。

7. 放入模具内，压结实、压平。

8. 脱模后放入冰箱冷藏即可。

和生皮月饼

面皮：糖浆250克，炼乳100克，酥油100克，鸡蛋1个，低筋面粉450克，食粉2克。

馅：莲蓉适量。

其他：水、鸡蛋液各适量。

大师支招：鸡蛋液要刷均匀，不宜太厚。

制作步骤

1. 将糖浆、炼乳、酥油融化混合后，加入已打发好的鸡蛋拌匀。

2. 加入400克低筋面粉和食粉拌匀成面浆。

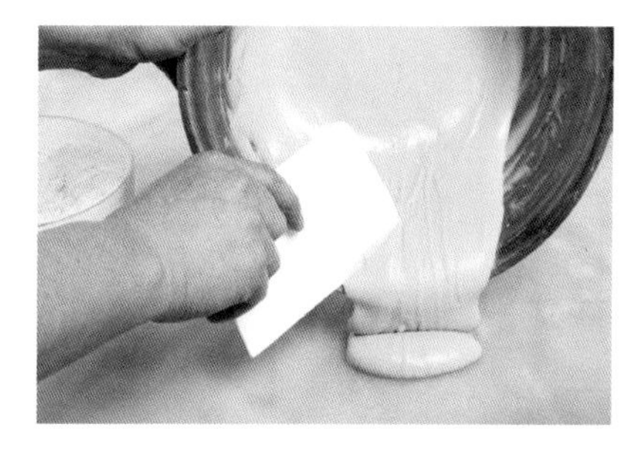

3. 静置醒发约30分钟后倒在案板上。

4. 加入50克低筋面粉，拌至面团软硬度适中。

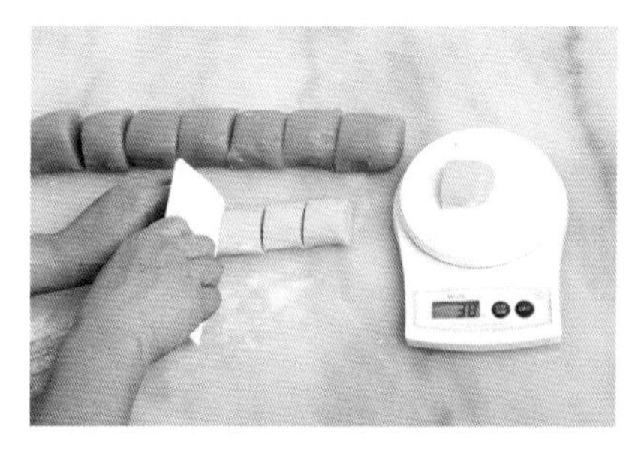

5. 将面团和馅按3 ∶ 7的比例分切成若干份。

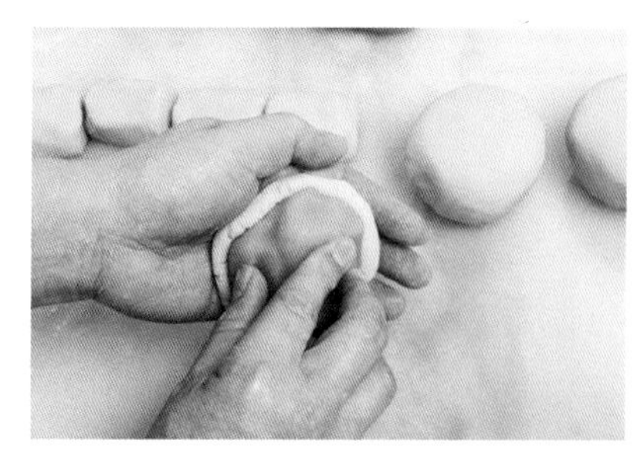

6. 将面团擀薄成面皮，包入莲蓉。

7. 放入模具内，压结实、压平。

8. 脱模后排于烤盘内。

9. 表面喷上水后，放入炉中烤至稍上色。

10. 出炉晾凉后，刷上鸡蛋液，再放入炉中，以上火210℃、下火150℃烘烤25分钟即可。

奶酥月饼

面皮：酥油200克，糖浆140克，蛋黄60克，低筋面粉500克，吉士粉30克，奶香粉8克。

馅：莲蓉适量。

其他：水、鸡蛋液各适量。

大师支招： 鸡蛋液要刷均匀。

制作步骤

1. 将低筋面粉、吉士粉、奶香粉过筛后混合，开窝，加入酥油和糖浆搓至面团纯滑。

2. 分次加入蛋黄拌匀。

3. 加入适量低筋面粉。

4. 搓至面团软硬度适中，包上保鲜膜，稍作醒发。

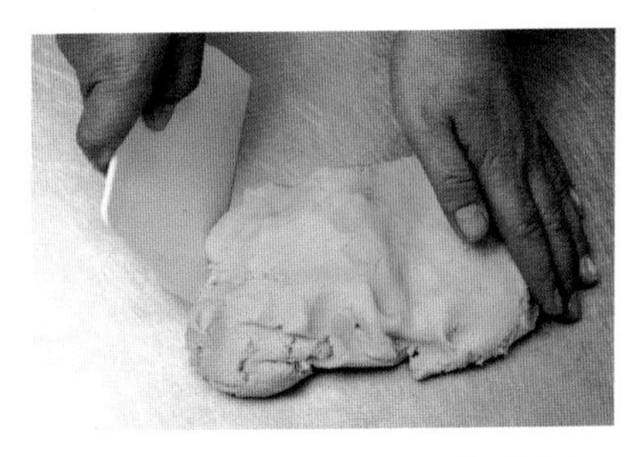

5. 将面团和馅按 4 ： 6 的比例切成若干份。

6. 将面团擀薄成面皮，包入莲蓉。

7. 装入模具内，压紧、压平。

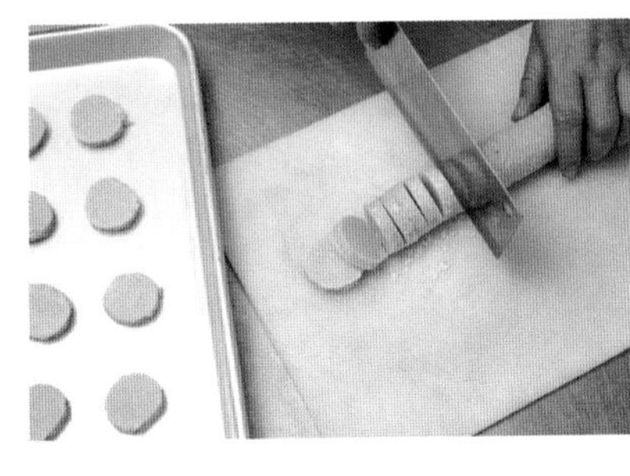

8. 脱模后排于烤盘内。

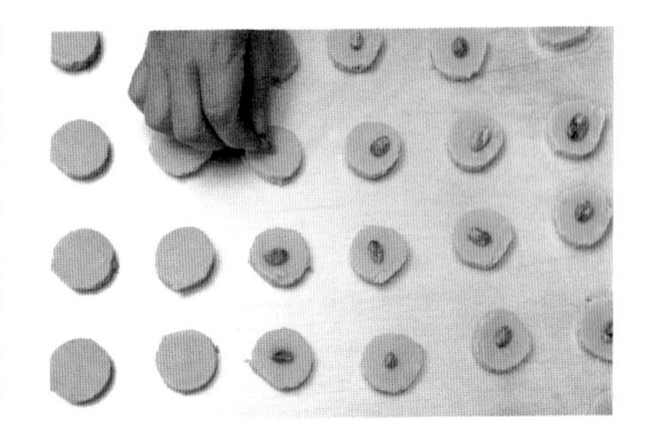

9. 表面喷上水后放入炉中，烤上色后出炉。

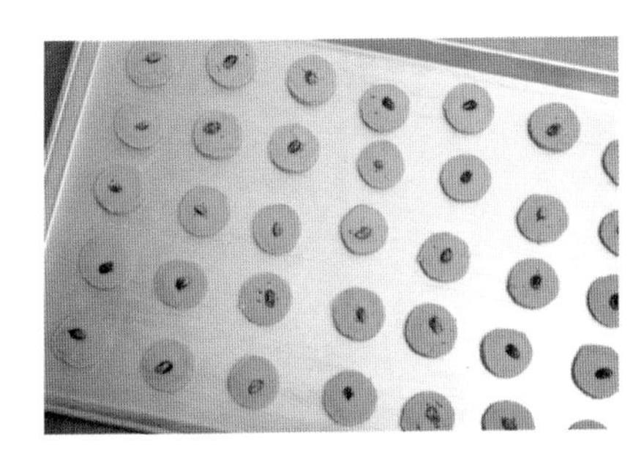

10. 稍凉后刷上鸡蛋液，再放入炉中以上火 210℃、下火 150℃烘烤约 25 分钟，至表面呈浅金黄色即可。

巧克力月饼

皮：白巧克力300克，葡萄糖浆100毫升，凉开水18毫升。
馅：莲蓉适量。

大师支招：包馅时不要放偏，以免漏馅。

制作步骤

1. 将白巧克力隔热水蒸至融化。

2. 将葡萄糖浆、凉开水混合后加入白巧克力浆拌匀。

3. 静置稍凝固后倒在案板上，搓至软硬度适中。

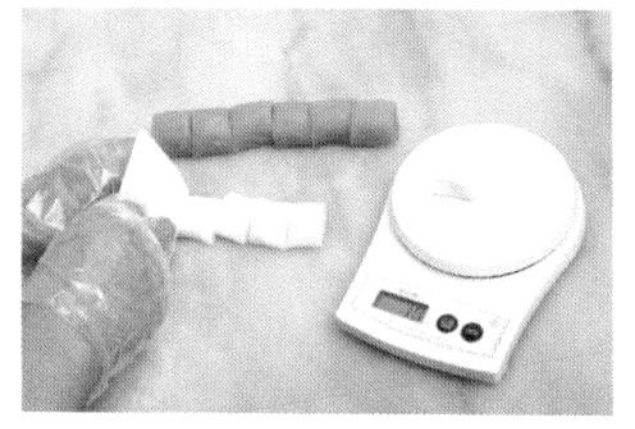

4. 将巧克力皮和馅按3 ：7的比例分切成若干份。

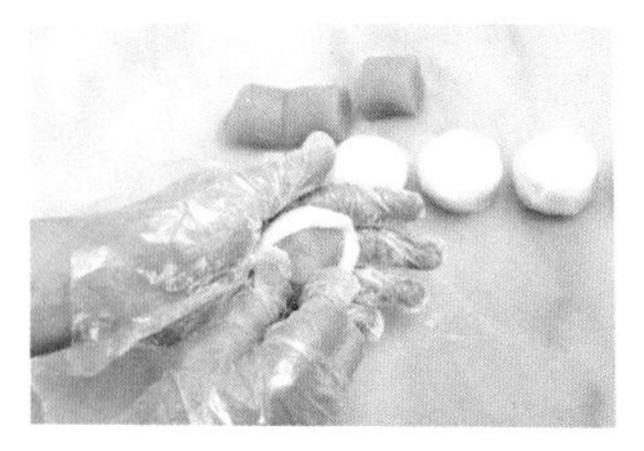

5. 将巧克力剂子擀薄成皮，包入莲蓉。

6. 放入模具内，压紧、压平。

7. 脱模后放入冰箱冷藏。

8. 上碟即可。

水晶月饼

皮：白糖110克，果冻粉30克，水500毫升。
馅：熟赤豆沙馅适量。

大师支招：保持制作工具的清洁与环境的卫生。

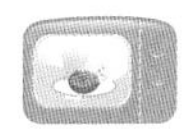

制作步骤

1. 将白糖、果冻粉混合并拌匀。

2. 加入水拌匀，煮沸。

3. 稍凉后倒入模具内至 1/3 满。

4. 放入冰箱冷藏，稍凝固后取出，放入适量熟赤豆沙馅。

5. 再加入步骤 2 的余液至模具满，放入冰箱冷藏至凝固。

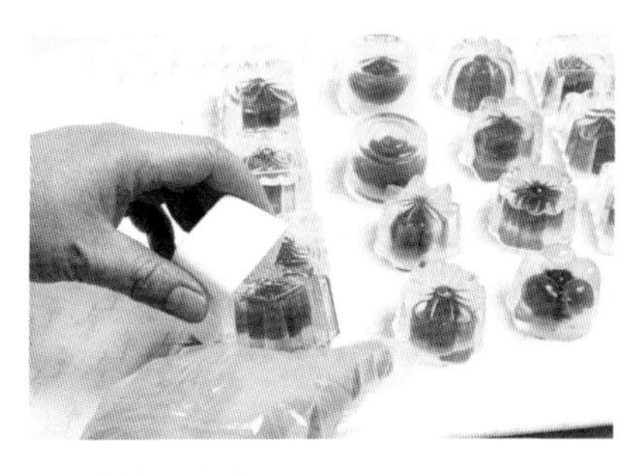

6. 脱模后冷藏即可。

广式月饼

面皮：低筋面粉500克，高筋面粉50克，吉士粉40克，糖浆400毫升，碱水9克，食用油120毫升。
馅：莲蓉适量。
其他：水、鸡蛋液各适量。

大师支招：鸡蛋液要刷均匀。

制作步骤

1. 将低筋面粉、高筋面粉、吉士粉过筛后混合，开窝，加入糖浆、碱水与部分粉类搓匀。

2. 分次加入食用油与部分粉类搓匀。

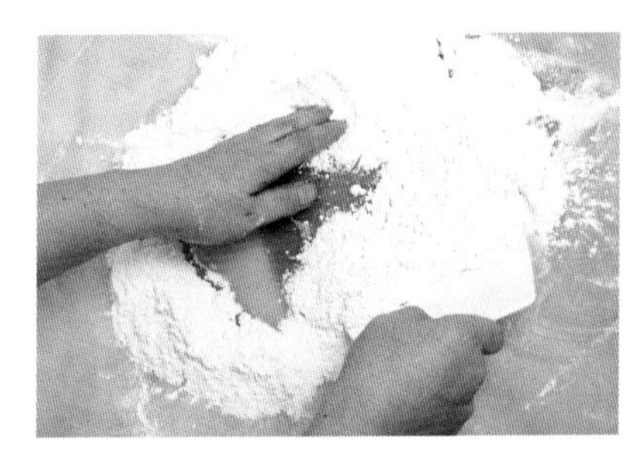

3. 先拌入 2/3 的粉类，剩下的 1/3 粉类待面团醒发后再加入。

4. 将拌好的面团装好，静置醒发约 2 小时。

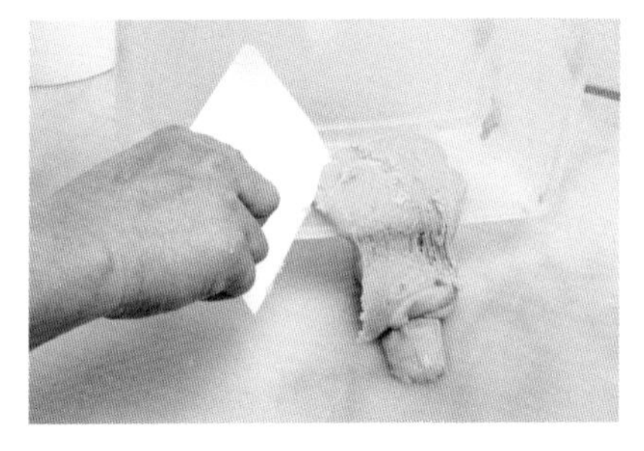

5. 倒在案板上，用刮刀刮至成团。

6. 加入剩余的粉类调节软硬度。

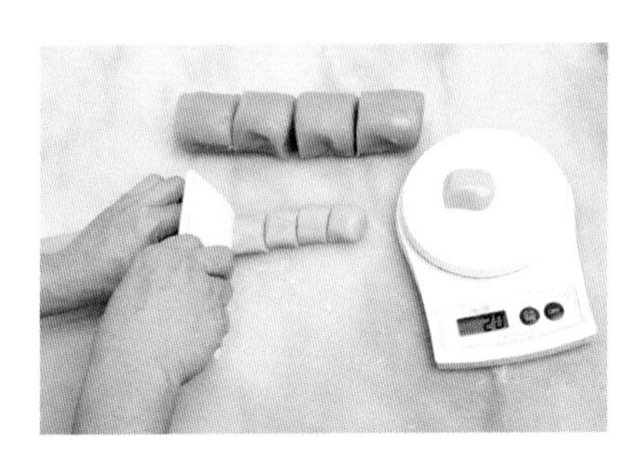

7. 将面团和馅按 2 ∶ 8 的比例分切成若干份。

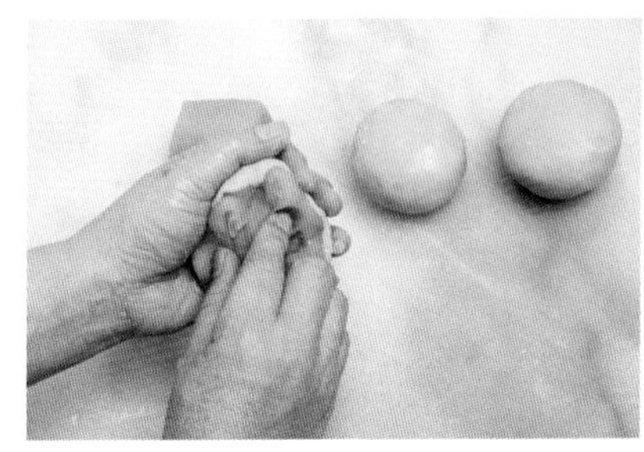

8. 将面皮擀薄，包入莲蓉。

9. 装入模具内，压紧、压平。

10. 轻敲脱模，排于烤盘内。

11. 喷上水后放入炉中。

12. 烤上色后出炉，稍凉后刷上鸡蛋液，再放入炉中，以上火 210℃、下火 150℃烘烤 25 分钟左右，至表面呈浅金黄色即可。

黑美人月饼

面皮：低筋面粉450克，黑巧克力100克，麦芽糖30克，可可粉35克，鸡蛋5个，糖粉250克，莲蓉50克，黄油70克，食粉5克，奶粉30克。
馅：莲蓉适量。
其他：水适量。

大师支招：注意着色和本身的皮颜色，不要将月饼烤焦。

制作步骤

1. 将黑巧克力、麦芽糖、可可粉融化混合后加入鸡蛋拌匀。

2. 加入糖粉拌匀。

3. 加入莲蓉拌至没有颗粒。

4. 加入已融化的黄油，拌匀成巧克力酱。

5. 将低筋面粉、食粉、奶粉过筛后混合，开窝，倒入巧克力酱。

6. 用手搓至面团纯滑。

7. 搓成软硬度适中的面团。

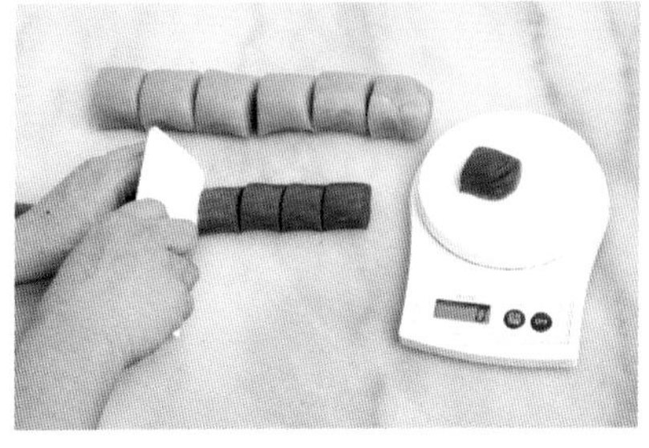

8. 将面团和馅按 3 ： 7 的比例分切成若干份。

9. 将面团压薄，包入莲蓉。

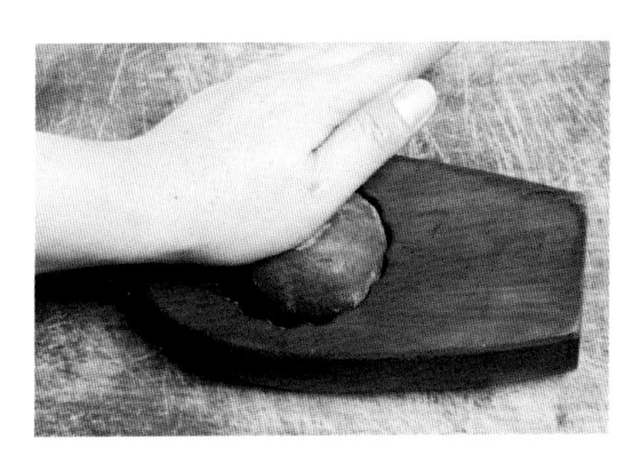

10. 放入模具中，压紧、压平。

11. 脱模后排于烤盘内。

12. 表面喷上水，放入炉中，以上火 200℃、下火 150℃烘烤约 25 分钟至熟透即可。

鲜肉月饼

水油皮：中筋面粉400克，糖粉50克，猪油100克，鸡蛋1个，水150毫升。

油酥：猪油100克，低筋面粉200克。

馅：五花肉250克，黑木耳20克，湿香菇20克，葱花60克，香油15毫升，食用油15毫升，盐、味精各适量。

大师支招：包馅后接口要收紧，烘烤时着色要均匀。

制作步骤

1. 将制作水油皮的所有原料混合，搓至面团纯滑。

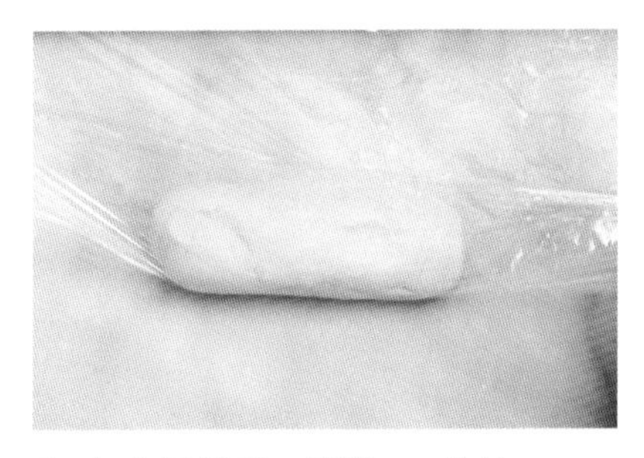

2. 包上保鲜膜，醒发 20 分钟。

3. 将制作油酥的所有原料混合，搓至面团纯滑。

4. 将制作馅的所有原料混合，拌匀备用。

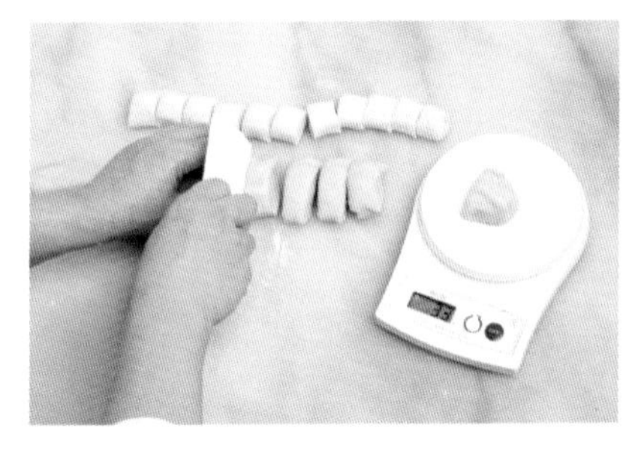

5. 将水油皮面团和油酥面团按 6 : 4 的比例分切成若干份。

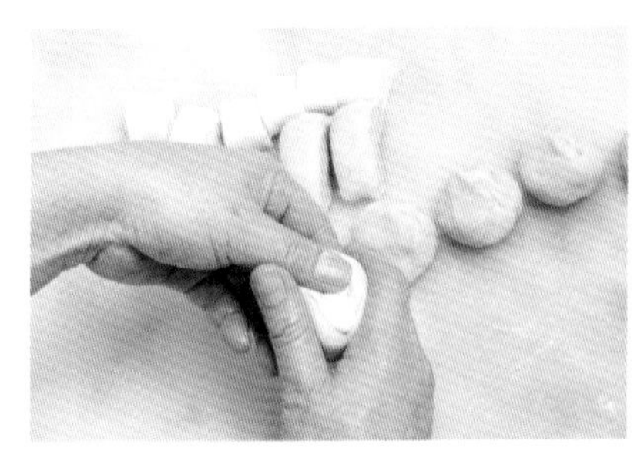

6. 将油酥包入水油皮中。

7. 用擀面棍擀薄，卷成卷状。

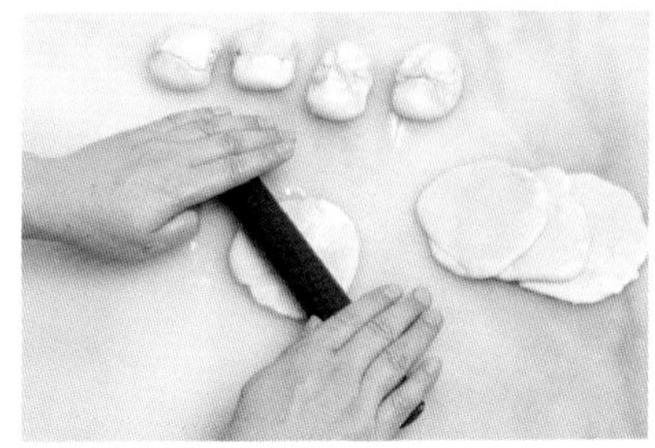

8. 再擀压成饼皮。

9. 用饼皮包入等量的馅，收紧接口。

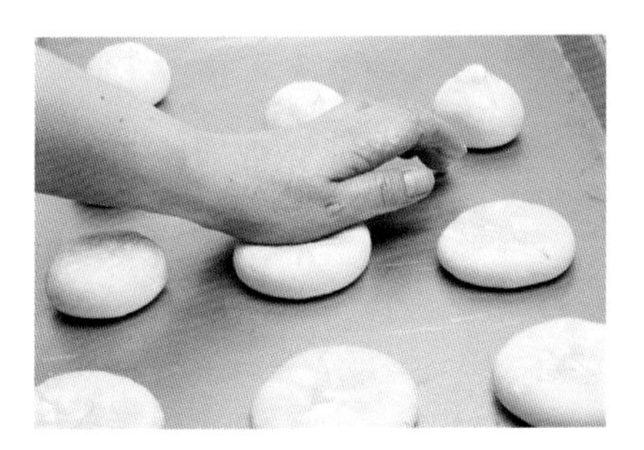

10. 将包好的饼以接口向上排于烤盘内，然后压扁，醒发 20 分钟。

11. 放入炉中，烘烤至接口呈浅金黄色，出炉后翻面。

12. 再放入炉中，以上火 200℃、下火 150℃烘烤约 25 分钟至熟透即可。

潮式月饼

水油皮：低筋面粉400克，高筋面粉100克，水250毫升，猪油100克，白糖75克，蜂蜜40克。
油心：低筋面粉800克，黄油200克，猪油200克。
馅：莲蓉适量。
其他：食用油适量。

大师支招：擀酥皮时要注意力度，不要擀穿。

制作步骤

1. 把水油皮原料中的低筋面粉、高筋面粉过筛后混合，开窝，加入水、猪油、白糖、蜂蜜拌匀。

2. 搓至面团表面光滑，制成水油皮面团，盖上保鲜膜，醒发 30 分钟。

3. 把制作油心的所有原料混合，搓至面团表面光滑，制成油心面团，盖上保鲜膜，醒发。

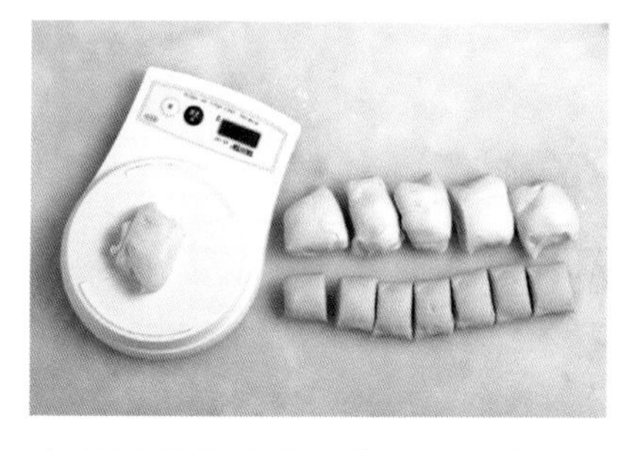

4. 将醒发好的水油皮面团和油心面团搓成长条形，按 3 ： 2 的比例分成若干份。

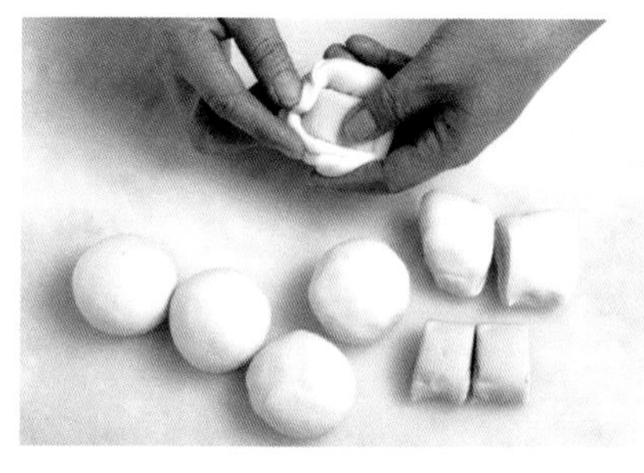

5. 将油心包入水油皮中。

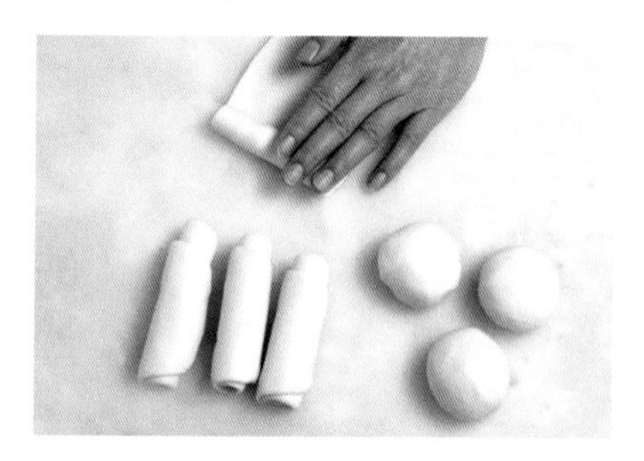

6. 压扁后尽量擀薄，擀开后卷成筒状，醒发 15 分钟。

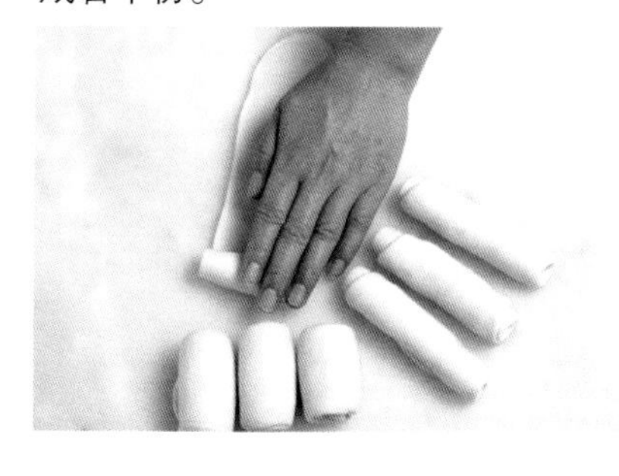

7. 再擀薄，再卷起，醒发 15 分钟。

8. 每条分切成两份。

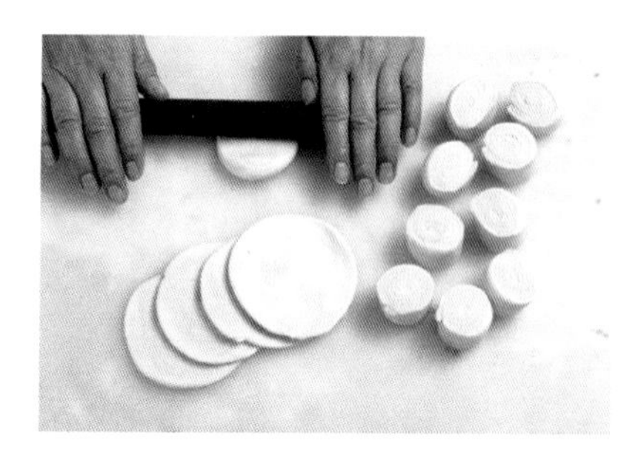

9. 切口向上，擀成圆形薄皮，即水油酥皮。

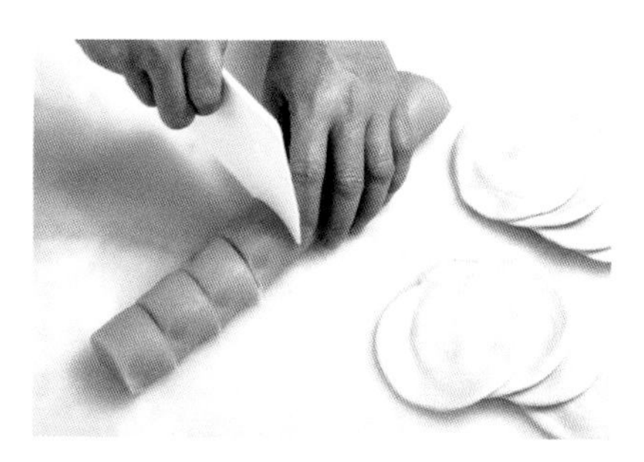

10. 把莲蓉切成与水油酥皮等量的小份。

11. 把莲蓉包入水油酥皮中。

12. 排入烤盘内，略作醒发，在表面刷上食用油后放入炉中，以上火 170℃、下火 150℃烘烤 25 分钟即可。

奶白月饼

面皮：低筋面粉300克，猪油100克，糖粉30克，澳粉7克，水80毫升。

馅：糖粉170克，香油30毫升，食用油30毫升，瓜子仁20克，杏仁片20克，乌梅30克，桂花10克，白糖冬瓜条20克，蜂蜜20克，三洋糕粉100克，水50毫升。

大师支招：底部接口要收紧，烘烤时间不宜太久。

制作步骤

1. 将低筋面粉过筛，开窝，加入猪油、糖粉、臭粉搓匀。

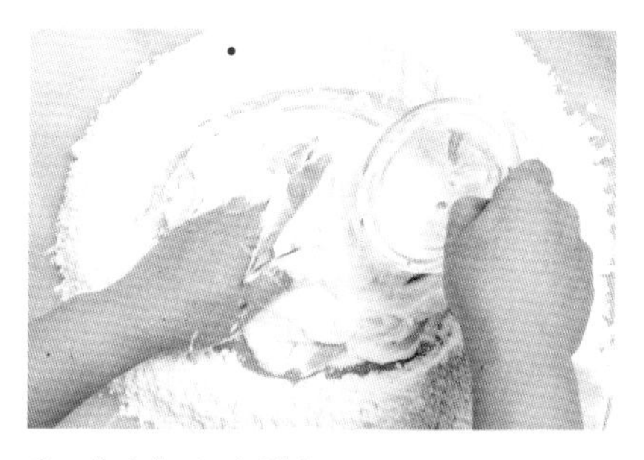

2. 分次加入水搓匀。

3. 搓至面团软硬度适中。

4. 静置醒发 30 分钟。

5. 将制作馅的所有原料混合均匀。

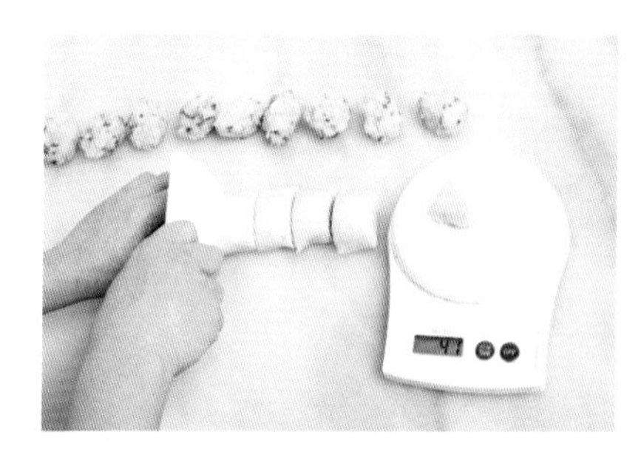

6. 将面团和馅按 1 ∶ 1 的比例分成若干份。

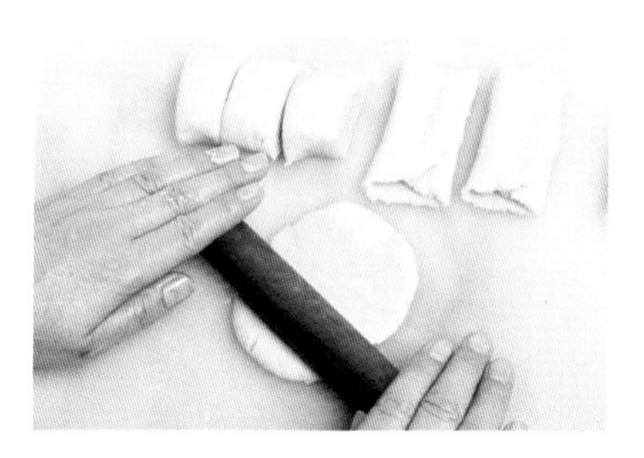

7. 将面团稍压薄，折成 3 折。

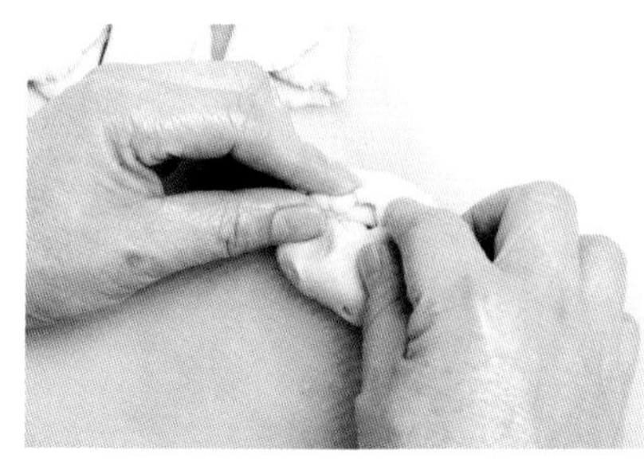

8. 由两端往中间折。

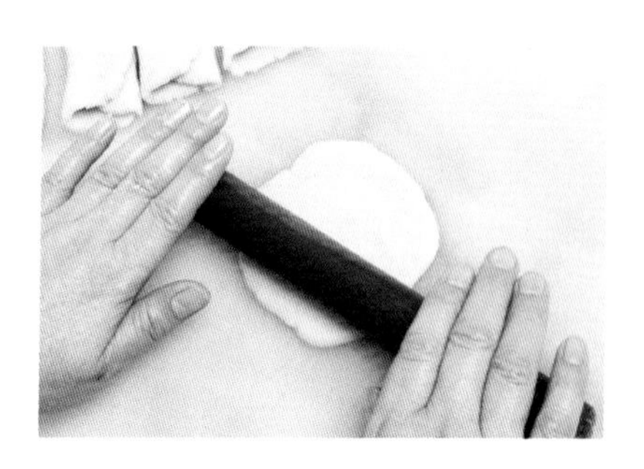

9. 再用擀面棍压薄。

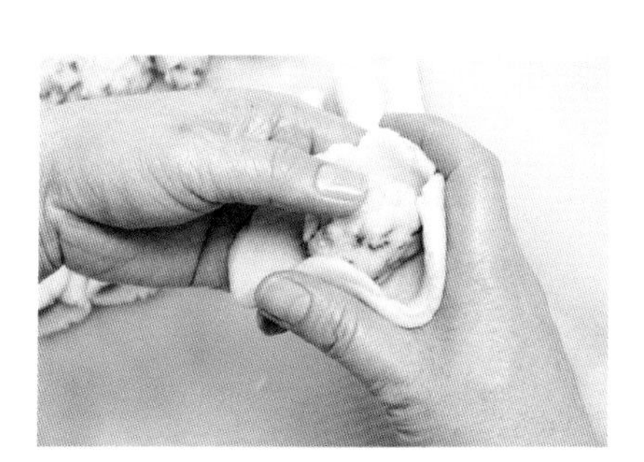

10. 将馅包入，收紧接口。

11. 排于烤盘内，稍压扁后醒发 20 分钟，放入炉中。

12. 以上火 200℃、下火 170℃烘烤 15 分钟左右至呈奶白色即可。

椒盐月饼

水油皮：低筋面粉480克，糖浆40毫升，猪油100克，水120毫升。

油酥：低筋面粉200克，猪油90克。

馅：糖粉180克，猪油100克，花椒粉3克，白芝麻40克，瓜子仁20克，盐5克，三洋糕粉150克，水60毫升。

大师支招： 接口要紧，月饼稍上色后翻面烘烤。

制作步骤

1. 将制作水油皮的所有原料混合，搓至面团纯滑。

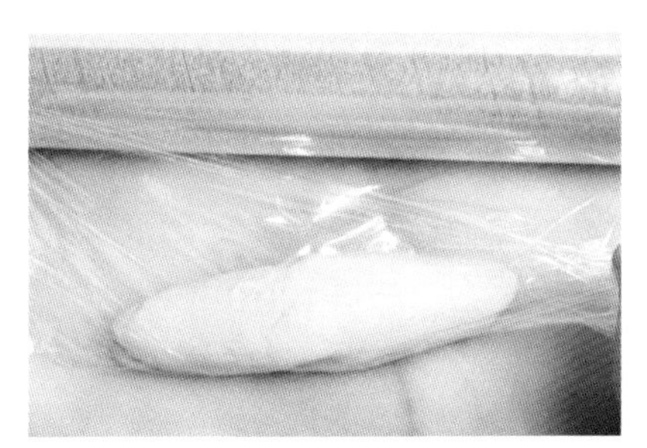

2. 包上保鲜膜，醒发 30 分钟。

3. 将制作油酥的所有原料混合，搓至面团纯滑。

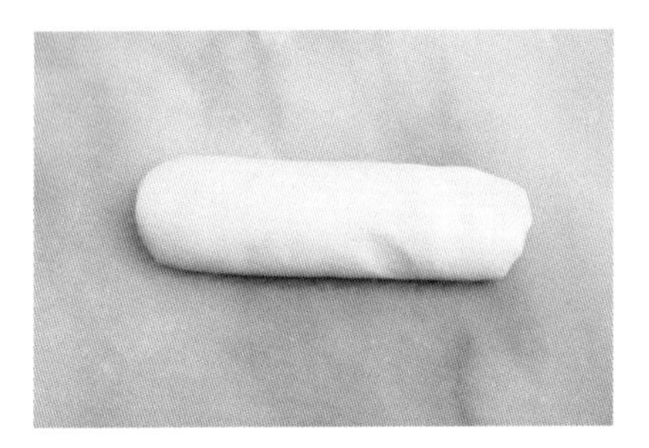

4. 静置，稍作醒发。

5. 将制作馅的所有原料混合。

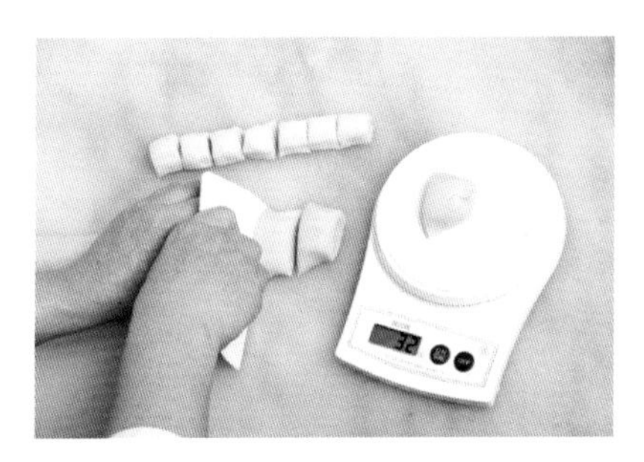

6. 将水油皮面团、油酥面团按6 ∶ 4的比例分切成若干份。

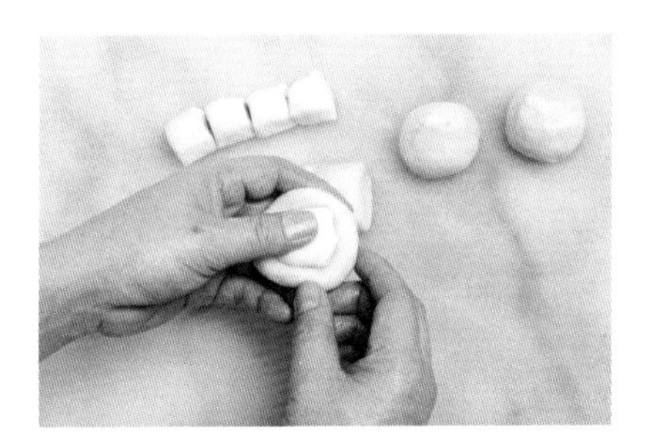

7. 将油酥包入水油皮中。

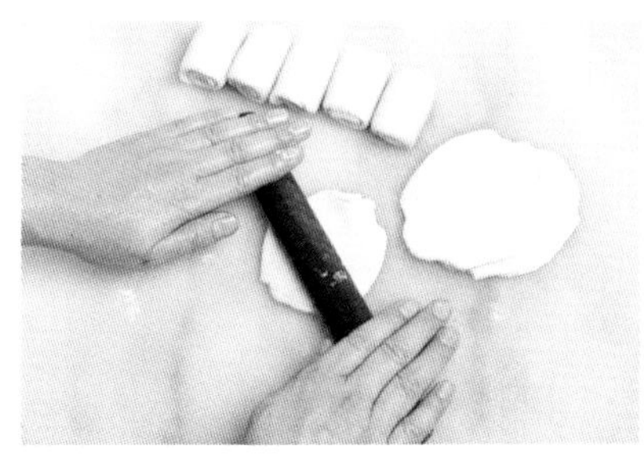

8. 用擀面棍擀压，折叠后擀成饼皮。

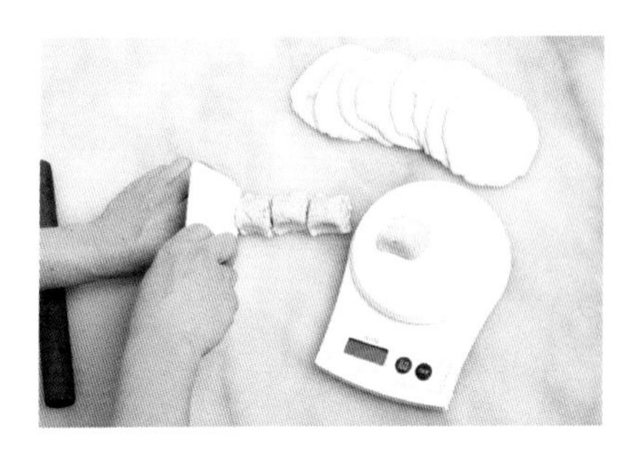

9. 将饼皮和馅按 1 ∶ 1 的比例分成若干份。

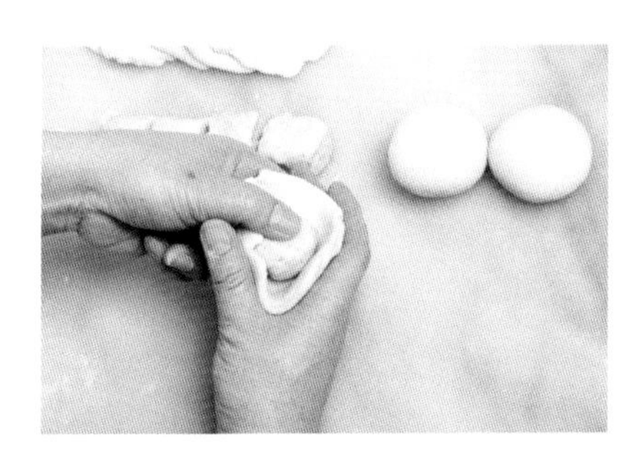

10. 将馅包入，收紧接口。

11. 接口向上，压扁后醒发 30 分钟，放入炉中，烘烤至接口稍上色。

12. 翻面后再放入炉中，以上火200℃、下火 150℃烘烤 25 分钟即可。

奶香酥皮月饼

面皮：低筋面粉1200克，吉士粉75克，酥油500克，糖浆375毫升，鸡蛋（取蛋黄）3个，奶香粉、柠檬黄色素适量。

馅：莲蓉、咸蛋黄各适量。

其他：鸡蛋液适量。

大师支招：饼皮做好后要尽快成型。

制作步骤

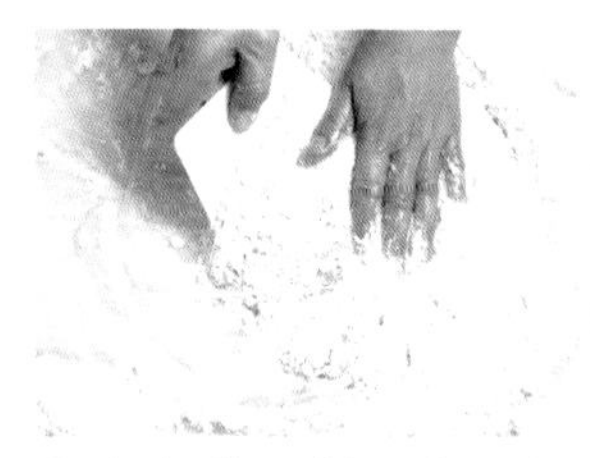

1.把低筋面粉、吉士粉、奶香粉混合后过筛，开窝。

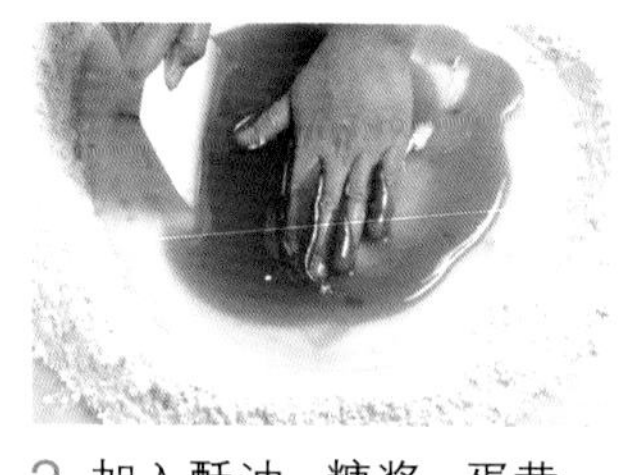

2.加入酥油、糖浆、蛋黄、柠檬黄色素混合均匀。

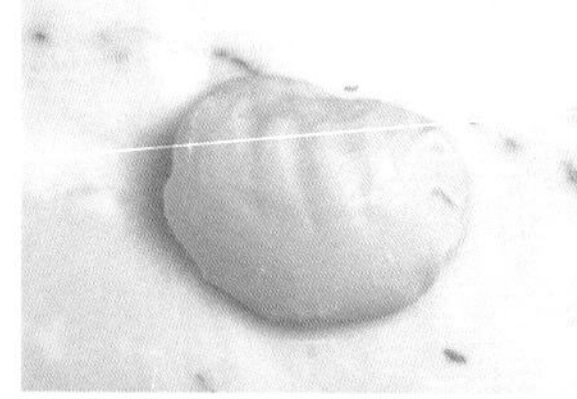

3.搓揉至面团表面光滑。

4.将面团和莲蓉按1∶3的比例分成若干份。

5.将面团压扁后包入莲蓉和咸蛋黄，收紧接口，搓圆。

6.放入模具中，压平、压实。

7.敲打脱模。

8.排放在烤盘上，放入炉中，以上火180℃、下火140℃烘烤至稍上色。

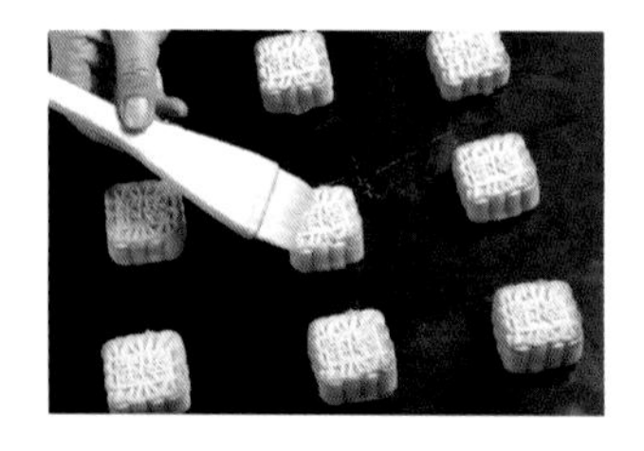

9.出炉晾凉后刷上鸡蛋液，再放入炉中，以上火180℃、下火130℃烘烤约25分钟即可。

糕点类

腊味萝卜糕

糯米粉900克，虾米100克，腊肉粒150克，白萝卜2500克，盐50克，白糖50克，味精10克，胡椒粉10克，水2500毫升，食用油150毫升。

大师支招：蒸糕的时间要把握好，时间过长成品会黏牙。

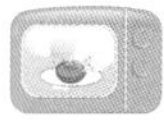

制作步骤

1. 锅内放入食用油，爆香虾米和腊肉粒，备用。

2. 把白萝卜切成丝，炒熟，备用。

3. 糯米粉中加入水，煮成米粉浆，加入炒好的虾米和腊肉粒，调入盐、白糖、味精、胡椒粉。

4. 加入白萝卜丝拌匀。

5. 倒入已刷食用油（未在原料中列出）的方盘中，抹平表面，用大火蒸约50分钟。

6. 晾凉后切块即可。

五香芋头糕

糯米粉900克，虾米100克，腊肉粒150克，芋头1000克，盐50克，白糖50克，味精10克，五香粉10克，水2500毫升，食用油150毫升。

大师支招： 米浆要煮熟。

制作步骤

1. 将芋头切成小粒，放入倒有食用油的锅内炒香，备用。

2. 再起锅爆香虾米和腊肉粒，备用。

3. 糯米粉中加入水，煮成米浆，加入炒好的虾米和腊肉粒，调入盐、白糖、味精、五香粉。

4. 加入芋头粒，搅拌成糊状。

5. 倒入已刷食用油（未在原料中列出）的方盘内，抹平表面。

6. 用大火蒸约 50 分钟，晾凉后切块、摆盘即可。

红糖蒸年糕

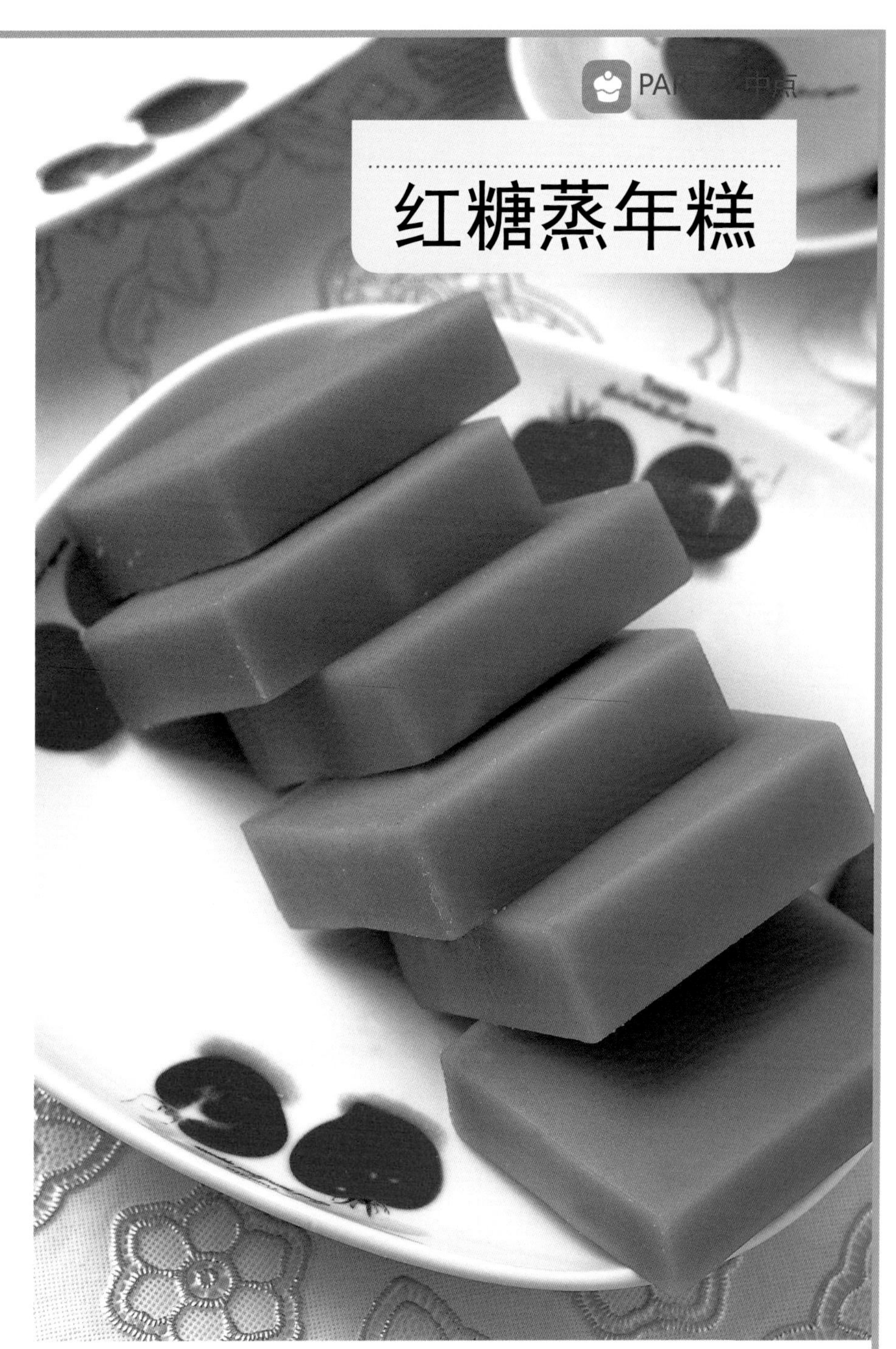

糯米粉500克，红糖450克，水250毫升，食用油适量。

大师支招：面糊要充分搅拌，不能存有颗粒。

制作步骤

1. 红糖中加入水，煮成糖水。

2. 把热糖水倒入糯米粉中。

3. 搅拌均匀。

4. 倒入已刷食用油的方盘内，抹平表面，用大火蒸约1小时，晾凉后切块即可。

马蹄糕

马蹄粉500克，马蹄肉250克，白糖750克，水3000毫升，食用油50毫升。

大师支招：白糖不能放太多，否则成品不爽口。

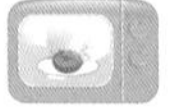

制作步骤

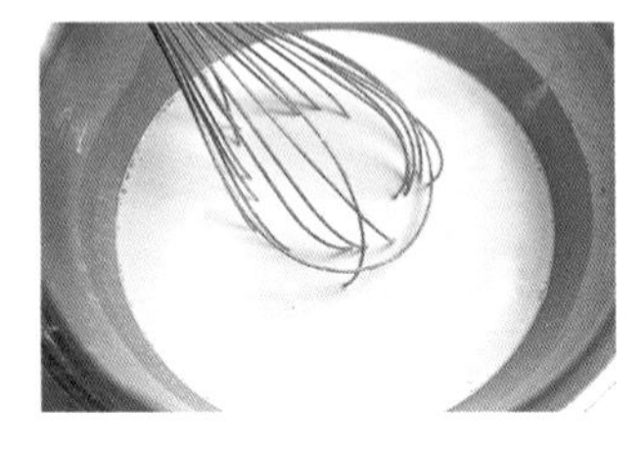

1. 马蹄粉中加入适量水，搅拌至没有粉粒，制成粉浆。

2. 马蹄肉切成粒状，放入粉浆中，拌匀备用。

3. 白糖炒至呈金黄色后，加入剩余的水。

4. 煮至白糖完全溶化。

5. 倒入粉浆中拌匀，制成马蹄粉浆。

6. 方盘内刷上食用油。

7. 倒入马蹄粉浆，抹平表面。

8. 用大火蒸约40分钟，晾凉后切块即可。

可可九层糕

原料

马蹄粉500克，淀粉100克，水2500毫升，白糖800克，可可粉50克，鲜牛奶100毫升。

大师支招：每一层都必须蒸熟，才能再加另一层。

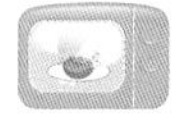

制作步骤

1. 将马蹄粉、淀粉、水、白糖混合，拌匀。

2. 取一半加入可可粉和匀，制成可可粉糊。

3. 另一半中加入鲜牛奶和匀，制成牛奶粉糊。

4. 在方形盘中放一层牛奶粉糊，用大火蒸约 15 分钟至熟。

5. 在上面加一层可可粉糊，再用大火蒸约 15 分钟至熟。

6. 重复步骤 4、5 多次，做成九层糕，晾凉后切块即可。

黄金枸杞糕

马蹄粉500克，淀粉100克，水2500毫升，白糖800克，枸杞子10克。

大师支招：枸杞子要浸泡透。

制作步骤

1. 将枸杞子浸泡透后洗净。

2. 把马蹄粉、淀粉和800毫升水和匀，制成粉浆。

3. 另将1700毫升水加入白糖中，煮成白糖水。

4. 在粉浆中加入白糖水、枸杞子和匀。

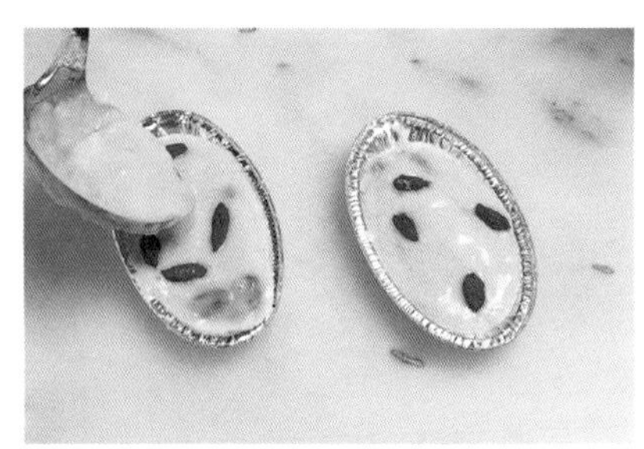

5. 注入模具中。

6. 放入蒸笼蒸15分钟，脱模即可。

菊花马蹄糕

马蹄粉500克，淀粉100克，白糖800克，水2500毫升，菊花10克。

大师支招：蒸糕的时间不能过长。

制作步骤

1. 菊花用水浸泡一会。

2. 将马蹄粉、淀粉和800毫升水和匀，制成粉浆。

3. 另将1700毫升水加入白糖中，煮成白糖水。

4. 把菊花水和白糖水加入粉浆中和匀。

5. 倒入盏中，再放入菊花。

6. 放入蒸笼蒸15分钟即可。

心形橙汁糕

马蹄粉500克，淀粉100克，白糖800克，水2500毫升，橙汁50毫升。

大师支招：白糖水一定要趁热倒入。

制作步骤

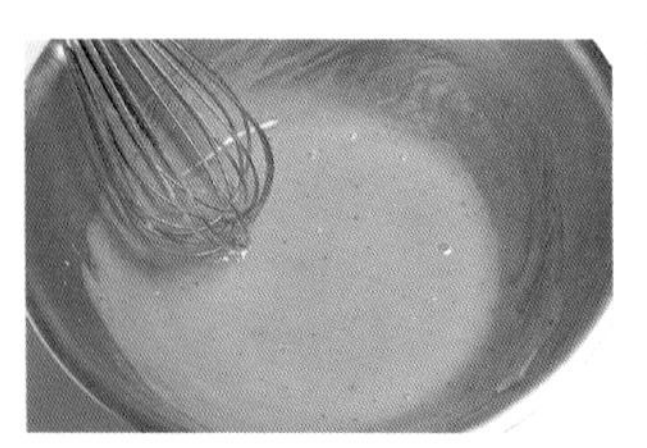

1. 白糖中加入1700毫升水，煮成白糖水，备用。

2. 将马蹄粉、淀粉和800毫升水和匀。

3. 加入橙汁和热白糖水和匀。

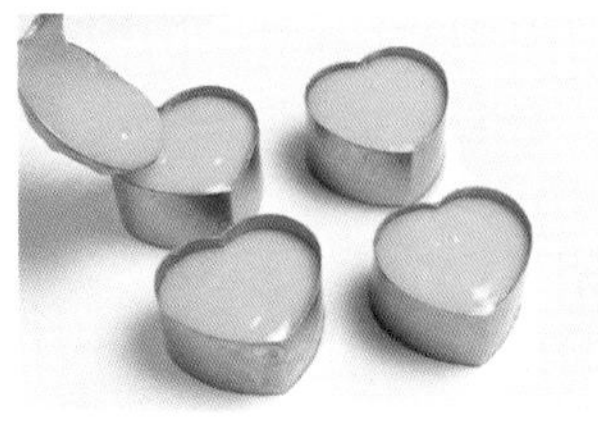

4. 倒入模具内，蒸15分钟即可。

麦片马拉卷

鸡蛋300克，塔塔粉5克，低筋面粉100克，白糖100克，燕麦片300克。

大师支招：加入燕麦片时要充分拌匀，否则影响成品口感。

制作步骤

1. 打鸡蛋，取蛋清约150克。

2. 加入50克白糖、5克塔塔粉拌匀，打发。

3. 加入低筋面粉、白糖和燕麦片。

4. 拌匀。

5. 倒入烤盘中，抹平表面，用大火蒸15分钟。

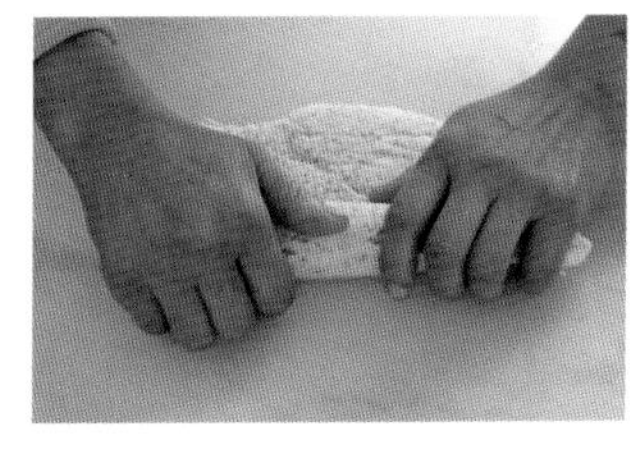

6. 晾凉后卷起。

7. 切成段即可。

核桃马拉糕

面粉500克，泡打粉20克，鸡蛋6个，白糖350克，核桃仁适量。

大师支招：蒸糕时要用大火。

制作步骤

1. 把面粉和泡打粉和匀。

2. 加入鸡蛋。

3. 拌匀后加入白糖，拌匀呈糊状。

4. 倒入盏中，放上核桃仁，蒸约 7 分钟即可。

鲜山药玉米糕

马蹄粉500克，玉米粒150克，鲜山药150克，白糖750克，水3000毫升，食用油适量。

大师支招：将粉浆倒入熟浆中时，熟浆不宜过熟，否则成品不爽口。

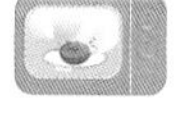

制作步骤

1. 将鲜山药切成粒状，备用。

2. 将马蹄粉和2000毫升水混合，拌匀成粉浆。

3. 1000毫升水中加入玉米粒、鲜山药粒、白糖煮沸，用适量粉浆勾芡，制成熟浆。

4. 倒入步骤2剩余的粉浆拌匀。

5. 倒入已刷食用油的方盘中，蒸20分钟。

6. 晾凉后切块即可。

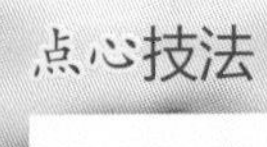

蛋黄鲜奶千层糕

低筋面粉600克，淀粉300克，吉士粉100克，白糖1500克，泡打粉40克，鸡蛋10个，水500毫升，食用油150毫升，鲜奶馅、咸蛋黄碎、榄仁粒各适量。（鲜奶馅的制作请参考第35页）

大师支招：蒸糕时要用大火，否则成品起发效果不佳。

制作步骤

1. 将低筋面粉、淀粉、吉士粉和匀，加入用水和白糖制成的白糖水拌匀。

2. 加入鸡蛋拌匀，静置醒发 1 小时。

3. 用食用油溶化泡打粉，再加入步骤2的混合物中拌匀。

4. 用纱网笊篱过滤。

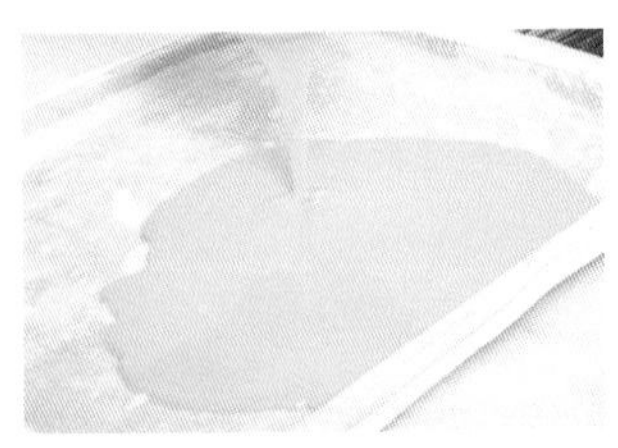

5. 倒入铺有一层布的容器中，用大火蒸 8 分钟。

6. 取出晾凉后，抹上鲜奶馅。

7. 撒上咸蛋黄碎。

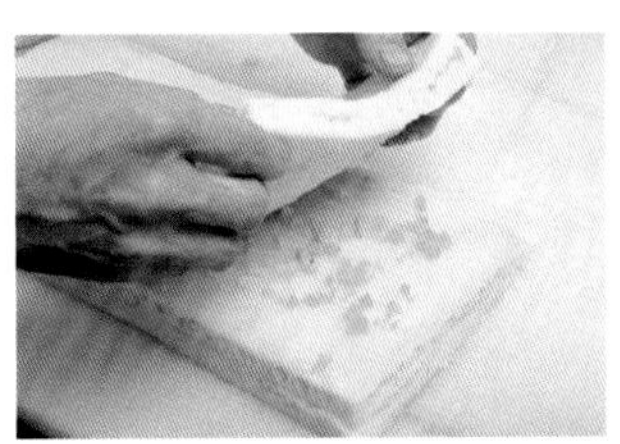

8. 盖上表层，轻轻压实，以稍冷藏定型为佳。

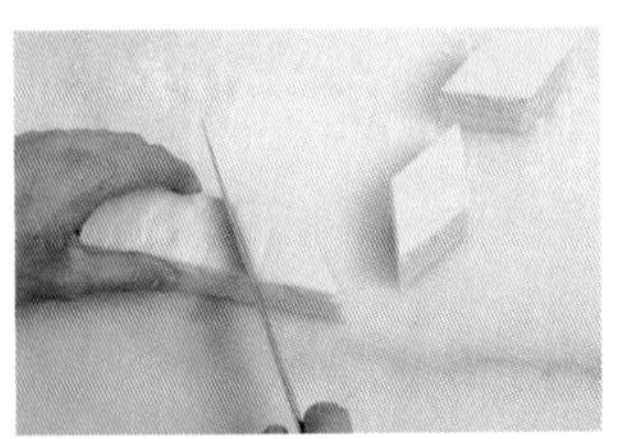

9. 切成菱形。

10. 放上榄仁粒，放入蒸笼蒸熟即可。

广东腊肠卷

面粉500克，泡打粉15克，白糖100克，酵母5克，水250毫升，腊肠适量。

大师支招：卷腊肠时，注意露出腊肠的两端，这样蒸出来的成品才美观。

制作步骤

1. 把面粉、泡打粉和匀，开窝，加入白糖、酵母、水和匀。

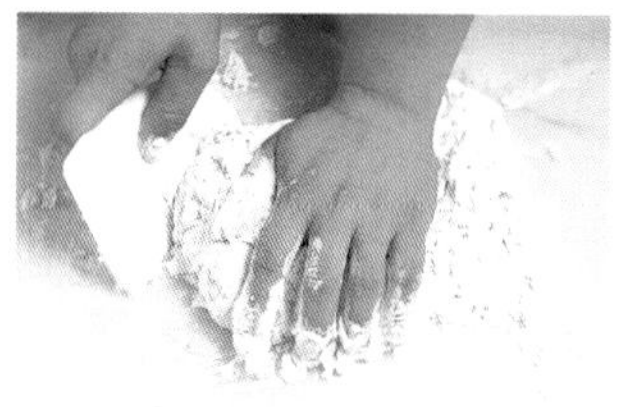

2. 搓至面团表面光滑。

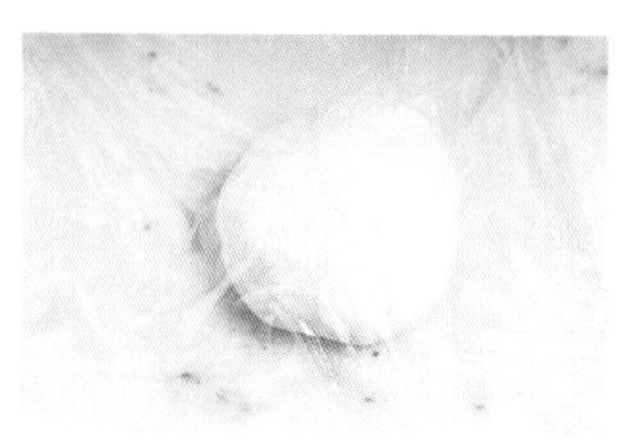

3. 盖上保鲜膜，静置醒发10分钟。

4. 将面团搓成长条形，分切成每个30克的小剂。

5. 将小面剂搓成细长条。

6. 将腊肠用斜刀切成约5厘米长的段。

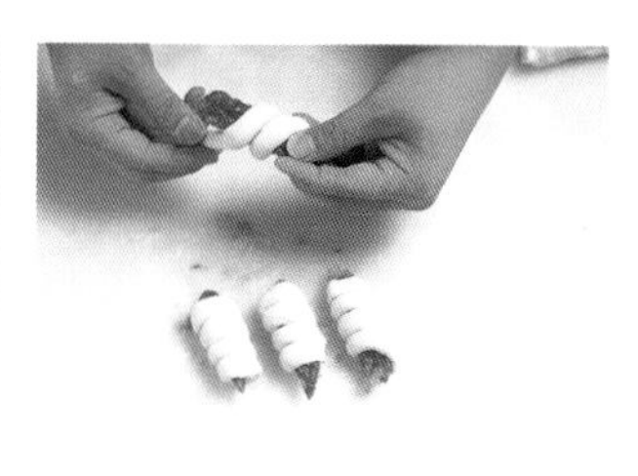

7. 将面条缠绕在腊肠段外面。

8. 静置醒发30分钟后，放入蒸笼蒸约7分钟即可。

牛油香葱卷

面粉500克，泡打粉15克，酵母5克，白糖100克，水25毫升，黄油20克，葱50克，盐5克。

大师支招：面条不能卷得太紧。

制作步骤

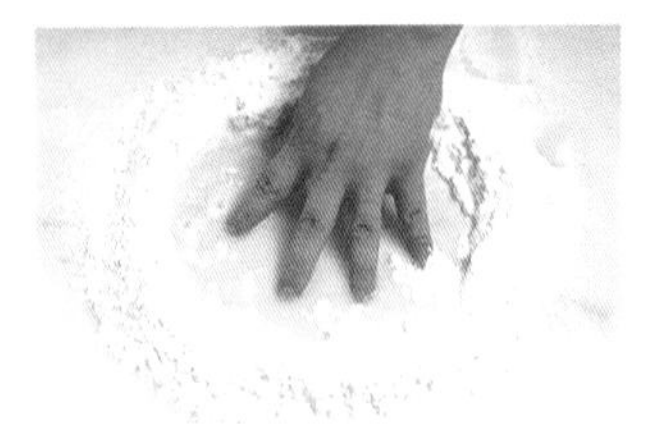

1. 把面粉、泡打粉和匀，开窝，放入酵母、白糖、水和匀，搓至面团表面光滑。

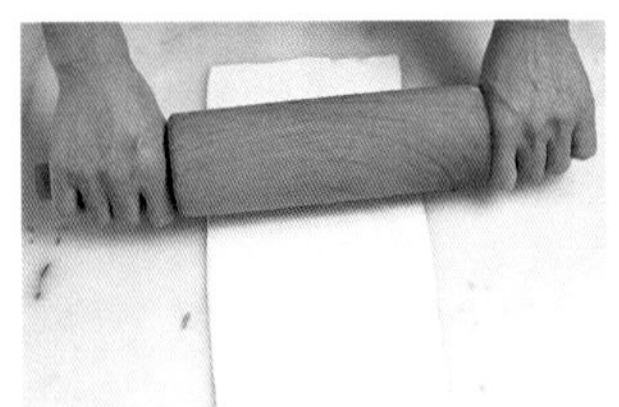

2. 把面团擀成“日”字形的面皮。

3. 在表面涂上黄油。

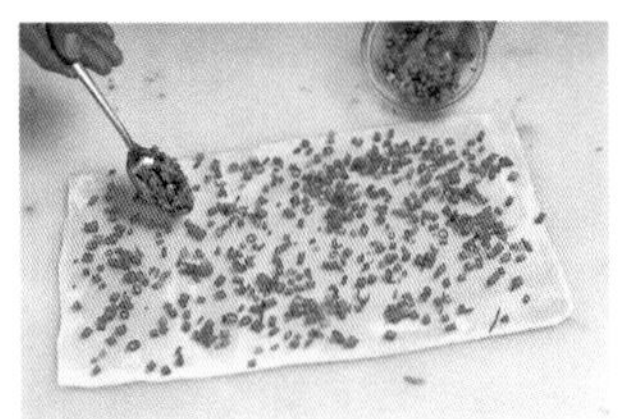

4. 葱切碎，加入盐拌匀，撒在黄油上面。

5. 把面皮对折起来。

6. 用刀切成双条形。

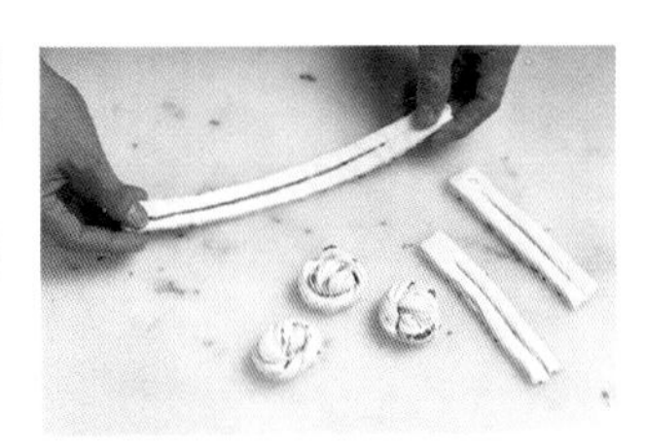

7. 扭成麻花状。

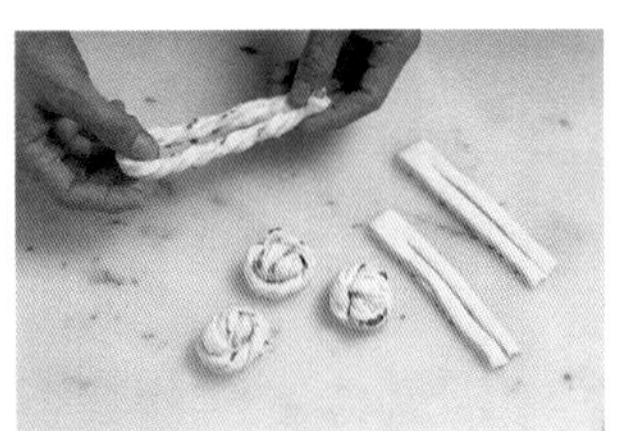

8. 对折。

9. 卷成花卷状。

10. 放入蒸笼，静置醒发30分钟后，蒸约7分钟即可。

田园蕉叶青豆粿

面皮：糯米粉500克，澄面80克，盐3克，水470毫升。
馅：熟青豌豆500克，猪油100克，盐3克，味精4克，白糖6克。
其他：食用油、蕉叶、牙签各适量。

大师支招：青豌豆不宜选太老。

制作步骤

1. 将馅原料中的熟青豌豆和水拌成稠糊状，倒入平底锅中。

2. 加入猪油、盐、味精、白糖拌匀，煮干水分，制成馅备用。

3. 用适量开水烫熟澄面。

4. 拌匀。

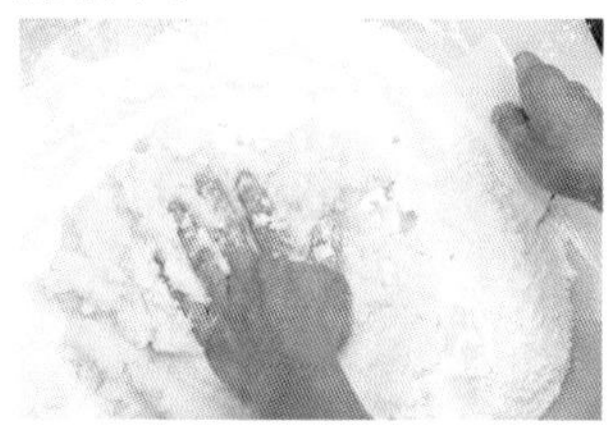

5. 将糯米粉开窝，加入熟澄面和剩余的水。

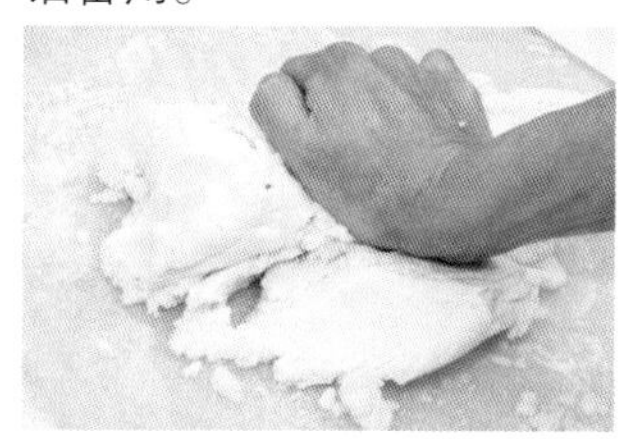

6. 搓匀至面团纯滑。

7. 搓成长条形，切成每份25克的小剂。

8. 将小剂擀成面皮，包入馅。

9. 放在已刷食用油的蒸架上，蒸8分钟。

10. 把蕉叶折成漏斗形，底部穿上牙签，再放入蒸熟的青豆粿即可。

豆沙飘雪影

皮：蛋清200克，白糖25克，添加剂3克，淀粉30克，玉米粉20克。

馅：赤豆500克，椰汁350毫升，奶粉100克，白糖50克，鲜奶油100克。

其他：食用油、鸡蛋液、白糖各适量。

大师支招：注意控制蒸汽的温度。

制作步骤

1. 将馅原料中的赤豆蒸熟，加入椰汁、奶粉、白糖，拌匀呈稠糊状。

2. 用纱网笊篱滤出豆渣。

3. 倒入平底锅中。

4. 炒去水分，然后加入鲜奶油拌匀。

5. 晾凉凝固后切成每份8克的小剂，搓圆，制成馅。

6. 将皮原料中的蛋清、白糖和添加剂混合。

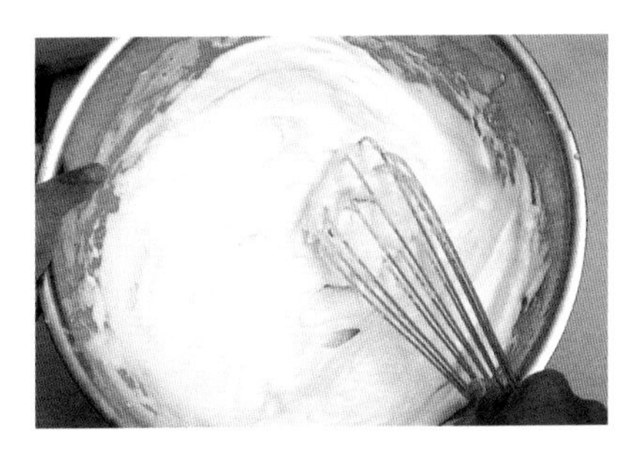

7. 以顺时针方向快速搅打至呈鸡尾状，加入淀粉、玉米粉拌匀。

8. 挤成圆球状，放在已刷食用油的铁板上。

9. 在顶部放上馅，并向下压。

10. 刷上鸡蛋液，抹平顶部。

11. 放入蒸笼中，用小火蒸 8 分钟。

12. 再粘上白糖即可。

松子甘香西米粿

皮：西米250克，松子仁100克，白糖50克。
馅：松子仁250克，玉米粉、白糖、水各适量。
其他：食用油、蕉叶、牙签各适量。

大师支招：西米要浸透，不要起白心。

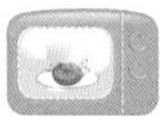

制作步骤

1. 将制作馅的所有原料混合，拌匀呈稠糊状。

2. 用锅煮干些，冷冻后制成馅。

3. 把皮原料中的西米浸泡后，加入松子仁、白糖和匀。

4. 倒入盘中，蒸熟至西米透明。

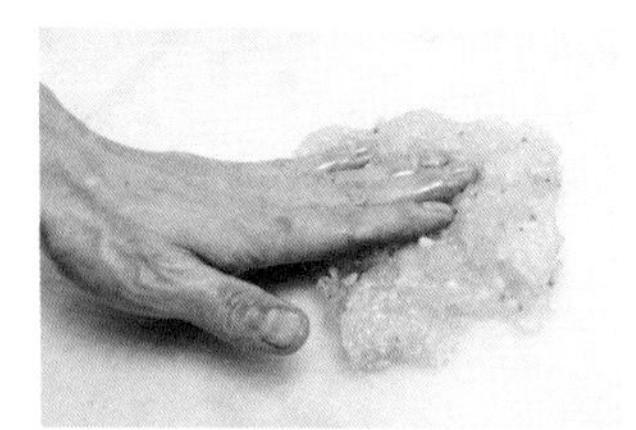

5. 取出，趁热搓匀。

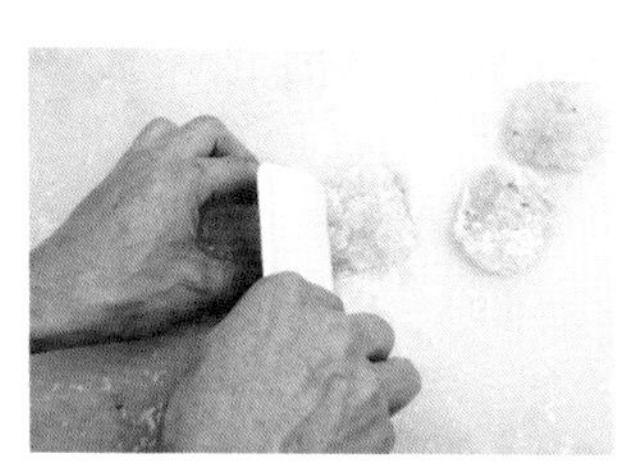

6. 用刀切成片形。

7. 包上馅。

8. 摆在已刷食用油的蒸架上，蒸5分钟。

9. 将蕉叶剪成长条形，两边剪成燕尾形。

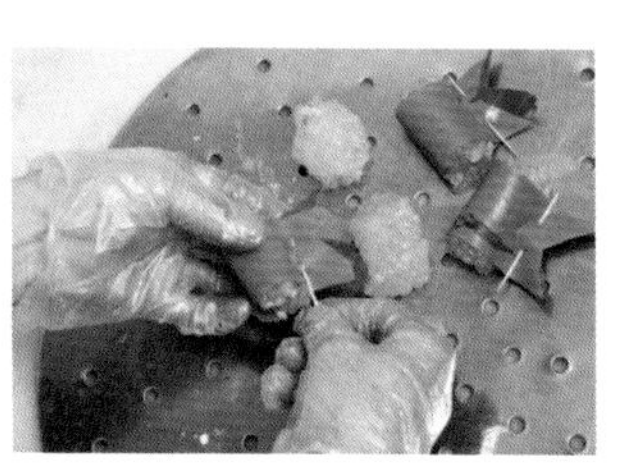

10. 包上西米，用牙签固定即可。

清香玉米粽

玉米粒300克，水晶粉120克，鲜牛奶200毫升，白糖100克，玉米皮、食用油、蕉叶各适量。

大师支招： 玉米最好选无渣的甜玉米。

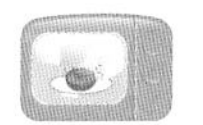

制作步骤

1. 玉米粒中加入鲜牛奶、白糖，打烂呈糊状，再与水晶粉混合。

2. 搅拌至无颗粒。

3. 倒入已刷食用油的方盘内，蒸8分钟。

4. 晾凉后卷成条形，然后用刀切成5厘米长的段。

5. 用玉米皮包成长条形。

6. 卷上蕉叶作装饰即可。

叶形玉米椰汁糕

马蹄粉75克，玉米粒50克，白糖175克，椰汁100毫升，水750毫升。

大师支招：加入热水前，粉浆要彻底拌匀。

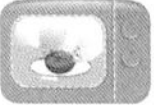

制作步骤

1. 将马蹄粉、白糖混合。

2. 加入玉米粒。

3. 加入椰汁拌匀。

4. 加入适量凉水。

5. 拌匀。

6. 再加入适量热水。

7. 拌匀成玉米糊。

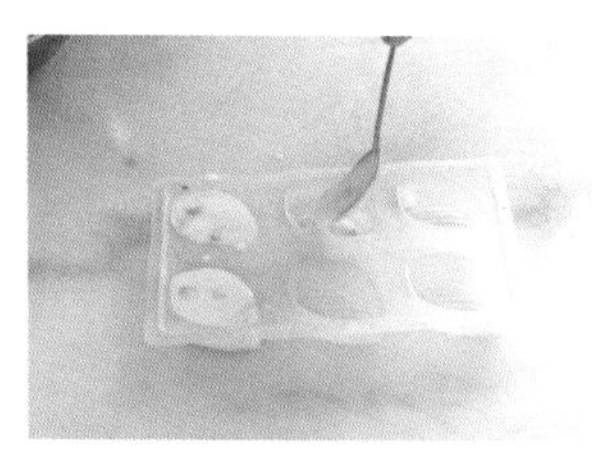

8. 倒入叶形模具中。

9. 用大火蒸 7 分钟即可。

玫瑰花茶糕

原料

马蹄粉75克，生粉50克，白糖175克，水750毫升，玫瑰花25克。

大师支招：玫瑰花不要过度冲泡，以免香气流失。

制作步骤

1. 将马蹄粉、生粉、白糖倒入盆中，拌匀。

2. 加入150毫升冷水，搅拌至白糖溶化。

3. 加入泡玫瑰花的水拌匀。

4. 再加入适量开水，拌匀呈糊状。

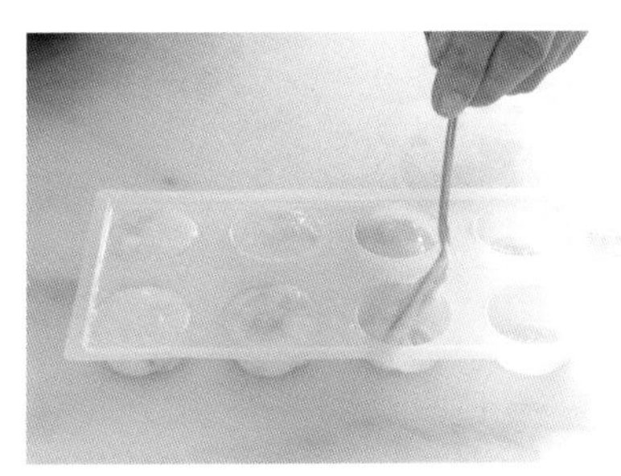

5. 倒入圆形玫瑰花模具中。

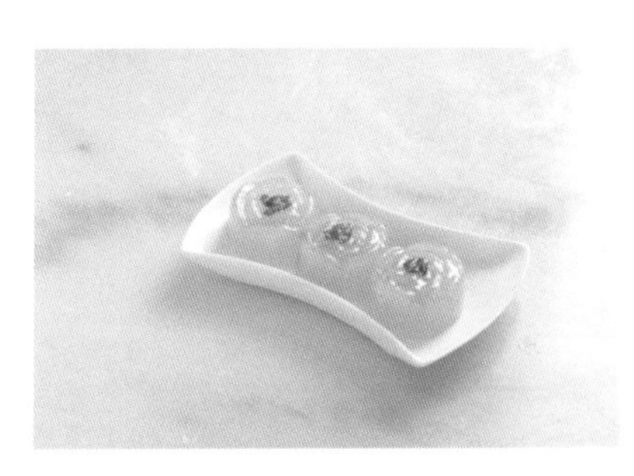

6. 表面放一片玫瑰花瓣，用大火蒸7分钟即可。

椰汁马拉卷

原料

低筋面粉100克，鸡蛋300克，白糖100克，塔塔粉5克，椰汁50毫升。

大师支招：烤盘底部铺油纸或保鲜膜，有利于成品脱盘。

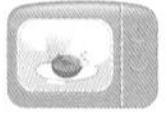

制作步骤

1. 打鸡蛋，取蛋清约150克。

2. 加入50克白糖、5克塔塔粉拌匀，打发。

3. 加入低筋面粉、50克白糖和椰汁。

4. 拌匀。

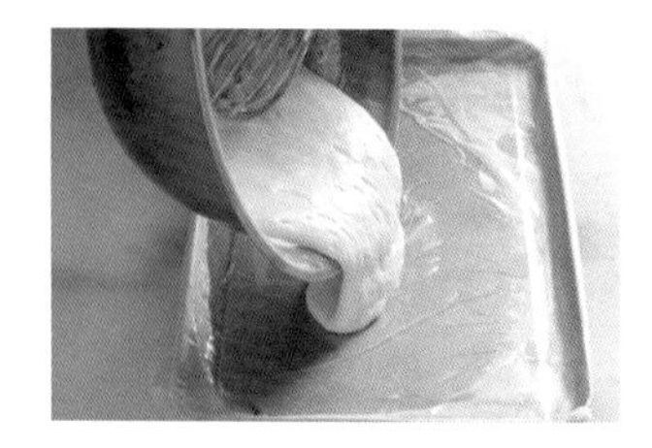

5. 倒入烤盘中。

6. 刮平表面，用大火蒸15分钟。

7. 出盘后卷起。

8. 切成段即可。

XO酱萝卜糕

原料

糯米粉500克，玉米粉400克，水1800毫升，白萝卜3500克，腊肉150克，虾米100克，盐40克，味精75克，白糖125克，洋葱丝、青椒丝、红椒丝、XO酱、食用油各适量。

大师支招：将熟浆倒入粉浆中时，熟浆不要过熟；萝卜糕不要蒸太久，否则会黏牙，影响口感。

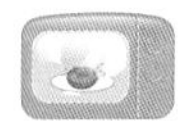

制作步骤

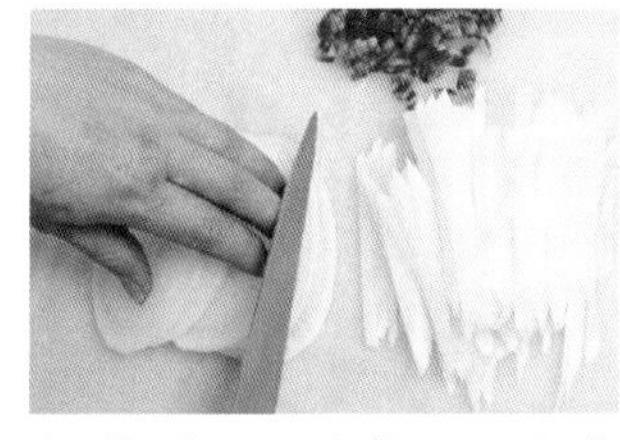

1. 将腊肉切成粒状，白萝卜切成丝。

2. 将糯米粉、玉米粉、盐、味精、白糖和匀，加入1300毫升水，搅拌成粉浆。

3. 将白萝卜丝和500毫升水用小火煮至白萝卜丝变软，加入适量粉浆勾芡，成熟浆。

4. 将熟浆倒入剩余粉浆中，加入腊肉粒、虾米拌匀。

5. 倒入已刷食用油的平盘中，蒸约50分钟。

6. 晾凉并冷冻后切成1.5厘米×1.5厘米的小方块。

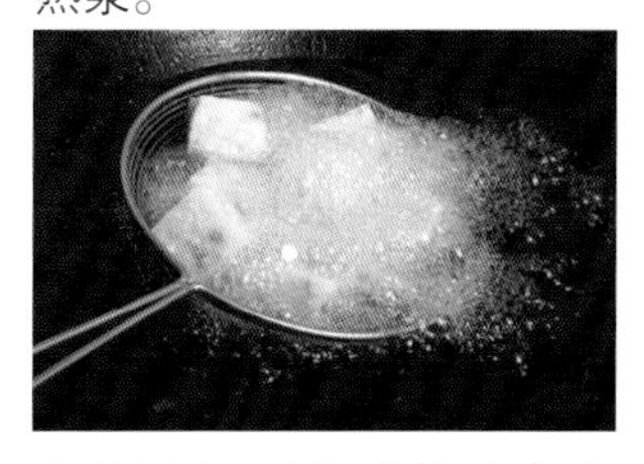

7. 裹上适量糯米粉（未在原料中列出），炸至表面呈金黄色，制成萝卜糕。

8. 爆香洋葱丝、青椒丝、红椒丝，加入XO酱与炸好的萝卜糕，一起炒香。

9. 炒熟后上碟即可。

银鱼虾干芋丝糕

芋头1000克，淀粉150克，糯米粉100克，银鱼干100克，虾干100克，盐4克，味精6克，白糖10克，五香粉3克，水1800毫升，食用油适量。

大师支招：要将原料搅拌至芋丝变软后再装入盘中压实。

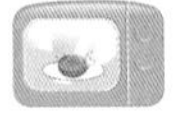

制作步骤

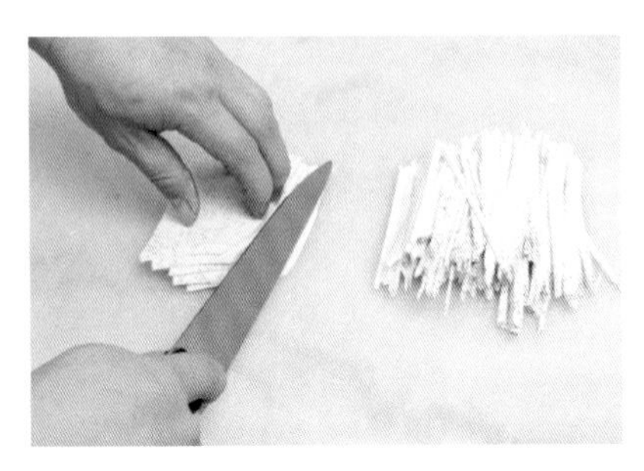

1. 将芋头切成丝。

2. 将除淀粉、糯米粉和食用油外的所有原料和匀，再加入淀粉、糯米粉拌匀。

3. 放入已刷食用油的方盘中，摊平，压实，蒸 10 分钟。

4. 晾凉后切成方块。

5. 放入不粘锅中，用食用油煎至两面呈金黄色即可。

金沙鱼子鳕鱼卷

黑鱼子10克，红鱼子10克，虾仁100克，银鳕鱼200克，咸蛋黄20克，盐、味精、香菜梗粒、威化纸、蛋清、面包糠、食用油、米线网皮各适量。

大师支招： 咸蛋黄要选腌制得比较嫩的。

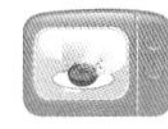

制作步骤

1. 将虾仁拍烂成胶，将银鳕鱼切成粒状，将它们混合后加入黑鱼子、红鱼子及香菜梗粒、盐、味精拌匀成馅。

2. 将咸蛋黄拍薄至0.15厘米厚。

3. 放在威化纸上，包上馅，包成长条形。

4. 粘上蛋清，再粘上面包糠，放入食用油中炸熟至表面呈金黄色，摆在预先用米线网皮制成的网兜内即可。

脆皮凉粉卷

凉粉250克，春卷皮20张，食用油、面糊各适量。

大师支招：凉粉要沥干水分。

制作步骤

1. 把凉粉放在春卷皮上，将春卷皮的两边往中间折叠，包紧。

2. 卷起呈圆筒状。

3. 用面糊封口。

4. 用 150~160℃的食用油炸至表面呈金黄色即可。

芋丝炸春卷

叉烧肉50克，芋头1个，猪肉100克，韭黄20克，豆芽20克，盐5克，味精6克，白糖8克，春卷皮数张，面糊、食用油各适量。

大师支招：煎炸时油温不能太低，否则成品口感不脆。

制作步骤

1. 把叉烧肉、芋头、猪肉切成丝，韭黄、豆芽切成段，然后将它们混合。

2. 加入盐、味精、白糖，拌匀成馅。

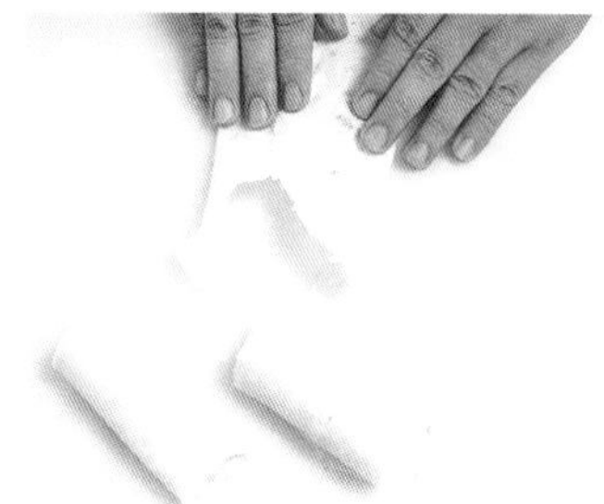

3. 将馅包入春卷皮中，把两边往中间折叠。

4. 卷起，呈圆筒状。

5. 用面糊封口。

6. 放入 140~150℃的食用油中，炸至表面呈金黄色即可。

脆皮香芋流沙球

芋头500克，白糖75克，澄面50克，糯米粉75克，猪油100克，流沙馅、面包糠、食用油各适量。
（流沙馅的制作请参考第33页）

大师支招： 要特别注意油炸时间，时间过长会爆馅。

制作步骤

1. 将芋头蒸熟，加入白糖和烫熟的澄面、糯米粉搓烂。

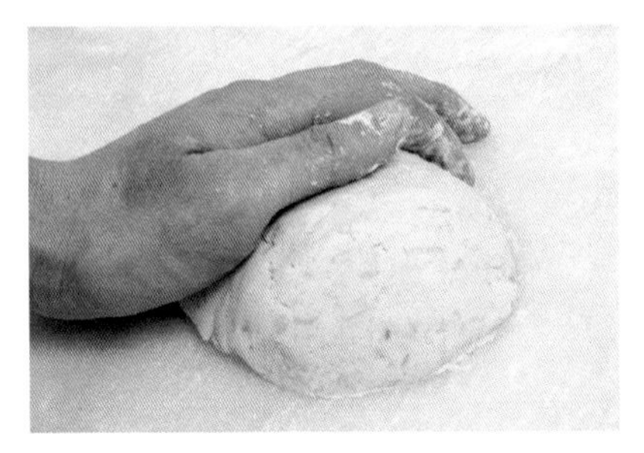

2. 加入猪油搓至面团纯滑。

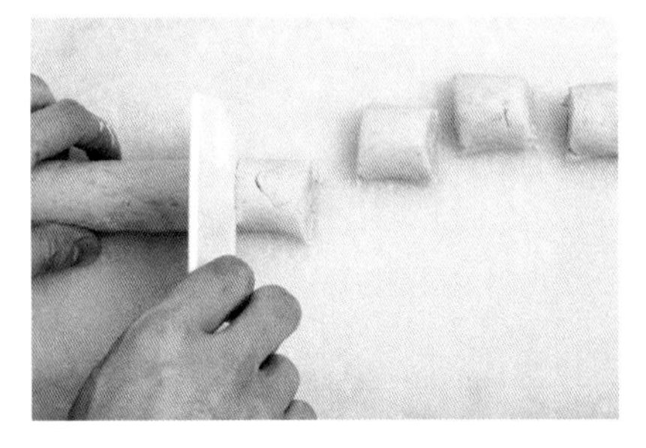

3. 搓成长条形，分成每份 30 克的小剂。

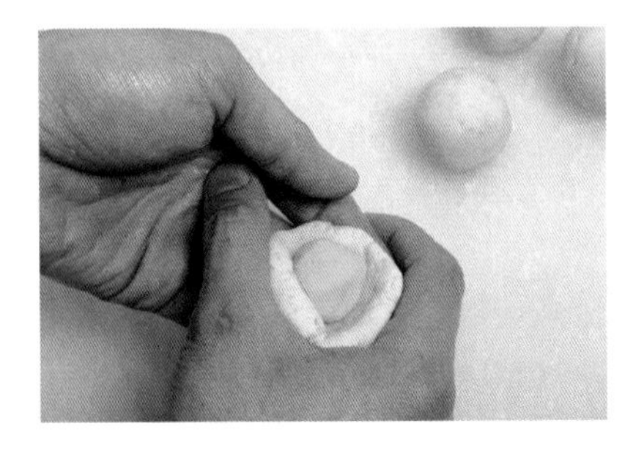

4. 包入流沙馅。

5. 粘上面包糠。

6. 用 150℃的食用油炸 4 分钟左右即可。

脆皮麻蓉汤圆

原料

糯米粉250克，澄面50克，白糖200克，水80毫升，黑芝麻250克，猪油175克，食用油适量。

大师支招： 炸汤圆的时间不要过长，否则容易爆馅。

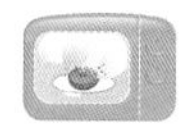

制作步骤

1. 将糯米粉、适量白糖和水混合，拌匀备用。

2. 将澄面和剩余的水拌匀。

3. 倒入步骤 1 的混合物中拌匀。

4. 和成面团，搓成长条形。

5. 分成每份 25 克的小剂。

6. 将黑芝麻、剩余的白糖、猪油和匀成馅。

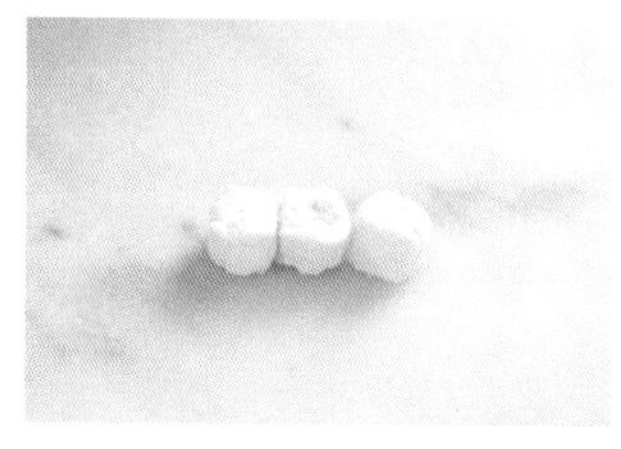

7. 在小剂中间按出一个坑。

8. 将馅包入。

9. 封口。

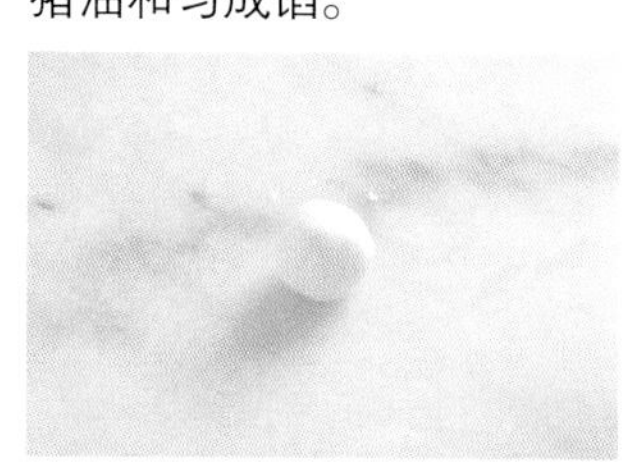

10. 搓圆，用 130℃的食用油炸至表面呈金黄色即可。

柚子蜜捞蛋散

原料

高筋面粉600克，鸡蛋4个，柚子蜜200克，春卷皮10张，水、盐、食用油、柠檬叶丝各适量。

大师支招：尽量避免在空气对流强的环境下制作，以免吹干面皮，影响起发度。

制作步骤

1. 取高筋面粉 100 克，加入水和盐，搓至起筋。

2. 盛在纱网笊篱中，浸入水中，并用手轻抓出面筋。

3. 将剩余高筋面粉开窝，加入鸡蛋和面筋搓匀，反复搓至面团纯滑。

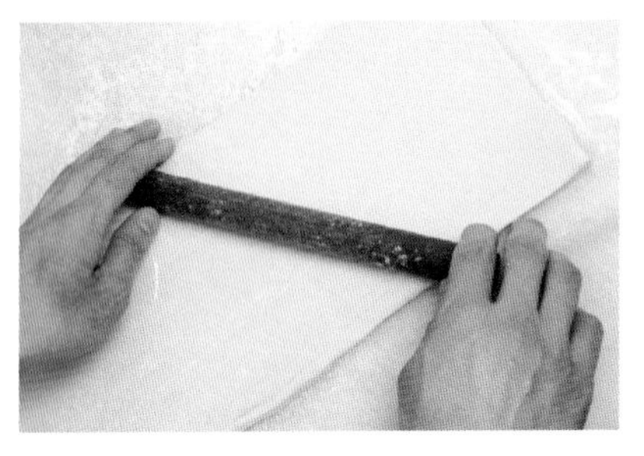

4. 用擀面棍擀成 0.05 厘米厚的薄片。

5. 刷上食用油。

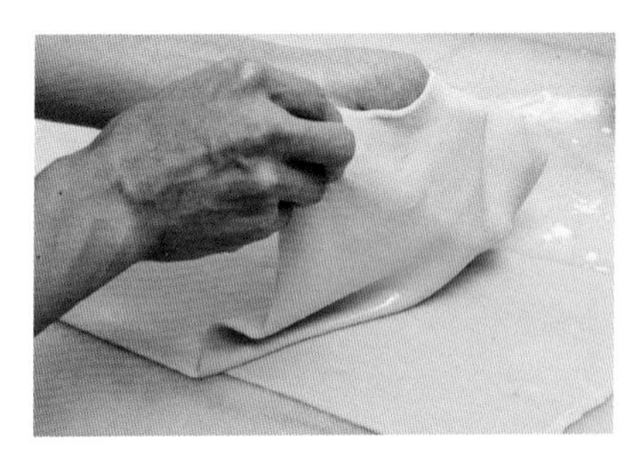

6. 对折，压紧边。

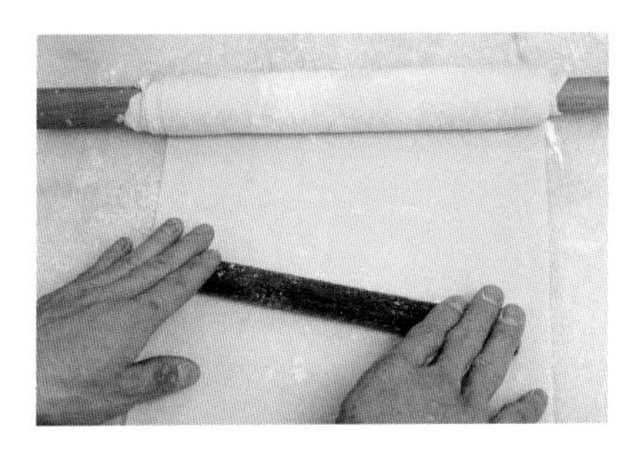

7. 重复步骤 4~6，再擀成 0.1 厘米厚的薄片。

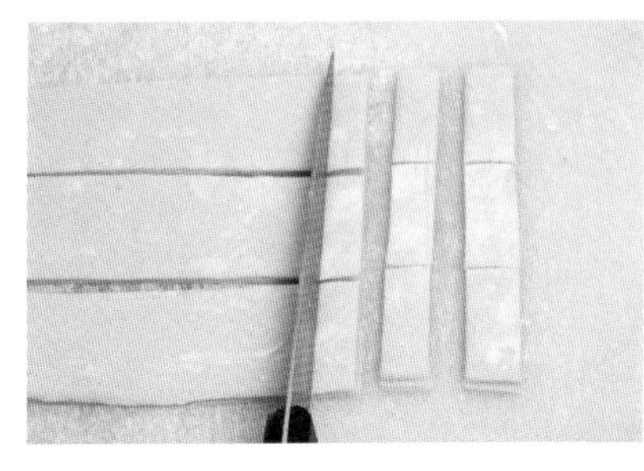

8. 折叠，切成 2 厘米 ×5 厘米的长方形。

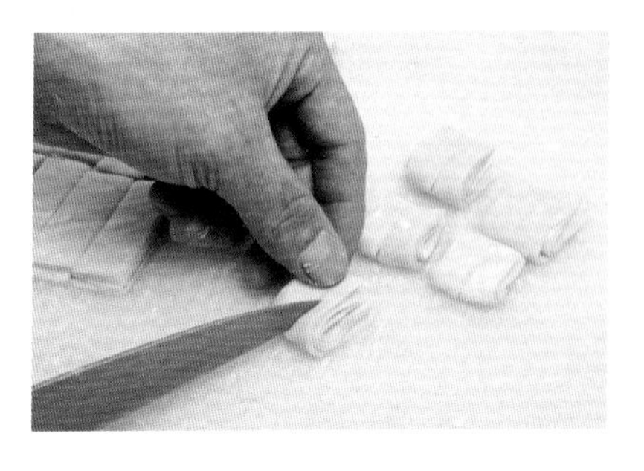

9. 对折，在折叠边的中间开个小口，使原来的长方形面皮中间有一个 3 厘米长的口。

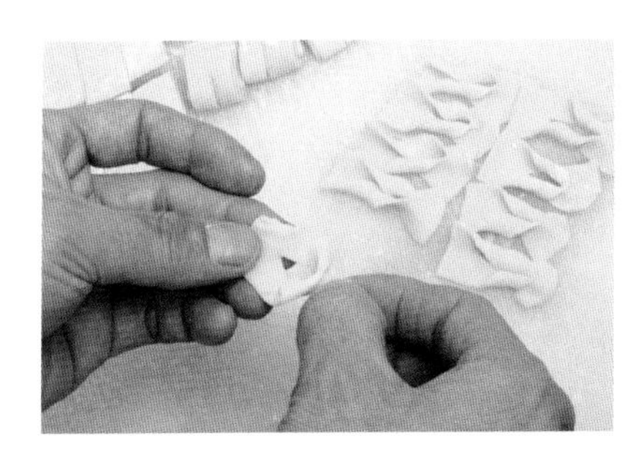

10. 反穿拉紧，盖上湿布，醒发 15 分钟。

11. 用 160℃的食用油炸至表面呈金黄色。

12. 春卷皮用容器定型后炸脆，散放上炸好的蛋，淋上柚子蜜，撒上柠檬叶丝即可。

椰丝南瓜球

原料

南瓜500克，面粉500克，酵母5克，泡打粉8克，水250毫升，莲蓉250克，食用油、椰丝各适量。

大师支招：炸南瓜球时油温不能太低。

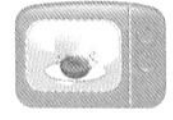

制作步骤

1. 将南瓜去皮，切成块，打成汁。将面粉、酵母、泡打粉、水和匀，加入南瓜汁。

2. 揉好制成南瓜球面团。

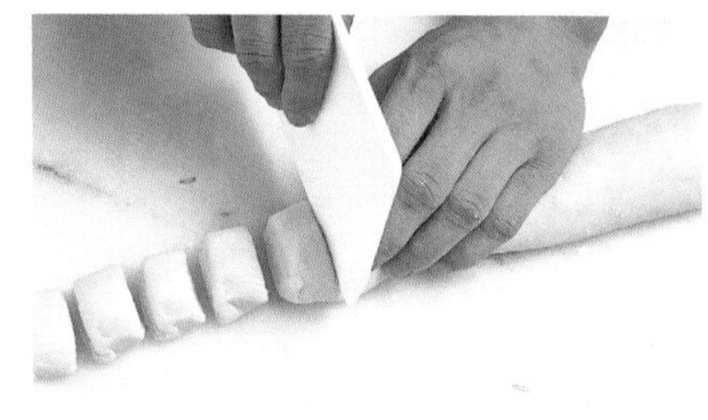

3. 将面团搓成长条形，切成每份30克的小剂，压扁制成面皮。

4. 将莲蓉包入面皮中，搓成圆形。

5. 用150~160℃的食用油炸至表面呈金黄色。

6. 捞起后趁热粘上椰丝即可。

甘笋糯米粿

糯米粉250克，莲蓉100克，水150毫升，甘笋、食用油、香菜各适量。

大师支招：炸甘笋糯米粿时油温不能太低。

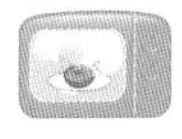

制作步骤

1. 甘笋榨汁。

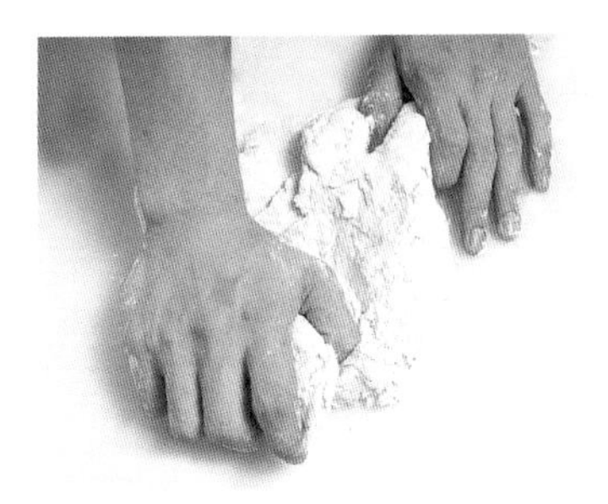

2. 将糯米粉和水混合，搓至面团表面光滑。

3. 加入甘笋汁搓匀。

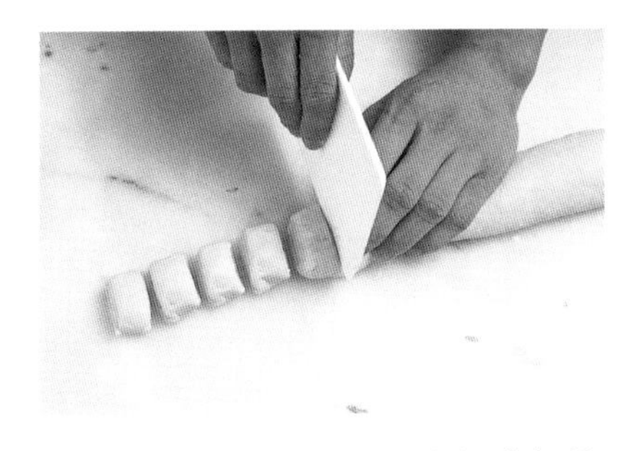

4. 把面团搓成长条形，分切成每份30克的小剂。

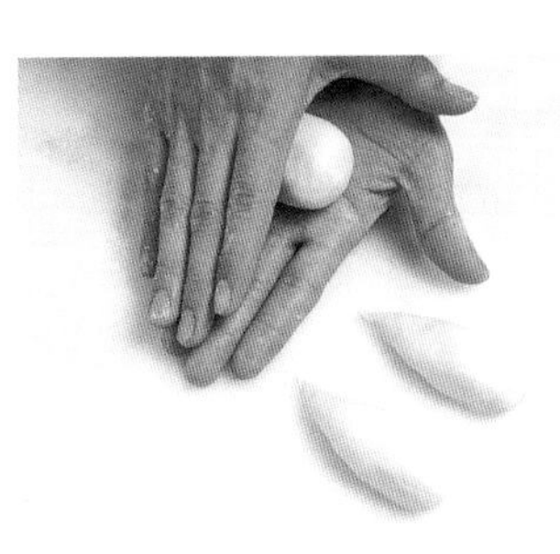

5. 把小剂用手压扁，包上莲蓉，轻轻搓成水滴形。

6. 放入约160℃的食用油中炸至表面呈金黄色，捞起后插上香菜即可。

广东咸水角

面皮：糯米粉500克，澄面150克，猪油100克，白糖150克，水250毫升。
馅：虾米50克，猪肉400克，香菇50克，盐5克，味精3克，白糖9克。
其他：食用油适量。

大师支招：注意面皮的软硬度要适中。

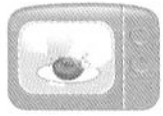

制作步骤

1. 将馅原料中的虾米、猪肉、香菇剁碎，加入盐、味精、白糖拌匀，炒熟成馅。

2. 将面皮原料中的糯米粉、澄面和匀，然后加入猪油、白糖和匀。

3. 加入热水，搓至面团表面光滑。

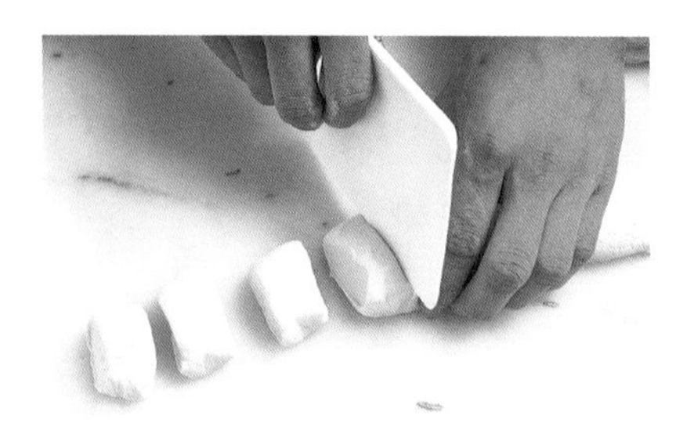

4. 搓成长条形，分切成每份30克的小剂，压扁成面皮。

5. 把馅包入面皮中，捏紧收口，呈半月形。

6. 放入150~160℃的食用油中，炸至表面呈金黄色即可。

红莲小蜜蜂

糯米粉250克，水150毫升，紫菜2片，榄仁10克，莲蓉、食用油各适量。

大师支招：炸红莲小蜜蜂时油温不能太低。

制作步骤

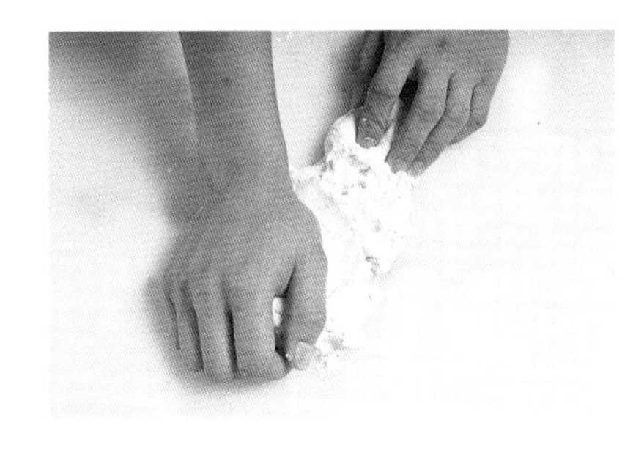

1. 将糯米粉与水混合，搓至面团表面光滑。

2. 再搓成长条形，分切成每份 30 克的小剂。

3. 把小剂用手压扁，包上莲蓉。

4. 捏成圆形，再轻轻搓成水滴形。

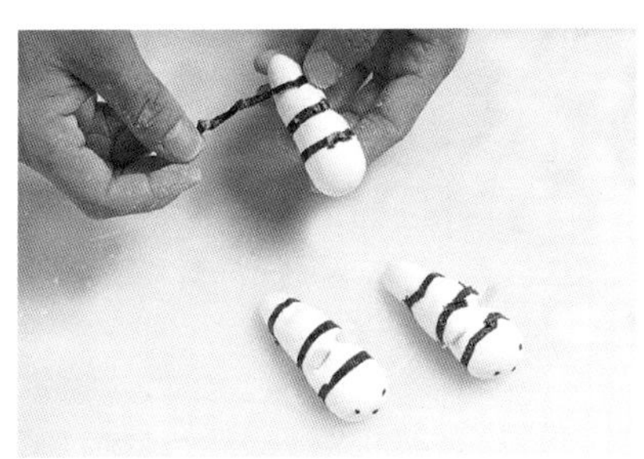

5. 粘上紫菜做成蜜蜂形。

6. 放入 160℃的食用油中炸至呈金黄色，再粘上榄仁即可。

脆皮糯米卷

春卷皮20张，糯米饭500克，食用油适量。

大师支招：包春卷时要包紧，封口要封好，不然会漏馅。

制作步骤

1. 在春卷皮中间放上糯米饭。

2. 把左右两边的皮合拢，包紧。

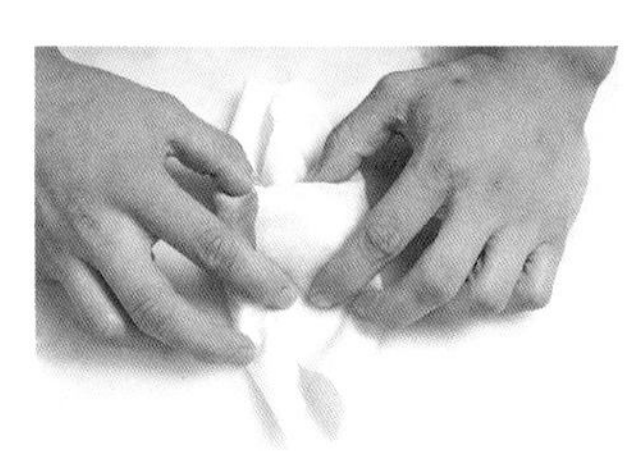

3. 卷成“日”字形。

4. 用150~160℃的食用油炸至表面呈金黄色即可。

冰花炸蛋球

黄油250克，面粉500克，鸡蛋7个，白糖50克，食用油适量。

大师支招：炸蛋球时不要搅拌。

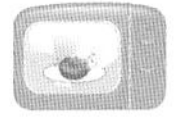

制作步骤

1. 把黄油煮至融化。

2. 加入面粉和匀。

3. 再加入鸡蛋拌匀。

4. 把拌好的面团挤成丸子。

5. 把丸子放入150℃的食用油中炸至表面呈金黄色，捞起后趁热粘上白糖即可。

腐皮牛肉角

豆腐皮20张，牛肉250克，韭黄15克，盐5克，味精6克，白糖8克，面糊、食用油各适量。

大师支招：要把皮折好、粘好，不然会漏馅。

制作步骤

1. 把牛肉、韭黄切成粒状，然后将它们混合。

2. 加入盐、味精、白糖拌成馅。

3. 把豆腐皮切成5厘米宽的条形，把馅放在皮上。

4. 把一边角折起来。

5. 用同样的方法把皮折成三角形。

6. 用面糊封口。

7. 放入150~160℃的食用油中炸至表面呈金黄色即可。

芝麻笑口枣

面粉500克，泡打粉6克，鸡蛋1个，白糖300克，食粉4克，水130毫升，芝麻50克，食用油适量。

大师支招：油温不能太高，否则炸出的笑口不自然。

制作步骤

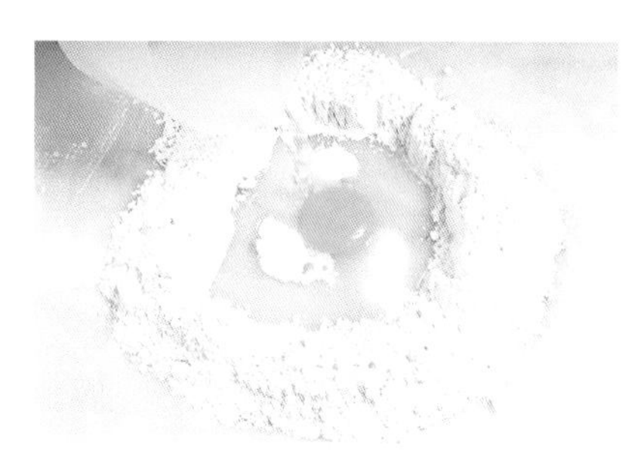

1. 将面粉、泡打粉和匀，开窝，加入鸡蛋、白糖、食粉、水和匀。

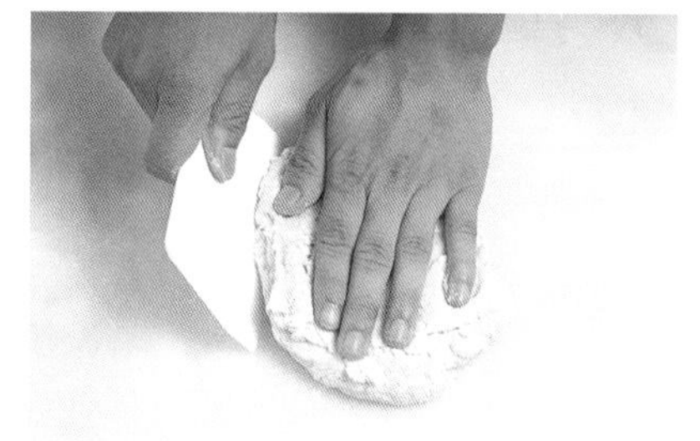

2. 用重叠式的手法搓至面团表面光滑，静置醒发 10 分钟。

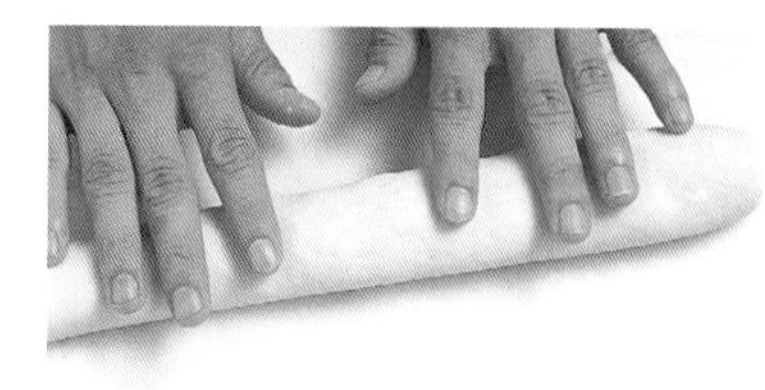

3. 搓成长条形。

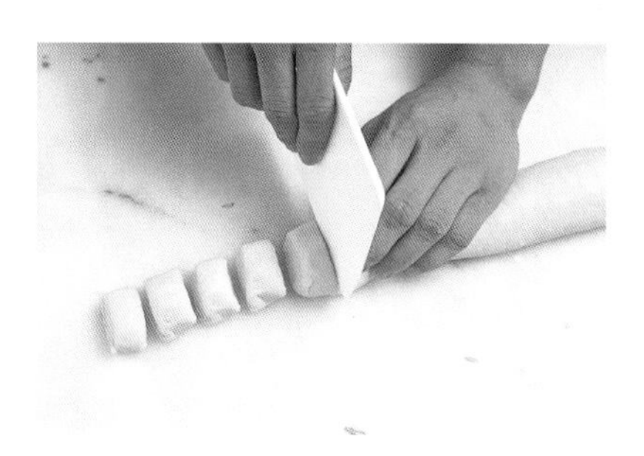

4. 分切成每份约 35 克的小剂。

5. 将小剂搓成圆球形，粘上芝麻。

6. 用 150~160℃的食用油炸至表面开口且呈金黄色即可。

咸蛋散

高筋面粉500克，白糖25克，蒜蓉25克，食粉1克，食用油25毫升，鸡蛋1个，南乳15克，盐10克，黑芝麻10克，水150毫升。

大师支招：皮要擀薄。

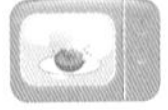

制作步骤

1. 将高筋面粉过筛后开窝，加入其余原料拌匀。

2. 搓至面团表面光滑，盖上保鲜膜，醒发。

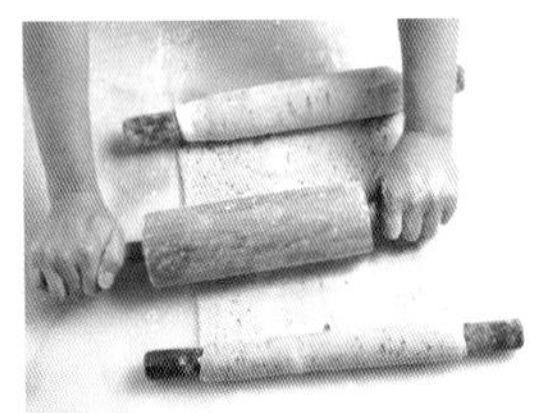

3. 醒发后反复擀压成0.5毫米左右厚的薄片，卷起。

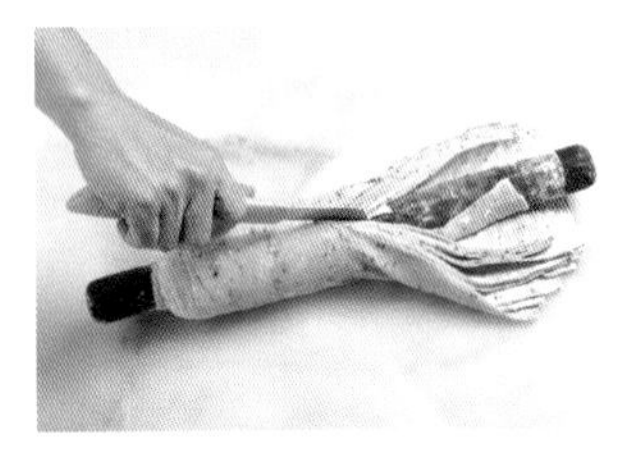

4. 用刀切开面皮。

5. 再切成2厘米宽的条。

6. 对折，在折叠边的中间开个小口。

7. 扭成需要的形状。

8. 用160℃的食用油（未在原料中列出）炸至熟透即可。

紫薯脆皮卷

皮：网皮1张，威化纸0.5张。
馅：低筋面粉10克，紫薯泥250克，白糖50克，水10毫升。
其他：食用油适量。

大师支招：炸卷的时候油温要控制好，否则影响网皮的颜色。

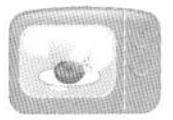

制作步骤

1. 将低筋面粉、水和成粉浆（留出适量粉浆作封口用），倒入紫薯泥中。

2. 再加入白糖。

3. 拌匀成馅。

4. 将网皮摊平，上面放威化纸，再放入约50克的馅。

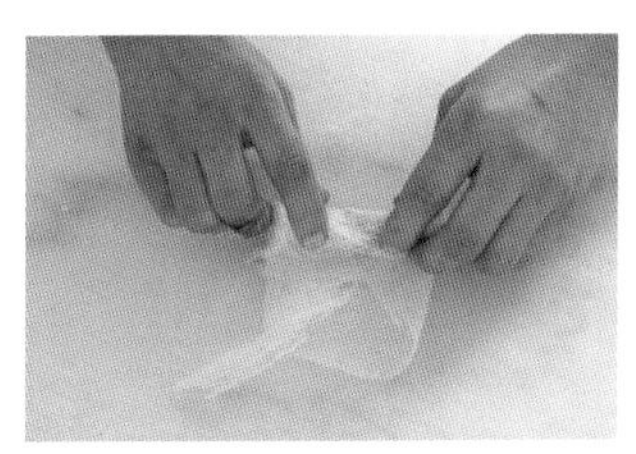

5. 包裹好。

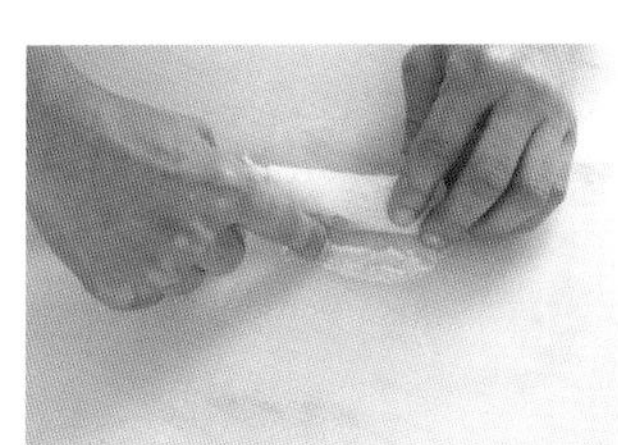

6. 用粉浆封口。

7. 用130℃的食用油炸至表面呈金黄色，捞出后切开即可。

广式沙琪玛

高筋面粉500克，鸡蛋8个，溴粉5克，盐5克，全蛋粉50克，白糖350克，葡萄糖浆210毫升，水50毫升，食用油适量。

大师支招：油温不能过高或过低。

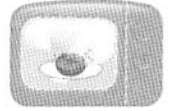

制作步骤

1. 把高筋面粉过筛，开窝，加入鸡蛋、溴粉、盐、全蛋粉。

2. 拌匀后和入面粉。

3. 搓至面团起筋、表面光滑，盖上保鲜膜，醒发。

4. 醒发后反复擀压，擀成 0.5 毫米左右厚的薄片，卷起。

5. 用刀切开面团。

6. 再切成细条。

7. 用 160℃的食用油炸至表面呈浅黄色，即为沙琪玛条。

8. 把白糖、葡萄糖浆和水混合，煮成胶状。

9. 把煮好的白糖胶倒进沙琪玛条中拌匀。

10. 倒入方形模具内，压实、压平。

11. 醒发 2 小时，待白糖胶凝结后脱模。

12. 分切成块即可。

牛耳朵

水油皮：低筋面粉1400克，猪油250克，水400毫升。

馅：低筋面粉1500克，白糖300克，食粉10克，臭粉7.5克，盐15克，味精8克，南乳200克，猪油150克，水450毫升。

其他：水、食用油各适量。

大师支招：水油皮、馅面团的软硬度要适中，炸牛耳朵时油温要掌握好。

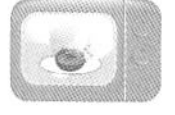

制作步骤

1. 将制作水油皮的所有原料混合。

2. 搓至面团表面光滑，盖上保鲜膜，醒发。

3. 将馅原料中的低筋面粉开窝，加入白糖、食粉、臭粉、盐、味精、南乳、猪油拌匀。

4. 加入水，搓至面团表面光滑，盖上保鲜膜，醒发。

5. 将两种面团都擀成长方形。

6. 在水油皮表面刷上水。

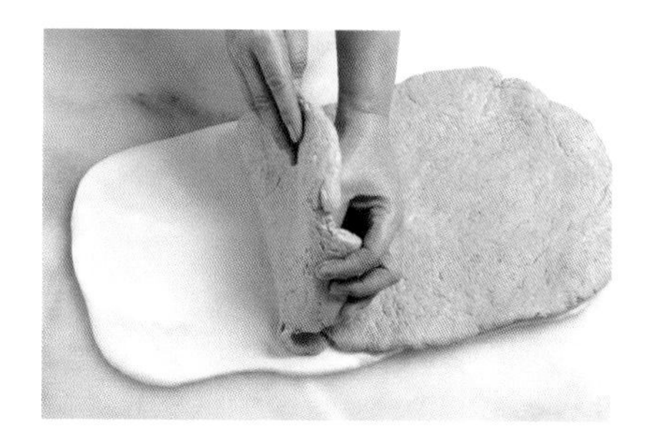

7. 把馅铺在上面。

8. 将两层皮一起擀成3毫米厚的薄片。

9. 分切成小块，刷上水。

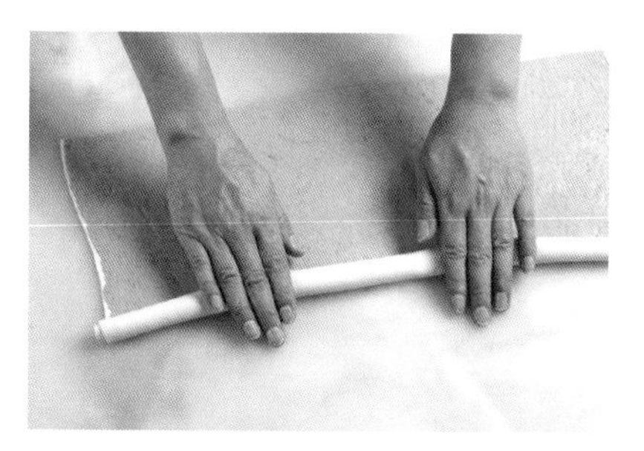

10. 紧紧地卷起来，放入冰箱。

11. 冷冻后切成薄片。

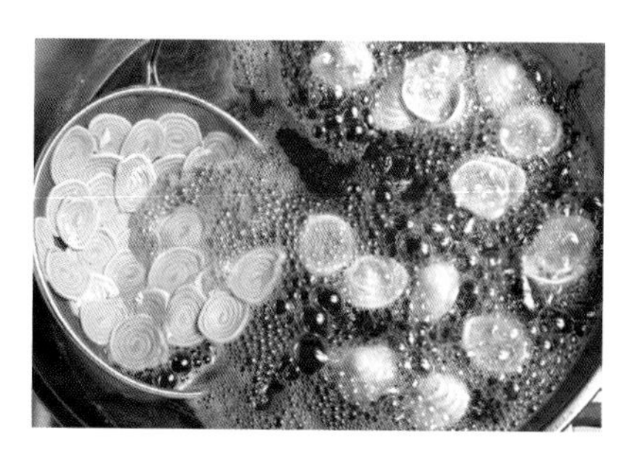

12. 放入食用油中，用中火炸至表面呈米黄色并熟透即可。

茶香山药卷

皮：糯米粉400克，玉米粉100克，白糖100克，绿茶粉40克，水520毫升。
馅：鲜山药500克，白糖100克，鲜奶油80克。
其他：面包糠适量。

大师支招：蒸笼布要先用稀米浆蒸2分钟。

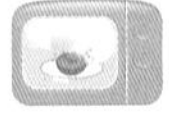

制作步骤

1. 将馅原料中的鲜山药去皮，蒸熟，加入白糖、鲜奶油拌匀成馅。

2. 将皮原料中的糯米粉、玉米粉、白糖、绿茶粉和匀，加入水拌匀成粉浆。

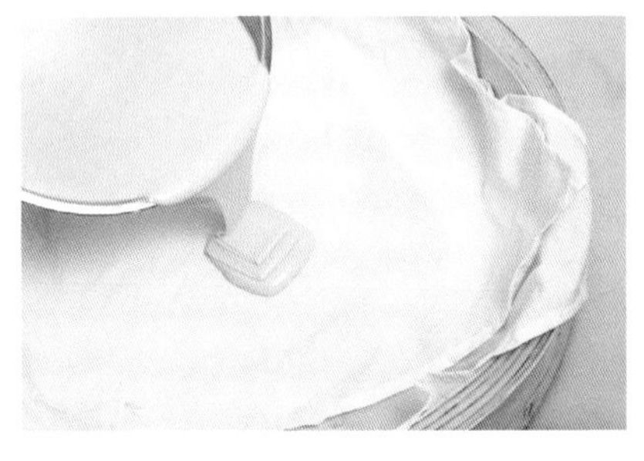

3. 蒸笼内铺上布，倒入粉浆，蒸6分钟。

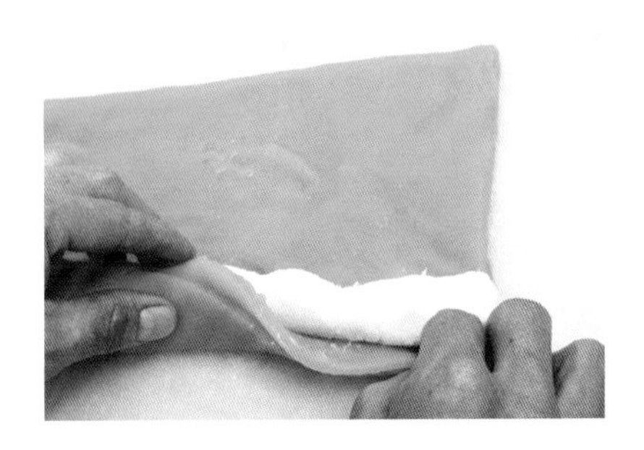

4. 蒸熟后，铺在案板上，卷上馅。

5. 粘上面包糠。

6. 斜切成块即可。

榄仁牛油马拉卷

低筋面粉600克，淀粉300克，吉士粉100克，白糖150克，水500毫升，鸡蛋10个，黄油200克，泡打粉40克，榄仁适量。

大师支招：白糖不能过多，否则成品不爽口。

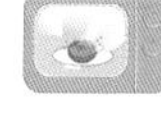

制作步骤

1. 将低筋面粉、淀粉、吉士粉和匀，加入由水和白糖制成的白糖水，拌匀成粉浆。

2. 加入鸡蛋拌匀，醒发1小时。

3. 加入已加热融化的黄油拌匀，加入泡打粉拌匀。

4. 用纱网笊篱过滤。

5. 倒入铺着布的方盘内。

6. 抹平表面，撒上榄仁，用大火蒸熟。

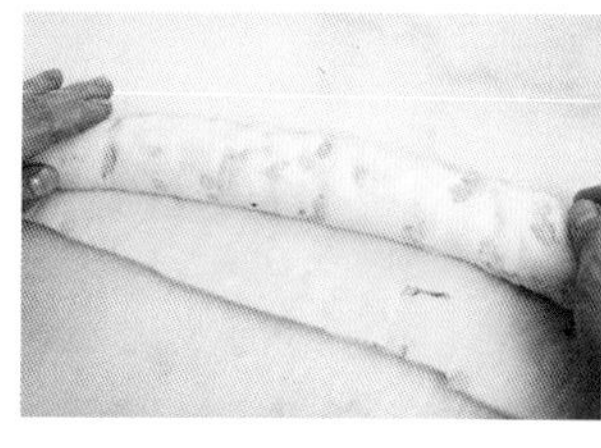

7. 取出，趁热卷起。

8. 切成段即可。

南乳火腩卷

面粉500克，泡打粉15克，酵母5克，白糖100克，水250毫升，火腩、南乳各适量。

大师支招：静置醒发的时间必须充足。

制作步骤

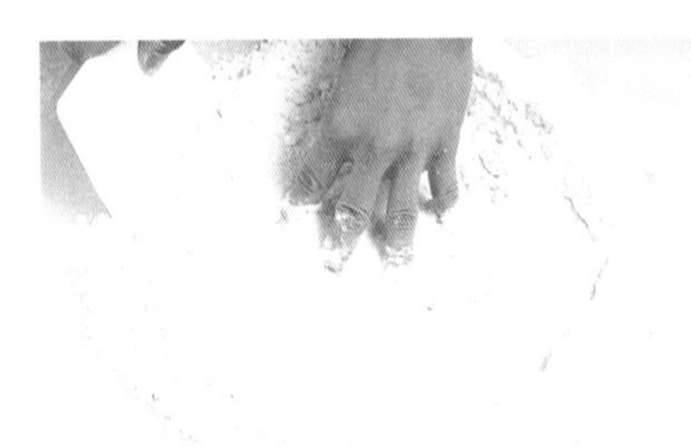

1. 把面粉和泡打粉和匀，再加入酵母、白糖、水和匀。

2. 搓至面团表面光滑后，用擀面棍擀至约 0.3 厘米厚。

3. 切成约 3 厘米宽的带状面皮。

4. 将火腩切成块，加入南乳拌匀。

5. 放在面皮的一端，卷起。

6. 放入蒸笼里，静置醒发 30 分钟后，蒸 7 分钟即可。

蜂巢皮什果奶油卷

低筋面粉150克，白糖30克，食粉4克，食用油20毫升，水150毫升，黄桃0.5个，鲜奶油150克，蛋清适量。

大师支招： 面浆下锅后要平整。

制作步骤

1. 将低筋面粉、白糖、食粉、食用油、蛋清、水拌匀成面浆。

2. 用中火烧热不粘锅，倒入面浆，煎熟成蜂巢皮。

3. 把黄桃切成薄片。

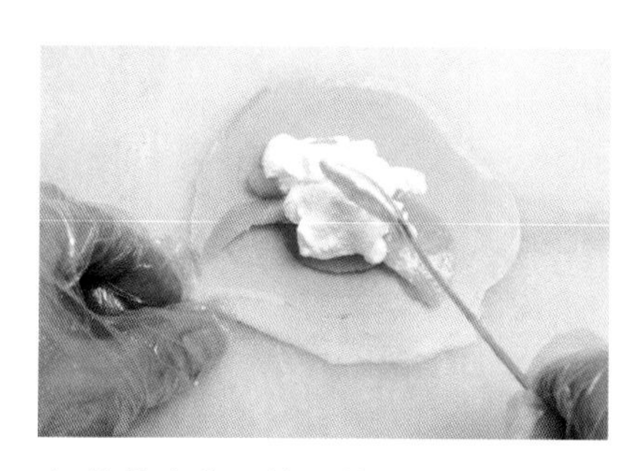

4. 蜂巢皮背面放上黄桃和鲜奶油。

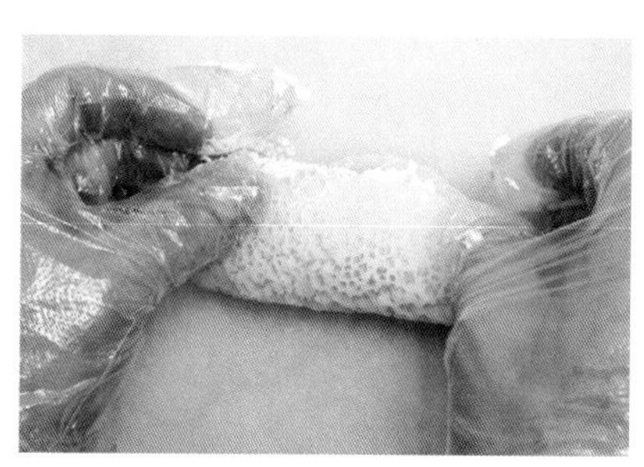

5. 卷紧即可。

椰汁香芒夹心糕

芒果肉750克，鱼胶粉100克，白糖600克，水500毫升，椰浆900毫升，鲜牛奶1000毫升，鲜奶油1000克。

大师支招：鲜奶油搅打至三分发即可。

制作步骤

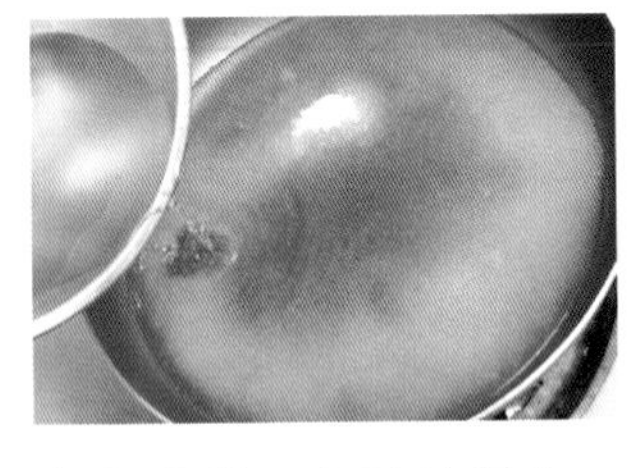

1. 将白糖、鱼胶粉混合，加入水煮至溶解成鱼胶水，晾凉备用。

2. 将一半芒果肉切成粒状。

3. 将剩余的芒果肉与1/3鱼胶水混合，榨汁。

4. 剩余的2/3鱼胶水中加入椰浆、鲜牛奶拌匀成鱼胶浆。

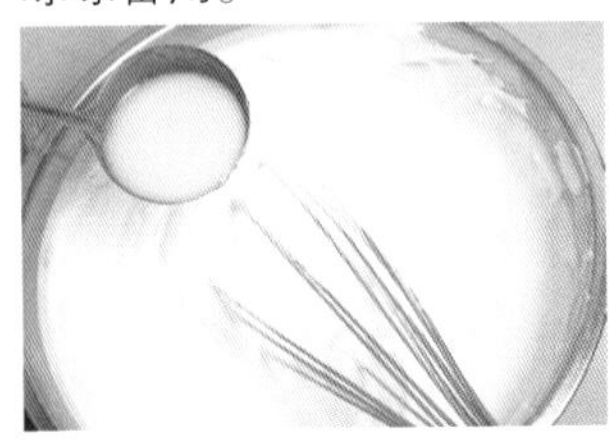

5. 鲜奶油搅打至起发，慢慢搅拌加入鱼胶浆中成鲜奶浆。

6. 倒一半在容器内，冷冻至凝固。

7. 再倒入由芒果汁和芒果粒制成的混合浆，冷冻至凝固。

8. 倒入另一半鲜奶浆，冷冻至凝固。

9. 取出，切成3厘米×3厘米的块即可。

绿茶木瓜卷

糯米粉400克，低筋面粉100克，白糖100克，绿茶粉25克，水450毫升，木瓜1个。

大师支招：木瓜应挑选稍熟的。

制作步骤

1. 将糯米粉、低筋面粉、白糖、绿茶粉和水混合，拌匀成面浆。

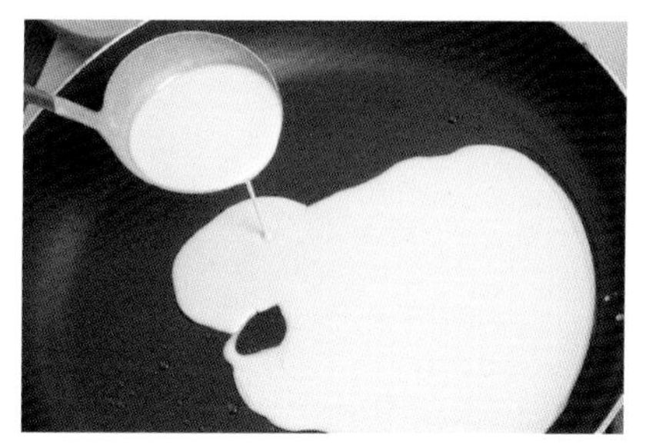

2. 加热不粘锅，倒入面浆。

3. 煎至两面带焦。

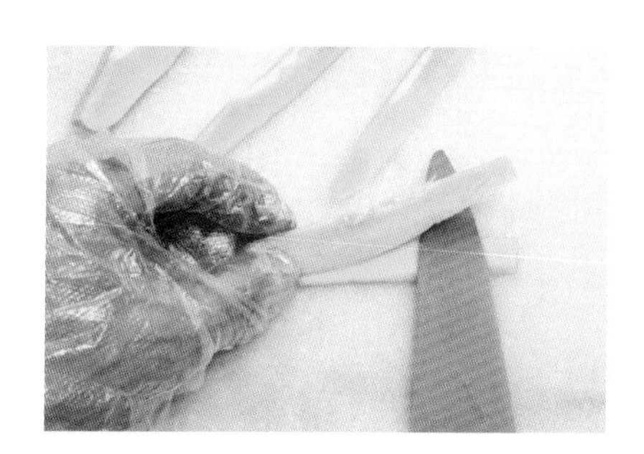

4. 将木瓜去皮，切成条形。

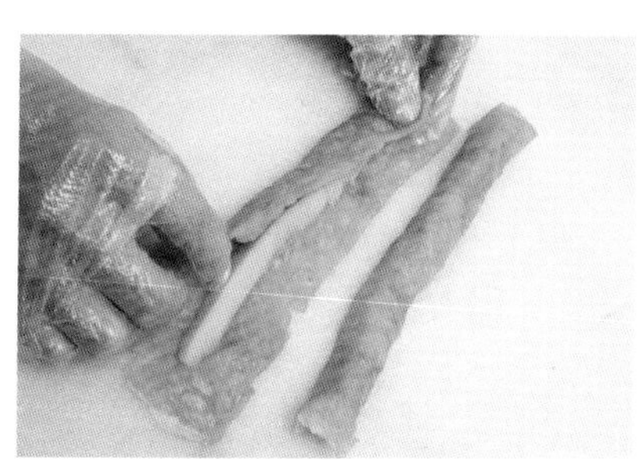

5. 用面皮卷起木瓜条。

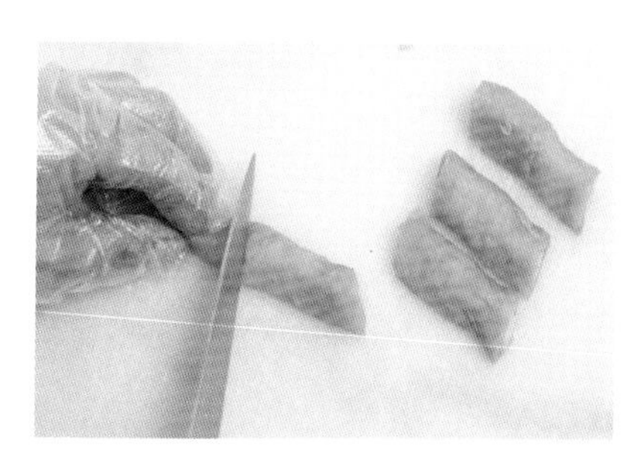

6. 切成段即可。

PART 3 西点

西点的定义、种类与常用原料

西点的定义

西点，是从西方国家传入我国的糕点的统称，具有西方民族风格和地域特色，如德式、法式、英式等。制作西点的主要原料有小麦粉、糖、奶油、牛奶、巧克力、香草粉、椰子丝等。由于西点中的脂肪、蛋白质含量较高，味道香甜而不腻口，且式样美观，因而广受消费者欢迎。西点与中点的最大区别在于西点使用较多的奶油、乳品和巧克力。因此，大多数西点都带有浓郁的奶香味以及巧克力的特殊风味。

西点的种类

西点，根据其用途可分为早点、餐点、茶点、小点和喜庆场合用的装饰糕点等，按照其类型又可分为面包、蛋糕、挞派、酥饼等。

常用原料

制作西点的主要原料是小麦粉（低筋小麦粉、中筋小麦粉、高筋小麦粉）、白糖、糖粉、鸡蛋、奶油、酥油、植物油、猪油、黄油、牛奶、炼乳、乳酪、巧克力、可可粉、水果、果仁、膨松剂、乳化剂、增稠剂、香草粉等。

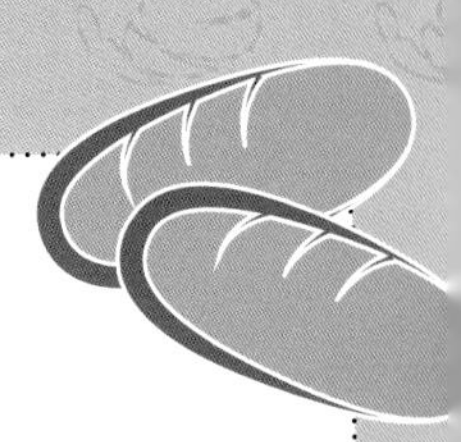

常用工具

烤炉

烤炉是制作西点必不可少的设备。烤炉的热源有微波、电器等。目前大多采用电热式烤炉或烘烤箱，因为它们具有结构简单、产品卫生、温度调节方便且能实现自动控制等优点。最新出现的分层式烤箱优于早期使用的大开门烤箱。这种烤箱性能稳定，温度均匀，可调节底火和面火，各层制品的烘烤互不干扰。

搅拌机

搅拌机又称打蛋机，是制作西点常用的设备，其用途广泛，既可用于蛋糕浆料的混合搅拌，又可用于点心及面包（小批量）面团的调制，还可用来打发奶油膏和蛋白膏以及混合各种馅料。搅拌机一般带有一个圆底搅拌桶和三种不同形状的搅拌头（桨）。网杆状搅拌头用于低黏度物料如蛋液与糖的搅拌；空花叶片状搅拌头用于中黏度物料如油脂和糖的搅拌，以及点心面团的调制；勾状搅拌头用于高黏度物料如面包面团的搅拌。搅拌速度可根据需要进行调节。

此外，台式小型搅拌机可用于搅拌鲜奶油膏和混合馅料，既方便，效果又好。

醒发机

醒发机是面团进行最后醒发的设备，能调节和控制温度与湿度。

和面机

和面机即制作面团用的搅拌机，专门用来调制面包面团，有立式和卧式两种类型。生产高质量的面包应使用高速搅拌机，使面筋充分扩展，缩短面团调制时间。如只有普通和面机，则需要配一个压面机，将和面机和好的面团通过压面机反复再加工，以帮助面筋扩展。

烤盘

用于摆放烘焙制品，大多为铁质。烤盘清洗后须擦干，以免生锈。

烘焙模

它是蛋糕、面包（如吐司）等西点的成型模具，由铝、铁、不锈钢或镀锡等金属材料制成。它有各种尺寸和形状，可根据需要来选择。

刀具

包括蛋糕切刀、涂抹馅料或装饰料用的抹刀以及普通切削刀。

印模

它是一种能将点心面团（皮）经按压切成一定形状的模具。切形状的有圆形、椭圆形、三角形等，切边的有平口和花边口两种类型。

花边刀

其两端分别为花边夹和花边滚刀。前者可将面皮的边缘夹成花边状，后者可通过圆形刀片的滚动将面皮切成花边状。

挤注袋和裱花嘴

用于西点的挤注成型、馅料灌注和裱花装饰。挤注袋可用尼龙布制成；安放于挤注袋前端的裱花嘴通常是由塑料或金属制成，并有齿状口、平口、扁口等多种类型。

转台

具有一个圆形、可转动的台面，便于大蛋糕的裱花装饰操作。

筛

可用于小麦粉等干原料的筛选，除去其中的团块，使颗粒均匀。筛网一般由铜丝或铁丝制成。

锅

可分为两类。一类为加热用的平底锅，用于馅料制作中的加热、糖浆熬制和巧克力的融化等；另一类为圆底锅（或盆），用于物料的搅拌和混合。

擀面棍

用来擀面团，有木制和塑料两种。

木柄勺

用来混合或搅拌（非搅打）物料。

打蛋杆

用于蛋液、糖蛋白、奶油膏等各种馅料的手工搅拌。

刷子

用于烤盘和模具内的刷油以及制品表面的蛋液涂抹。

金属架

用来摆放烘烤后的制品，以便冷却，或便于在制品表面浇淋巧克力等浆料。

称量器具

包括秤和量杯。制作西点时一定要有量的概念，不能凭手或眼来估计原料的多少，必须按照配方用秤来称取各种原辅料。注明体积的液体原料可用量杯来量取。

操作台

大量制作可采用不锈钢、大理石的操作台，少量制作（如家庭制作）可在木板或塑料板上操作。

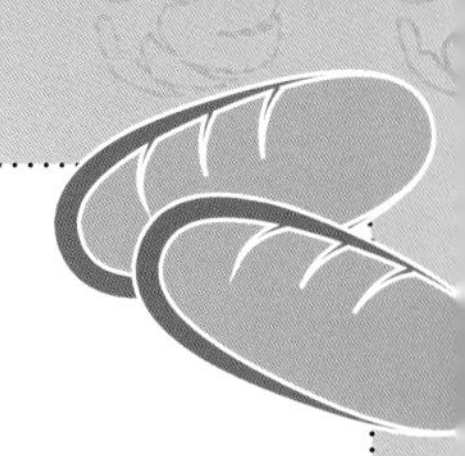

基本工艺流程

各类西点的制作都有其自身特点，但它们也有共性，总的工艺流程大致归纳如下：

原料准备——混料——成型——烘烤——冷却——装饰。

原料准备

按配方和产量要求准确称取所需原料，并进行混合前的预处理，如小麦粉过筛、打蛋、果料与果仁的清洗加工、装饰配件制作和馅料的制备等。

混料

按制作要求依次投料，同时通过搅打或搅拌的方式将原料充分混合，调制成要求的面团或浆料。

成型

除切块成型外，西点的造型一般都在烘烤前，将调制好的面团和浆料加工制作成一定形状。成型的方式有手工成型、模具成型、器具成型等。成型工序中有时也包括馅料的填装。不宜烘烤的馅料如新鲜水果、膏状馅料等，一般应在烘烤后填装。

烘烤

西点的熟制，一般是在具有一定温度和湿度的烤炉中完成。无需装饰的制品烘烤后即为成品。

冷却

将烘烤后的制品经一定的方式（人工或自然）冷却至室温，以利于下道工序（如装饰、切块、包装等）的操作。

装饰

多数西点的装饰是在烘烤后，选用适当的装饰料对制品作进一步的美化加工，所需的装饰料和馅料应在使用前备好。

蛋糕类

白兰地蛋糕

鸡蛋1500克，白糖750克，食盐5克，低筋面粉620克，高筋面粉250克，奶香粉5克，泡打粉5克，蛋糕油70克，鲜牛奶120毫升，水果罐头糖水120毫升，食用油300毫升，白兰地80毫升。

大师支招：将面糊倒入烤盘时只需倒至八分满。

制作步骤

1. 将鸡蛋、白糖、食盐混合，搅拌至白糖溶化。

2. 加入低筋面粉、高筋面粉、奶香粉、泡打粉、蛋糕油，以先慢后快的方式搅拌至体积为原来的3倍左右。

3. 慢慢加入鲜牛奶、水果罐头糖水、食用油、白兰地，边加入边搅拌至完全混合。

4. 将拌好的面糊倒入已垫好纸的特制木烤盘内。

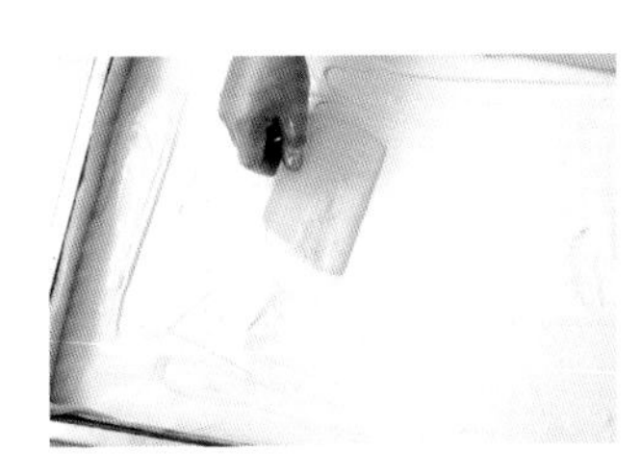

5. 用刮板将表面抹平。

6. 放入炉中，以上火180℃、下火130℃烘烤至熟透后出炉。

7. 冷却后分切成长条状。

8. 再分切成小块即可。

玫瑰蛋糕

水 200 毫升，食用油 150 毫升，玫瑰糖 90 克，低筋面粉 250 克，淀粉 50 克，蛋黄 180 克，蛋清 400 克，白糖 200 克，塔塔粉 5 克，食盐 3 克，果酱适量。

大师支招： 玫瑰糖先拌匀后再称取，以让花瓣分布均匀。

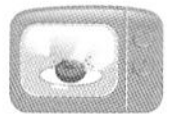

制作步骤

1. 将水、食用油、玫瑰糖混合拌匀。

2. 加入低筋面粉、淀粉搅拌至无粉粒状。

3. 加入蛋黄拌匀。

4. 搅拌至完全纯滑成面糊。

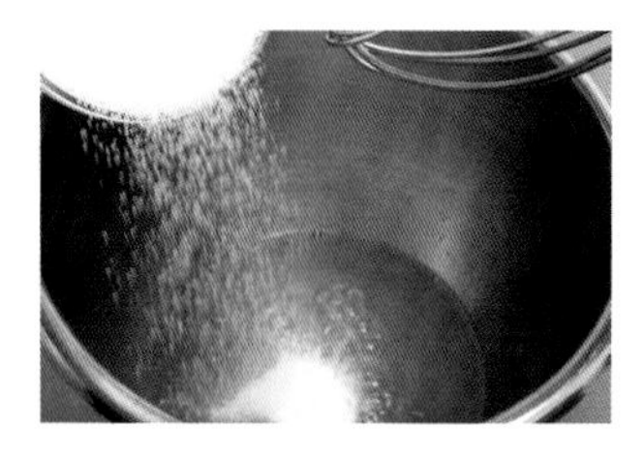

5. 将蛋清、白糖、塔塔粉、食盐混合。

6. 搅拌至硬性发泡呈鸡尾状。

7. 分次与面糊拌匀。

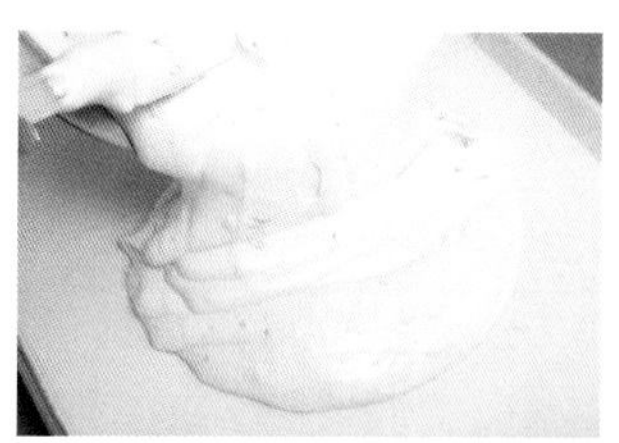

8. 将面糊倒入已垫好纸的烤盘内。

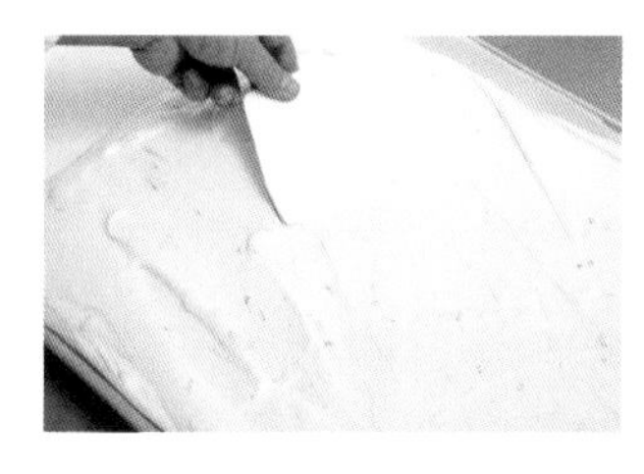

9. 用刮板将表面抹平，放入炉中。

10. 以上火 180℃、下火 130℃烘烤至熟后出炉。

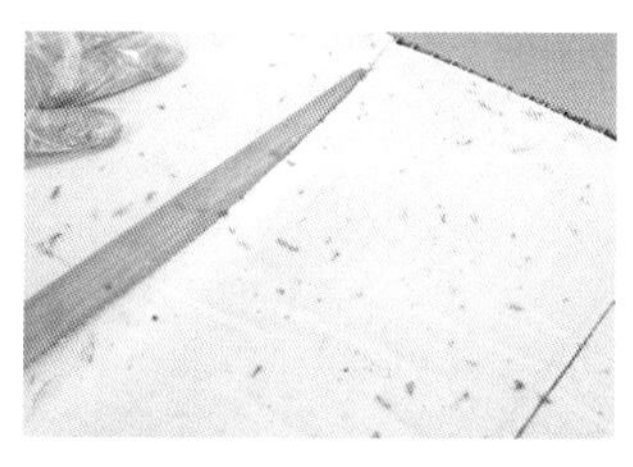

11. 待冷却后分切成等份的两小块。

12. 在每块表面抹上果酱。

13. 用酥棍辅助卷起，呈卷状，然后稍静置定型。

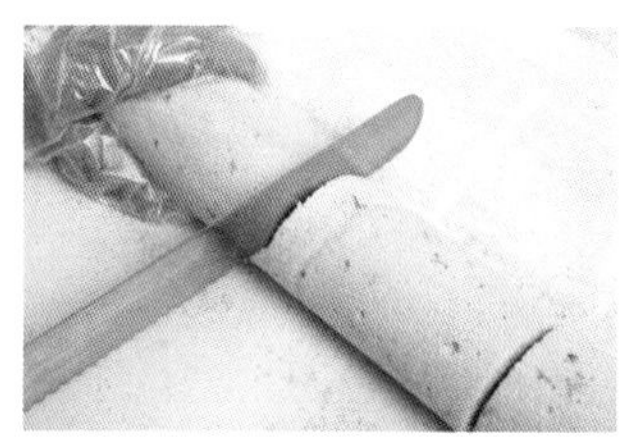

14. 再分切成小块即可。

卡斯蛋糕

水 150 毫升，食用油 100 毫升，白糖 250 克，低筋面粉 180 克，淀粉 80 克，奶香粉 2 克，蛋黄 200 克，蛋清 380 克，食盐 3 克，卡斯达馅、奶油各适量。

大师支招：着色稍重点，可使成品更诱人。

制作步骤

1. 将水、食用油、200 克白糖混合，搅拌至糖溶化。

2. 加入低筋面粉、淀粉、奶香粉搅拌至无粉粒状。

3. 再加入蛋黄搅拌至纯滑成面糊。

4. 将蛋清、50 克白糖、食盐混合，以先慢后快的方式搅拌。

5. 搅拌成硬性发泡的蛋白霜。

6. 分次与面糊拌匀。

7. 倒入已垫好纸的烤盘内，抹平表面。

8. 在表面挤上卡斯达馅，放入炉中，以上火 180℃、下火 140℃烘烤。

9. 熟透后出炉冷却。

10. 分切成等份的三小块。

11. 在每块表面抹上奶油。

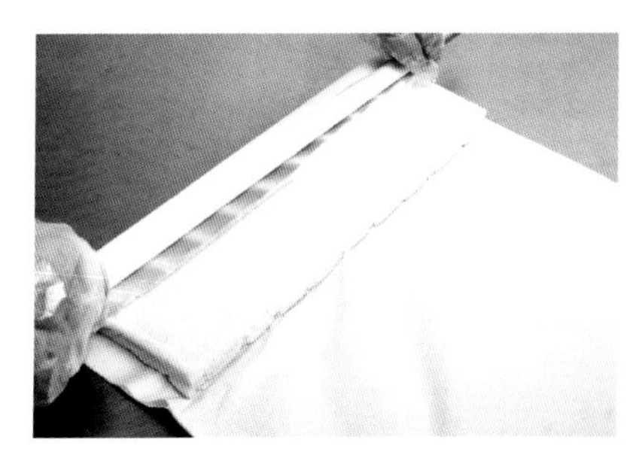

12. 卷起呈卷状，静置成型后分切成小块即可。

香妃蛋糕

蛋糕体：A. 水 400 毫升，食用油 350 毫升，白糖 70 克；B. 低筋面粉 650 克，淀粉 100 克，奶香粉 6 克，泡打粉 8 克；C. 蛋黄 500 克；D. 蛋清 1300 克，白糖 650 克，食盐 7 克，塔塔粉 15 克；E. 红蜜豆适量。

香妃皮：A. 水 300 毫升，塔塔粉 5 克，白糖 180 克；B. 低筋面粉 120 克，淀粉 30 克；C. 椰蓉适量。

其他：果酱适量。

大师支招：卷起的时候须用力卷实，以免松散。

制作步骤

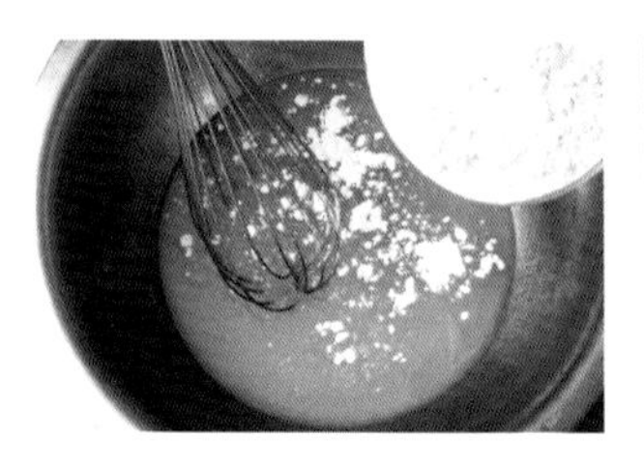

1. 制作蛋糕体：将蛋糕体中的所有 A 原料混合，搅拌至白糖溶化，然后加入 B 原料搅拌至无粉粒状。

2. 再加入所有 C 原料搅拌至纯滑。

3. 将搅拌好的面糊倒在干净的不锈钢盆中。

4. 加入 E 原料拌匀。

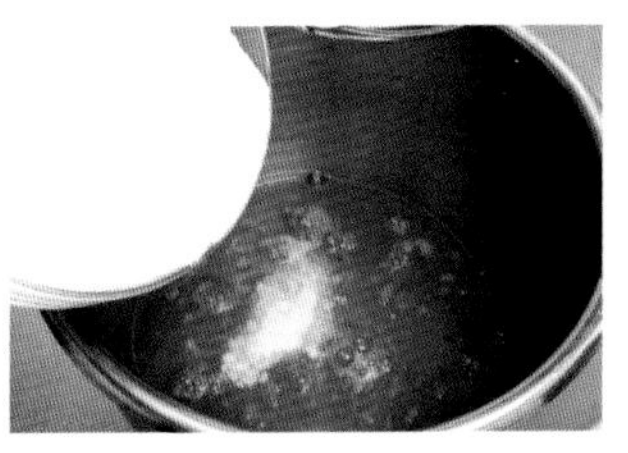

5. 将所有 D 原料混合，以先慢后快的方式搅拌。

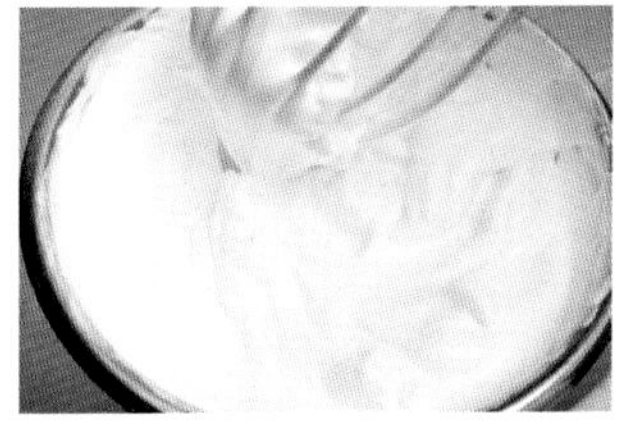

6. 搅拌成硬性发泡的蛋白霜。

7. 分次与步骤 4 的面糊拌匀。

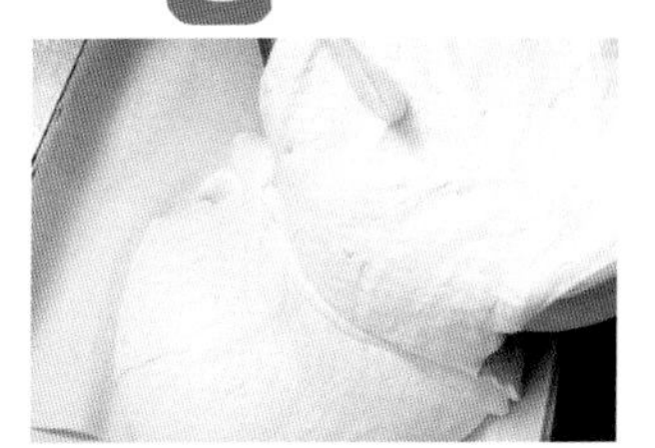

8. 倒入已垫好纸的烤盘中，抹平表面，放入炉中，以上火 180℃、下火 140℃烘烤。

9. 烤熟后出炉，待冷却后使用。

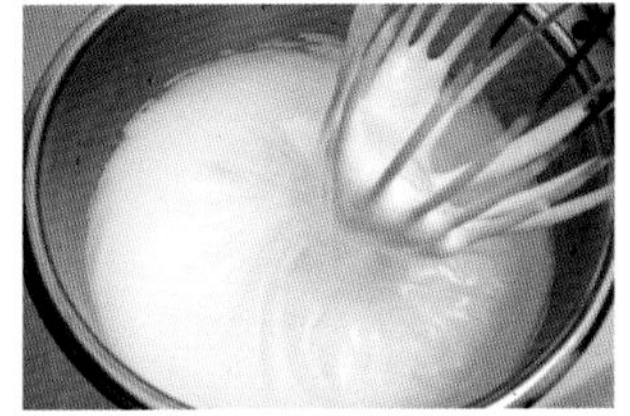

10. 制作香妃皮：将香妃皮中的所有 A 原料混合，以先慢后快的方式搅拌，至呈鸡尾状的蛋白霜。

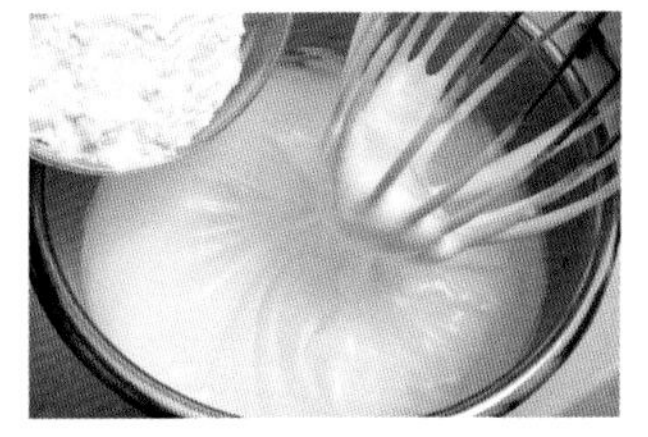

11. 加入所有 B 原料，迅速拌匀。

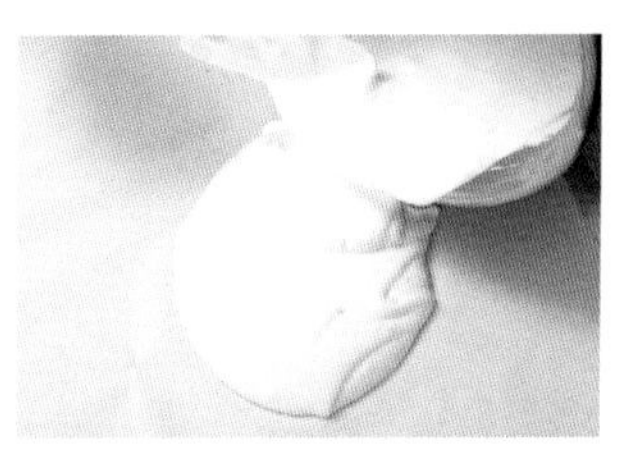

12. 倒入已垫好纸的烤盘中，抹平表面。

13. 撒上 C 原料，放入炉中，以上火 170℃、下火 130℃烘烤。

14. 烘烤至呈浅金黄色后出炉冷却。

15. 将蛋糕体切成 3 小块。

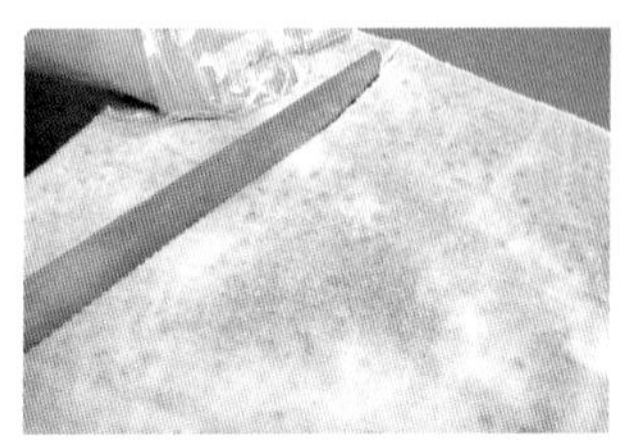

16. 将冷却好的香妃皮亦分切成等份的 3 小块。

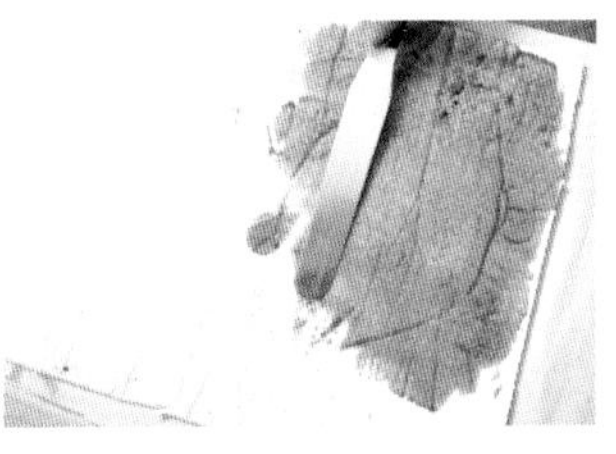

17. 将香妃皮表面向下放置，背面抹上果酱。

18. 铺上分切好的蛋糕体，在表面抹上果酱。

19. 再铺 1 块蛋糕体以达到一定厚度。

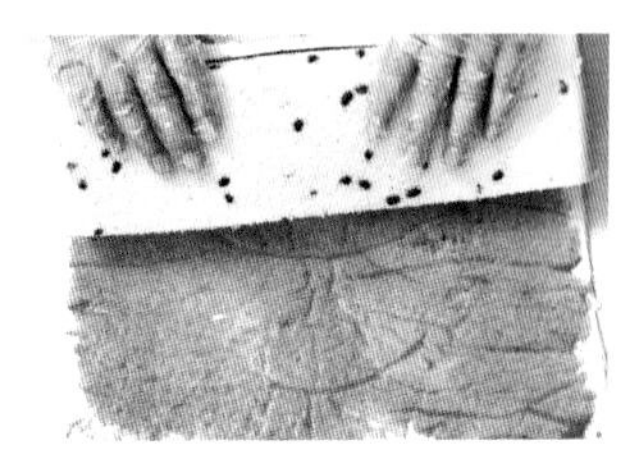

20. 用香妃皮将蛋糕包裹成方形长条。

21. 静置成型后分切成小块即可。

黄金相思蛋糕

蛋黄 280 克，鸡蛋 50 克，白糖 40 克，低筋面粉 50 克，食用油 30 毫升，香芋色香油、蛋糕体、果酱各适量。
（蛋糕体的制作请参考第 202~203 页）

大师支招：抹果酱时一定要均匀。

制作步骤

1. 将蛋黄、鸡蛋、白糖混合，以先慢后快的方式搅拌。

2. 搅拌至体积为原来的 3 倍左右后加入低筋面粉。

3. 以中速搅拌至无粉粒状后加入食用油拌匀。

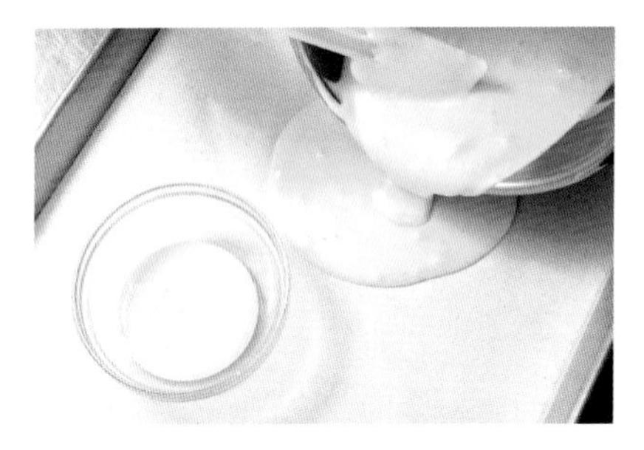

4. 搅拌好后将面糊倒入已垫好纸的烤盘里，留少量面糊。

5. 在少量面糊中加入香芋色香油，调匀成调面糊。

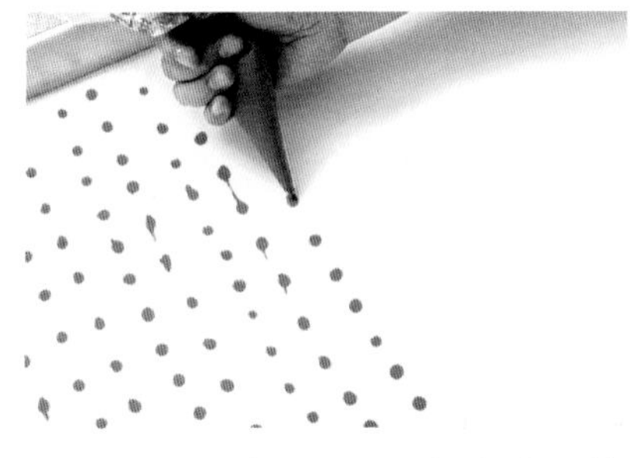

6. 将步骤 4 的面糊倒入烤盘中，抹平表面后，用调面糊装饰，放入炉中，以上火 200℃、下火 150℃烘烤至表面呈浅金黄色。

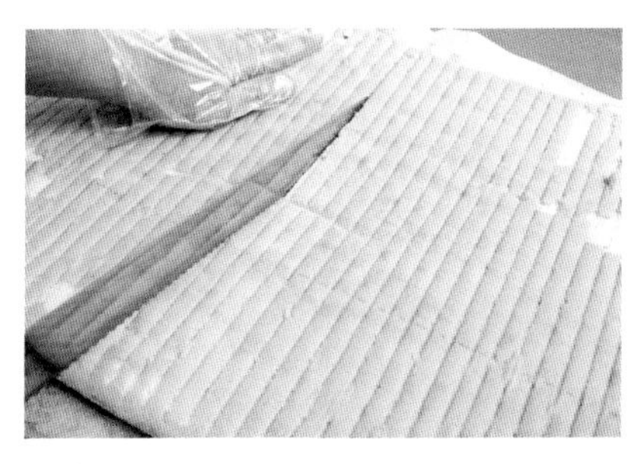

7. 出炉待冷却后，分切成等份的 2 小块。

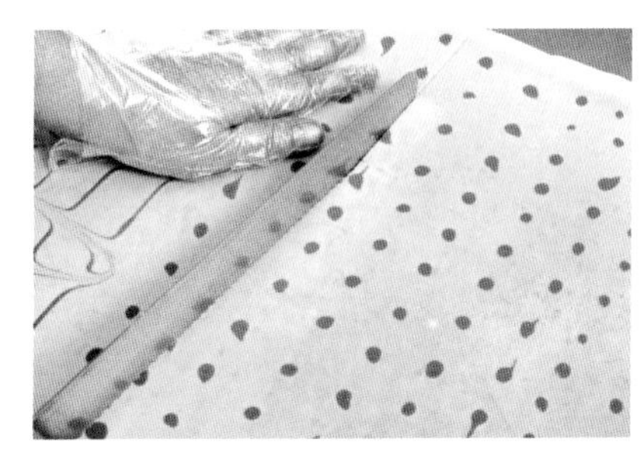

8. 将预先备好的蛋糕体亦分切成小块，与黄金皮小块匹配。

9. 黄金皮表面向下，背面抹上果酱。

10. 铺上蛋糕体，并抹上果酱。

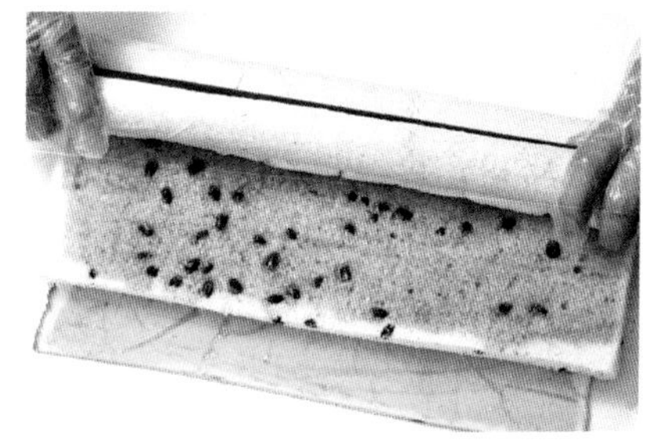

11. 卷起，呈条状，静置成型。

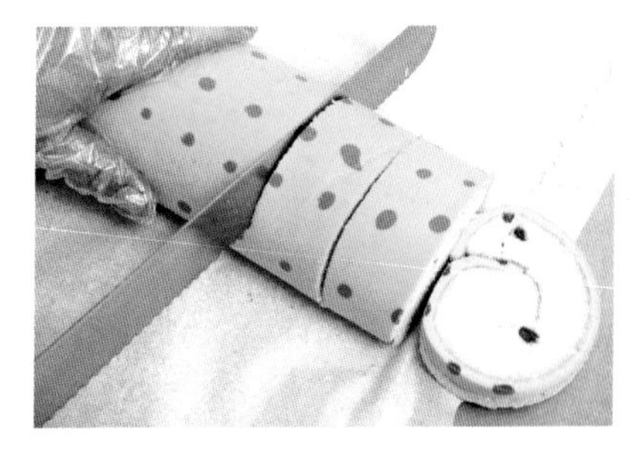

12. 再分切成小块即可。

咖啡蛋糕

鸡蛋 700 克，白糖 300 克，蜂蜜 50 克，低筋面粉 320 克，泡打粉 2 克，蛋糕油 23 克，咖啡粉 10 克，水 70 毫升，鲜牛奶 70 毫升，食用油 150 毫升，果酱适量。

大师支招：咖啡粉的用量可根据不同人的口味而增减。

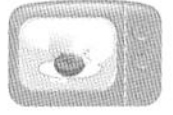

制作步骤

1. 将鸡蛋、白糖、蜂蜜混合，搅拌至白糖溶化。

2. 加入低筋面粉、泡打粉，搅拌至无粉粒状。

3. 加入蛋糕油，以先慢后快的方式搅拌，搅拌至体积为原来的3倍左右。

4. 转中速搅拌，加入由咖啡粉、水、鲜牛奶、食用油制成的混合物，边加入边搅拌，直至完全拌匀。

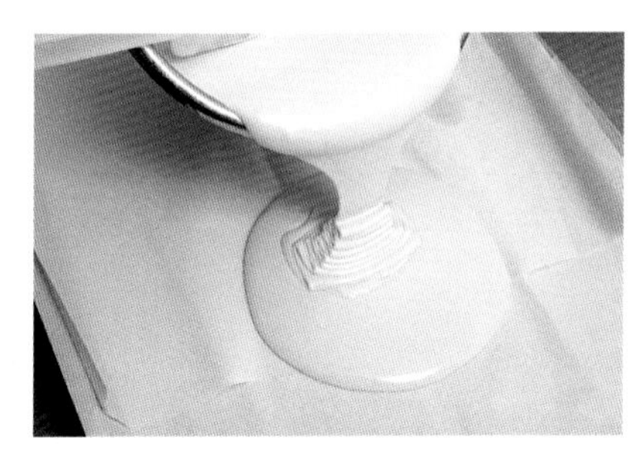

5. 将拌好的面糊倒入已垫好纸的烤盘内，抹平表面后放入炉中。

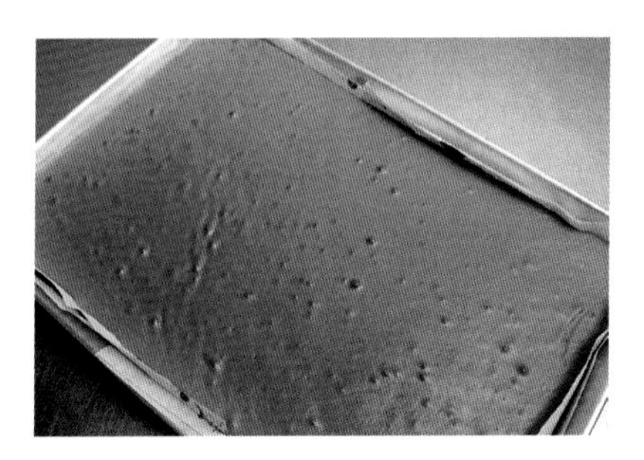

5. 烘烤至熟透后出炉。

7. 待冷却后分切成等份的 2 小块。

8. 在每块的表面抹上果酱。

9. 卷起，呈卷状，静置成型。

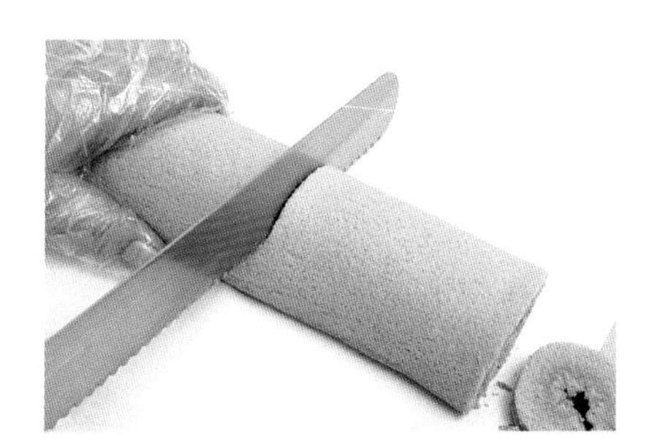

10. 再分切成小块即可。

杏香小海绵

蛋清250克，白糖120克，食盐2克，塔塔粉2克，低筋面粉150克，奶粉25克，奶香粉1克，蛋糕油10克，鲜牛奶30毫升，食用油60毫升，果酱、杏仁片各适量。

大师支招：由纯蛋清制作的糕点中，胆固醇含量较低。

制作步骤

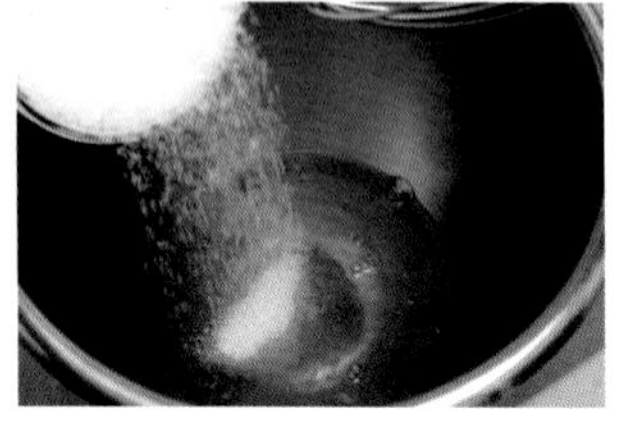

1. 将蛋清、白糖、食盐、塔塔粉混合，搅拌至白糖溶化。

2. 加入低筋面粉、奶粉、奶香粉，搅拌至无粉粒状。

3. 加入蛋糕油，以先慢后快的方法搅拌，搅拌至体积为原来的3.5倍左右。

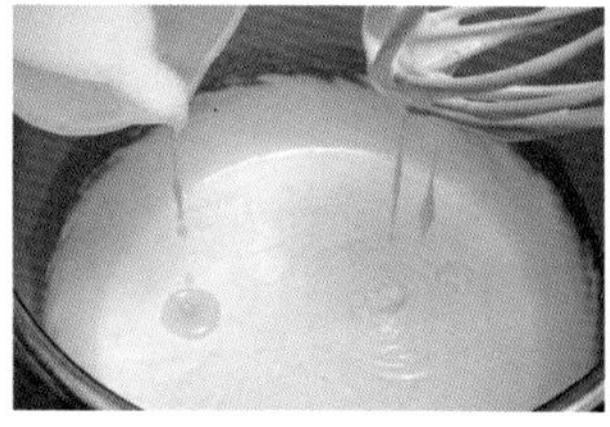

4. 转中速搅拌，加入鲜牛奶、食用油，边加入边搅拌，直至完全拌匀。

5. 将面糊倒入模具中至约八分满。

6. 表面挤上果酱。

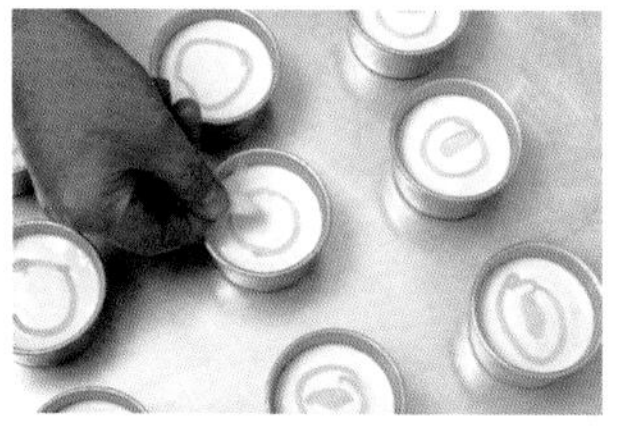

7. 再用杏仁片装饰，然后放入炉中。

8. 以上火200℃、下火130℃烘烤至熟透，出炉冷却后脱模即可。

香蕉蛋糕

香蕉 125 克，白糖 190 克，水 125 毫升，食用油 100 毫升，低筋面粉 160 克，奶香粉 2 克，淀粉 60 克，蛋黄 140 克，蛋清 300 克，塔塔粉 4 克，食盐 2 克。

大师支招：香蕉的量可自由选择，模具也可自由选定。

制作步骤

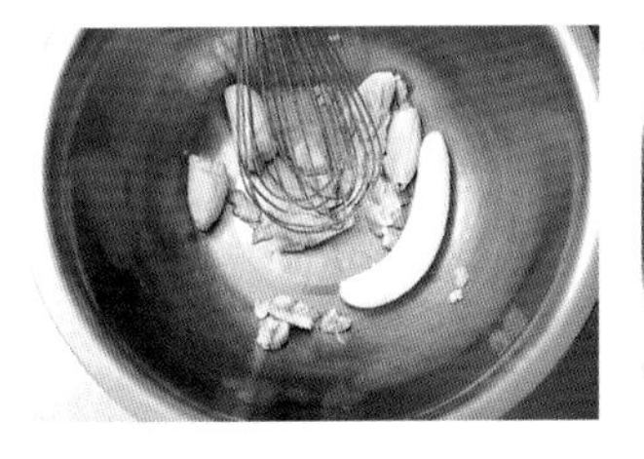

1. 将香蕉、30 克白糖混合，将香蕉压烂。

2. 加入水、食用油拌匀。

3. 加入低筋面粉、奶香粉、淀粉，搅拌至无粉粒状。

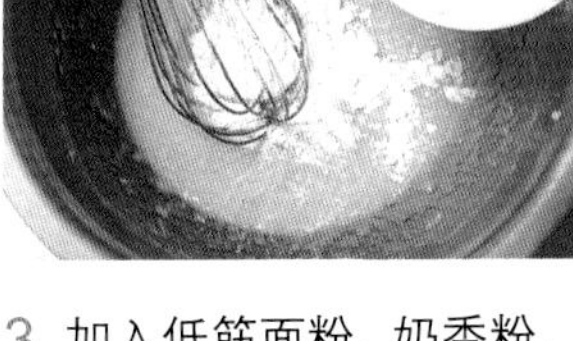

4. 加入蛋黄搅拌至面糊纯滑、光亮。

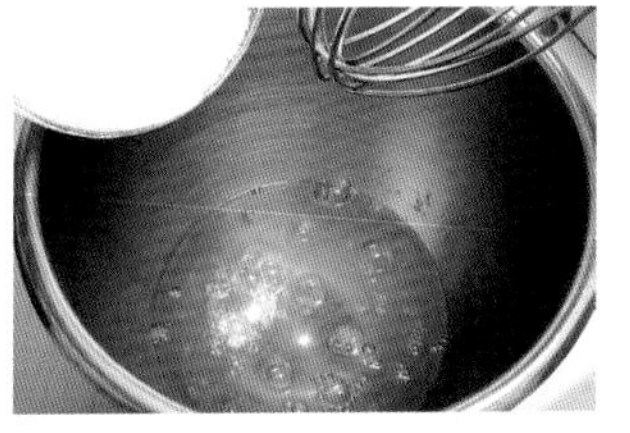

5. 将蛋清、160 克白糖、塔塔粉、食盐混合，以先慢后快的方式搅拌。

6. 搅拌成硬性发泡且呈鸡尾状的蛋白霜。

7. 分次与步骤 4 的面糊拌匀。

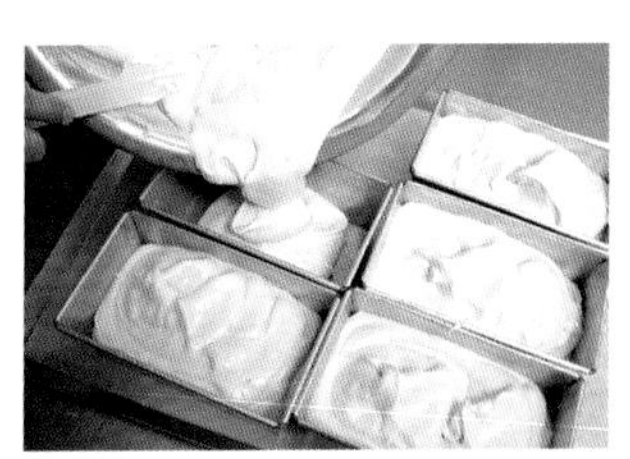

8. 倒入模具中，放入炉中，以上火 180℃、下火 140℃烘烤至熟透，出炉冷却后脱模即可。

焦糖布丁蛋糕

焦糖层：A. 水 15 毫升，白糖 70 克；B. 水 240 毫升，白糖 70 克，果冻粉 9 克。

布丁层：A. 水 150 毫升，鲜奶 150 毫升，白糖 110 克；B. 鸡蛋 300 克。

蛋糕层：A. 水 60 毫升，食用油 100 毫升，鲜奶 90 毫升；B. 低筋面粉 130 克，淀粉 20 克；C. 蛋黄 90 克；D. 蛋清 170 克，白糖 90 克，塔塔粉 3 克，食盐 2 克。

大师支招：制作过程中必须等焦糖凝固后再加入布丁，隔水烘烤时底温不能过高，蛋糕脱模前须完全冷却。

制作步骤

1. 将焦糖层中的所有 A 原料混合，用大火煮至呈焦糊色后加入所有 B 原料，用慢火煮沸。

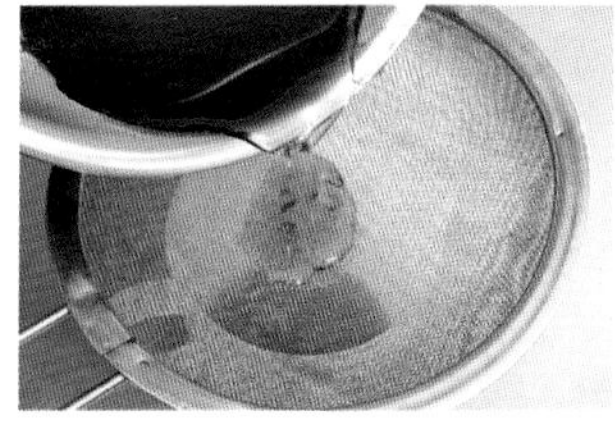

2. 煮好后过筛。

3. 将过筛后的焦糖倒入模具中，冷却。

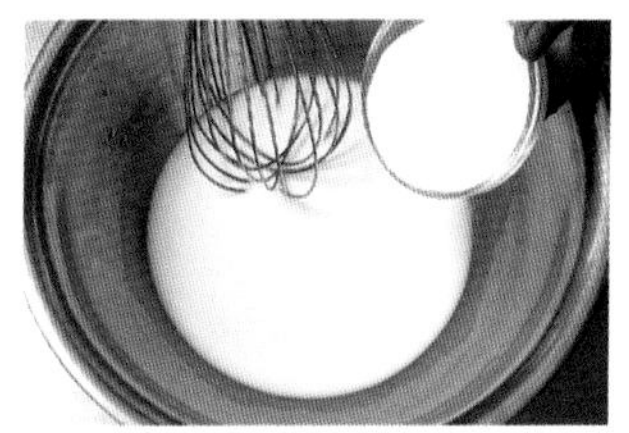

4. 将布丁层中的所有 A 原料混合，搅拌至白糖溶化。

5. 加入B原料拌至完全混合。

6. 过筛后成布丁液。

7. 将蛋糕层中的所有 A 原料混合，拌匀。

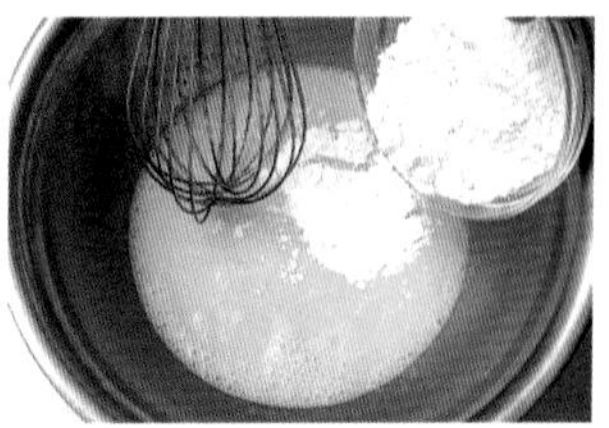

8. 加入所有 B 原料，搅拌至无粉粒状。

9. 加入 C 原料搅拌至纯滑成面糊。

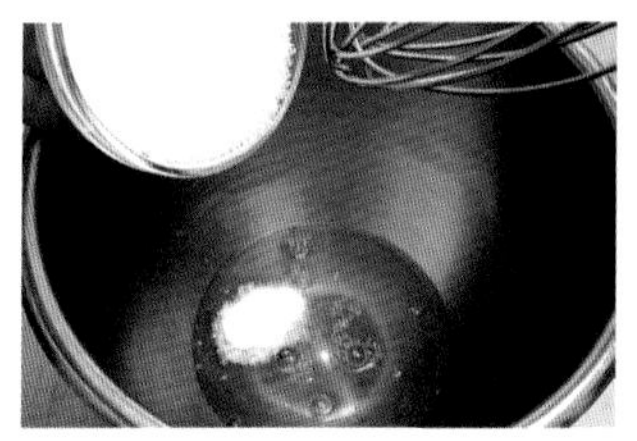

10. 将所有 D 原料混合，以先慢后快的方式搅拌。

11. 搅拌成硬性发泡且呈鸡尾状的蛋白霜。

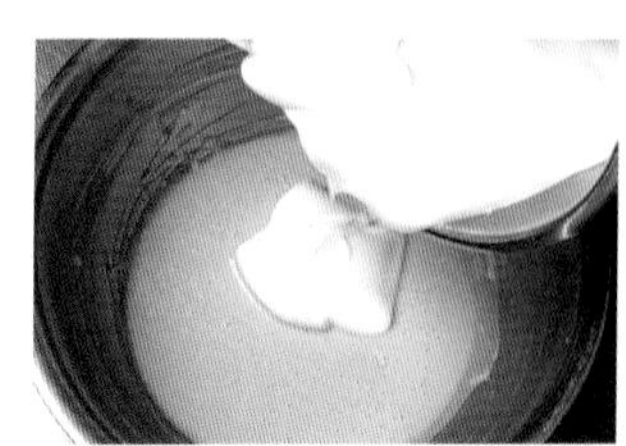

12. 分次与步骤 9 的面糊混合，拌匀成蛋糕面糊。

13. 将布丁液倒入已凝固有焦糖果冻的模具内。

14. 再加入蛋糕面糊。

15. 烤盘内加入约 1000 毫升水。

16. 放入炉中，以上火 180℃、下火 120℃烘烤至熟透后出炉，待冷却后脱模即可。

海苔蛋糕

鸡蛋175克，白糖140克，蜂蜜20克，食盐2克，低筋面粉150克，泡打粉4克，奶香粉1克，黄油150克，海苔适量。

大师支招：海苔最好用刮刀加入，这样才不会粘住搅拌器。

制作步骤

1. 将鸡蛋、白糖、蜂蜜、食盐混合，搅拌至白糖溶化。

2. 加入低筋面粉、泡打粉、奶香粉，搅拌至无粉粒状。

3. 加入已融化的黄油，边加入边搅拌，至完全混合。

4. 将海苔洗净后沥干水分，切碎后加入面糊中稍拌匀。

5. 将拌好的面糊倒入耐高温纸杯中至八分满。

6. 放入炉中，以上火180℃、下火140℃烘烤至熟透后出炉即可。

无花果蛋糕

无花果 120 克，水 100 毫升，啤酒 120 毫升，鸡蛋 200 克，白糖 200 克，食盐 2 克，低筋面粉 210 克，泡打粉 5 克，奶香粉 2 克，鲜牛奶 25 毫升，黄油 190 克。

大师支招：煮制无花果时浸透慢煮，使成品风味更佳。

制作步骤

1. 将无花果、水、啤酒混合，先浸透，然后用慢火煮至水分干透，搅烂，备用。

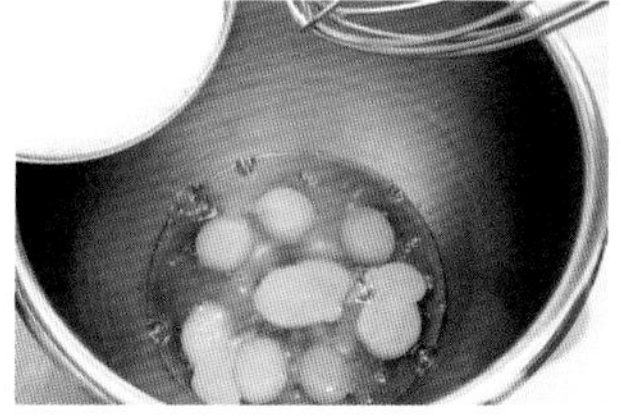

2. 将鸡蛋、白糖、食盐混合，搅拌至白糖溶化。

3. 加入低筋面粉、泡打粉、奶香粉，搅拌至无粉粒状。

4. 加入步骤 1 的混合物拌匀。

5. 加入鲜牛奶、黄油拌匀。

6. 将拌好的面糊倒入模具中至八分满，放入炉中以上火 180℃、下火 140℃烘烤。

7. 熟透后出炉，冷却后脱模即可。

火焰蛋糕

鸡蛋170克，白糖135克，蜂蜜20克，盐2克，低筋面粉170克，泡打粉4克，奶香粉1克，小苏打1克，食用油150毫升，杏仁片适量。

大师支招： 将面糊倒入模具时要摇平，否则若面糊过满，烘烤时容易溢出模具外。

制作步骤

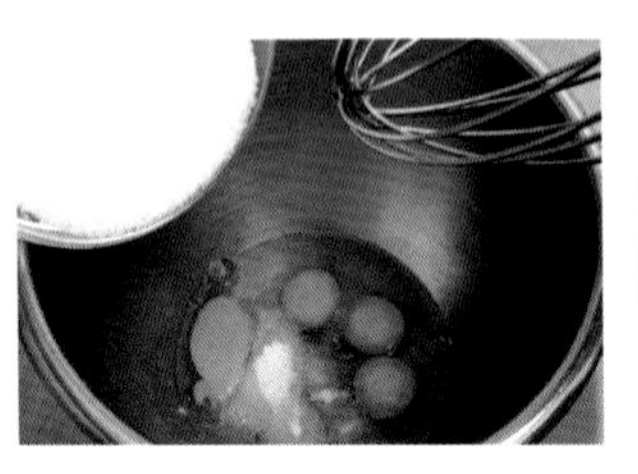

1. 将鸡蛋、白糖、蜂蜜、盐混合，搅拌至白糖溶化。

2. 加入低筋面粉、泡打粉、奶香粉、小苏打搅拌至无粉粒状。

3. 加入食用油，边加入边搅拌。

4. 搅拌至完全混合。

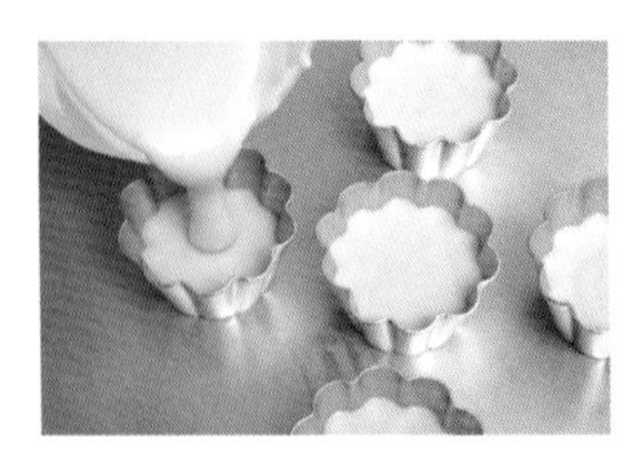

5. 将面糊倒入模具中至八分满。

6. 面糊表面撒上杏仁片作装饰。

7. 放入炉中，以上火180℃、下火140℃烘烤至熟透后出炉，冷却后脱模即可。

香酥蛋糕

鸡蛋 165 克，白糖 120 克，盐 2 克，低筋面粉 120 克，奶粉 20 克，奶香粉 2 克，泡打粉 3 克，食用油 100 毫升，香酥粒适量。

大师支招：香酥粒由白糖、奶油、低筋面粉混合制成。

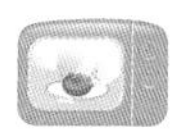

制作步骤

1. 将鸡蛋、白糖、盐混合，搅拌至白糖溶化。

2. 加入低筋面粉、奶粉、奶香粉、泡打粉，搅拌至无粉粒状。

3. 加入食用油拌匀，边加入边搅拌。

4. 搅拌至完全混合。

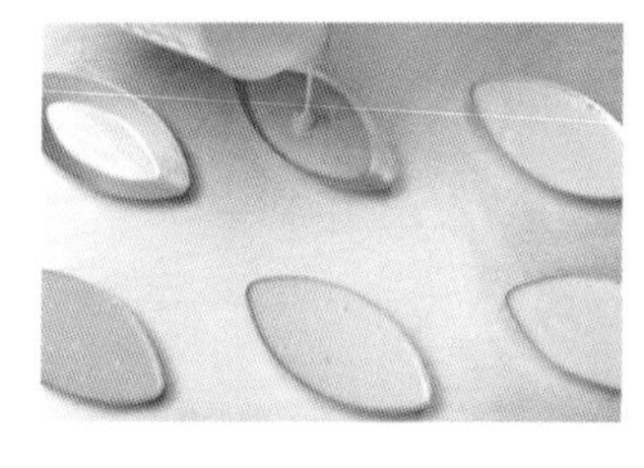

5. 将面糊拌好后倒入模具中至八分满。

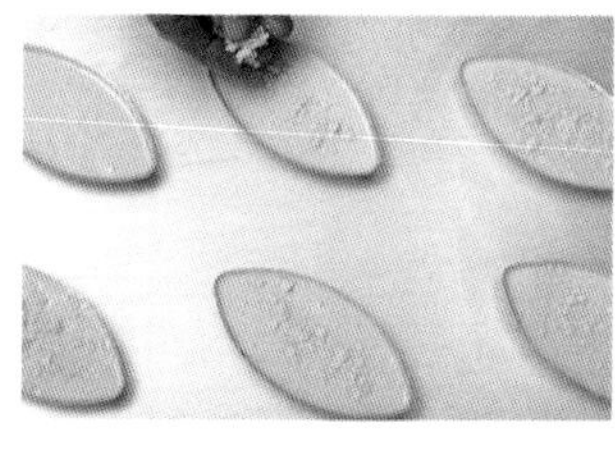

6. 面糊表面撒上香酥粒。

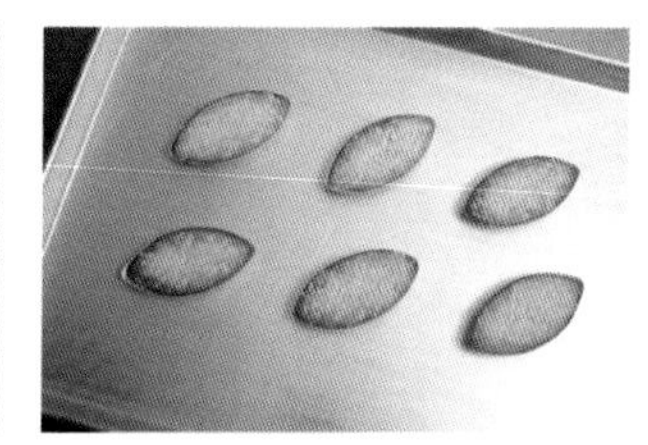

7. 放入炉中，以上火 170℃、下火 130℃烘烤至熟透后出炉，冷却后脱模即可。

提子蛋糕

原料

黄油 140 克，糖粉 125 克，盐 2 克，鸡蛋 130 克，低筋面粉 170 克，吉士粉 20 克，奶粉 15 克，泡打粉 6 克，鲜牛奶 50 毫升，提子干 100 克，白兰地 50 毫升，瓜子仁适量。

大师支招：提子干最好洗净后用白兰地稍浸泡，再加热略煮。

制作步骤

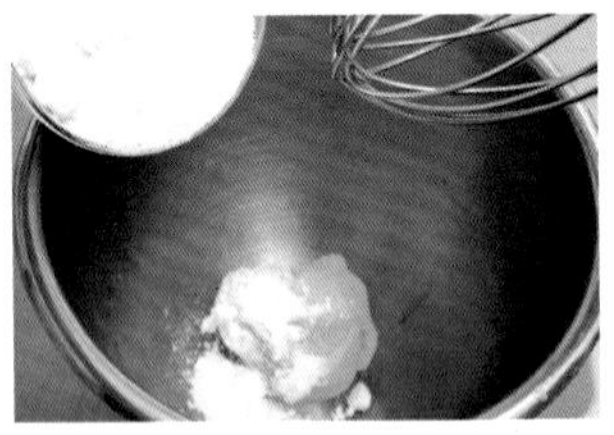

1. 将黄油、糖粉、盐混合，搅拌至呈奶白色。

2. 分次加入鸡蛋，边加入边搅拌。

3. 加入低筋面粉、吉士粉、奶粉、泡打粉拌匀。

4. 再加入鲜牛奶拌匀。

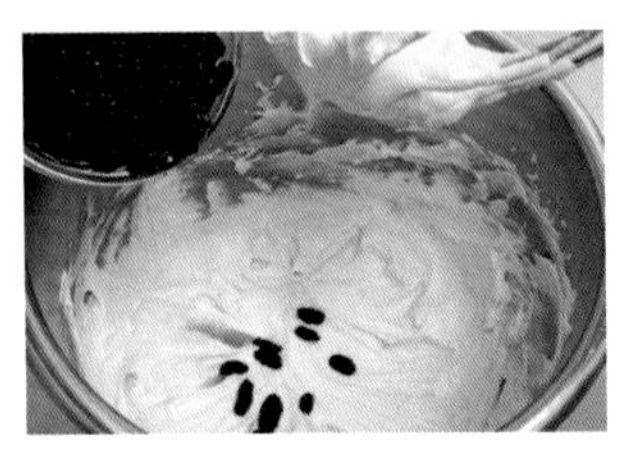

5. 加入提子干、白兰地。

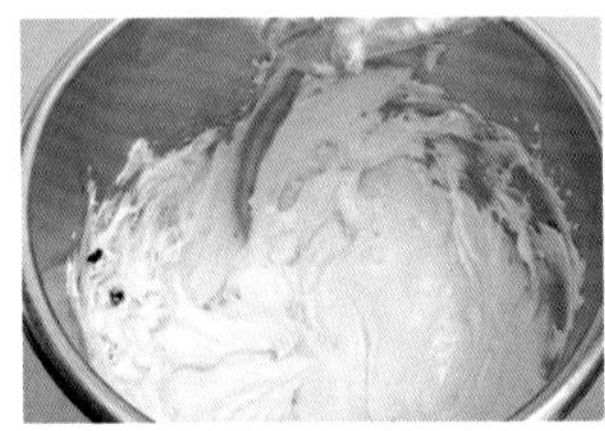

6. 搅拌至彻底均匀。

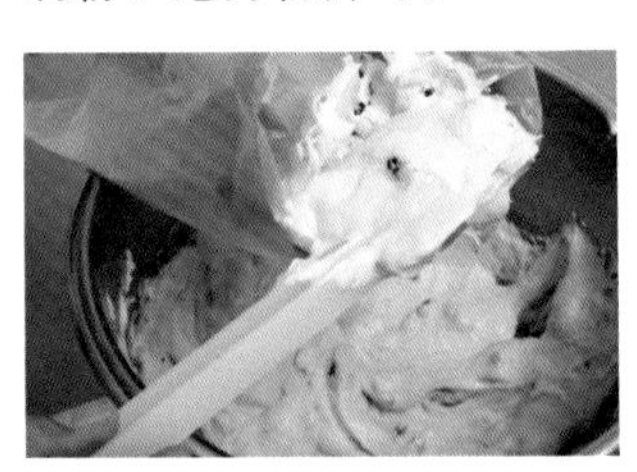

7. 将面糊装入裱花袋中。

8. 挤入模具中至八分满。

9. 表面撒上瓜子仁作装饰，然后放入炉中。

10. 以上火 170℃、下火 130℃烘烤至熟透后出炉，冷却后脱模即可。

黄金蜂蜜蛋糕

鸡蛋 2100 克，白糖 1000 克，低筋面粉 1200 克，泡打粉 18 克，蛋糕油 90 克，蜂蜜 300 克，鲜牛奶 600 毫升，食用油 600 毫升。

大师支招：要注意控制炉温，此蛋糕可用来制作起酥蛋糕。

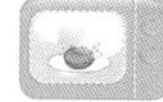

制作步骤

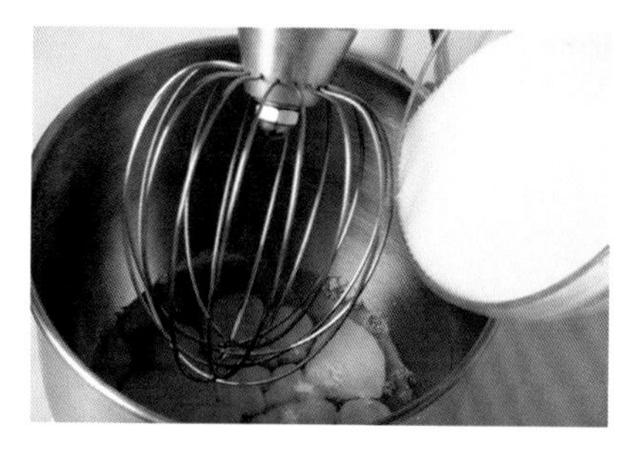

1. 将鸡蛋、白糖混合，搅拌至白糖溶化。

2. 加入低筋面粉和泡打粉，搅拌至无粉粒状。

3. 加入蛋糕油，以先慢后快的方式搅拌至起发。

4. 转中速搅拌，加入蜂蜜、鲜牛奶、食用油稍拌匀。

5. 将面糊倒入木框烤盘中，抹平表面。

6. 放入炉中，以上火 180℃、下火 120℃烘烤 75 分钟，出炉后切成小块即可 。

椰香小蛋糕

鸡蛋 750 克，蛋黄 80 克，白糖 450 克，低筋面粉 400 克，泡打粉 2 克，蛋糕油 30 克，酥油 300 克，椰蓉 300 克。

大师支招：加入椰蓉后稍拌即可。

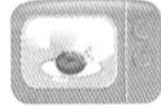

制作步骤

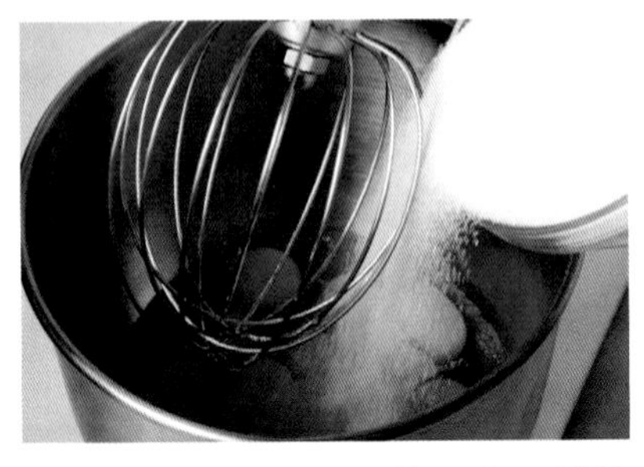

1. 将鸡蛋、蛋黄、白糖混合，搅拌至白糖溶化。

2. 加入低筋面粉、泡打粉搅拌至无粉粒状。

3. 加入蛋糕油，以先慢后快的方式搅拌至起发。

4. 转中速搅拌，加入酥油和椰蓉稍拌匀。

5. 将蛋糕面糊挤入已垫好纸的模具内至八分满。

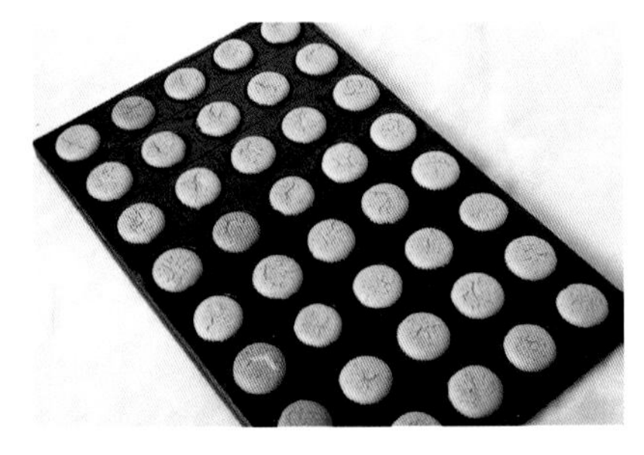

6. 放入炉中，以上火 180℃、下火 130℃烘烤 25 分钟，出炉冷却后脱模即可。

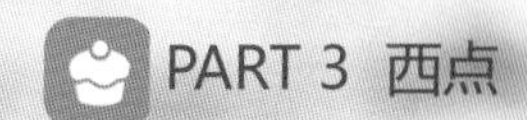

面包类

燕麦奶酪面包

高筋面粉 1000 克，酵母 10 克，改良剂 5 克，白糖 120 克，鸡蛋 100 克，鲜牛奶 500 毫升，黄油 100 克，盐 12 克，奶酪丝适量。

大师支招： 粘燕麦片时可先于面剂表面刷一点水。

制作步骤

1. 将高筋面粉、酵母、改良剂、白糖混合拌匀，加入鸡蛋拌匀。

2. 加入鲜牛奶，以慢速拌匀后转快速搅拌。

3. 搅拌至面团表面光滑后加入黄油、盐，用慢速拌匀后转快速搅拌。

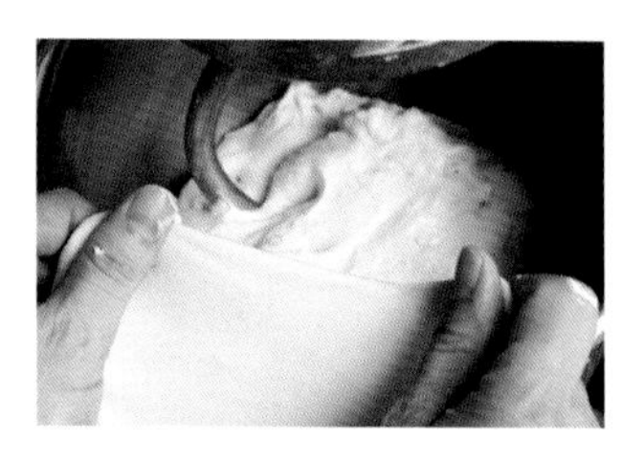

4. 快速搅拌至面团可用手拉出薄膜。

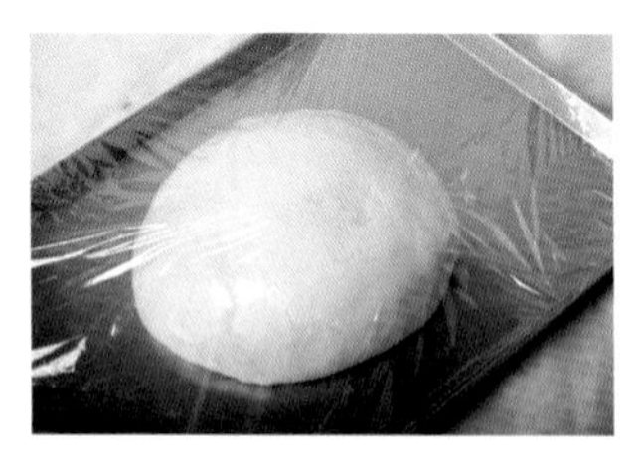

5. 面团温度约 27℃时，盖上保鲜膜发酵约 30 分钟。

6. 将面团分成每个 100 克的小剂。

7. 用手搓圆至表面光滑。

8. 盖上保鲜膜松弛约 10 分钟。

9. 将松弛完成的小剂用擀面棍擀开。

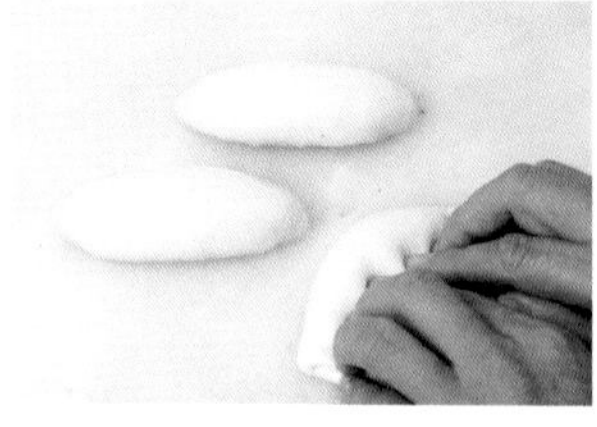

10. 从上至下卷起，呈橄榄形，捏紧接口。

11. 在表面粘上燕麦片。

12. 排入烤盘后，放入发酵柜，以温度 38℃、湿度 80% 作最后醒发。

13. 待面包发酵约 70 分钟，至面团体积为原来的 2~3 倍。

14. 表面用刀割开一刀，其长度与面包长度适当。

15. 表面刀口处放上奶酪丝，放入炉中，以上火 180℃、下火 190℃烘烤约 20 分钟即可。

蓝莓巧克力辫包

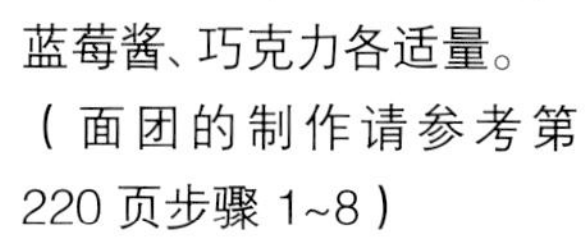

原料

高筋面粉 560 克，白糖 125 克，盐 7 克， 鸡蛋 2 个， 黄油 50 克，改良剂 3 克，酵母 6 克，奶粉 25 克，吉士粉 5 克，水 185 毫升，蓝莓酱、巧克力各适量。

（面团的制作请参考第 220 页步骤 1~8）

大师支招：刨巧克力碎时要尽量薄且均匀。

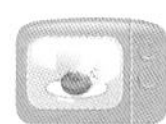

制作步骤

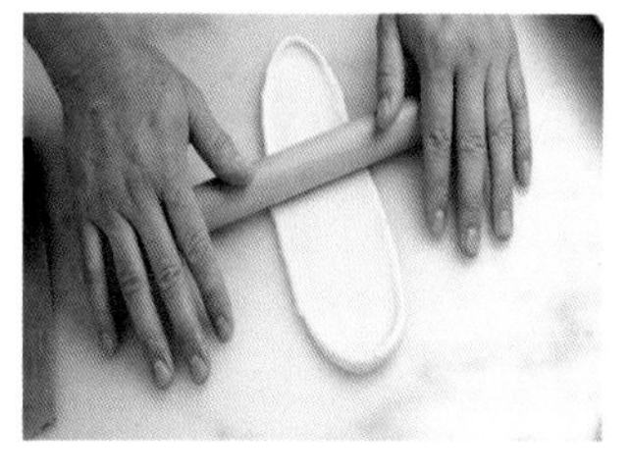

1. 将面团分成每个 60 克的小剂，再擀成长椭圆形。

2. 卷起。

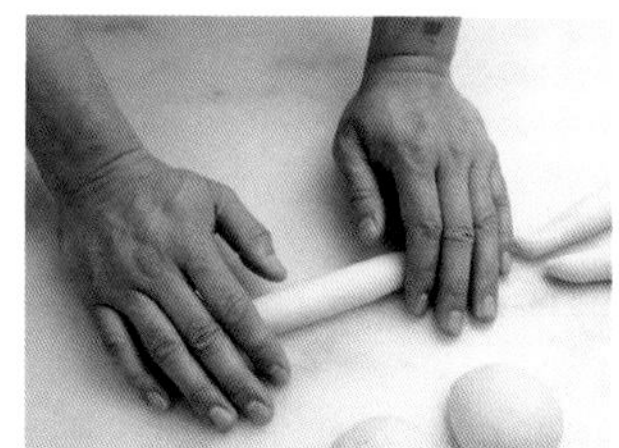

3. 搓成长条形。

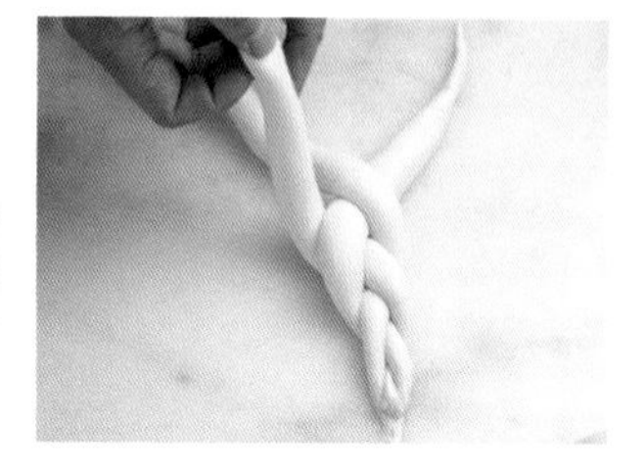

4. 以 3 条为一组编成辫子形状。

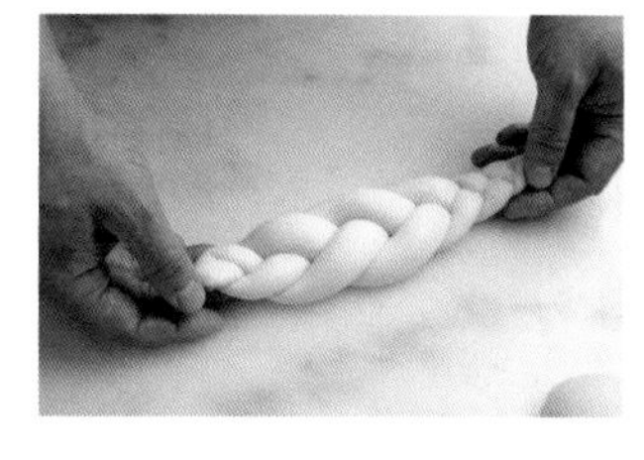

5. 放入发酵柜，以温度 36℃、湿度 75% 作最后醒发，约 90 分钟。

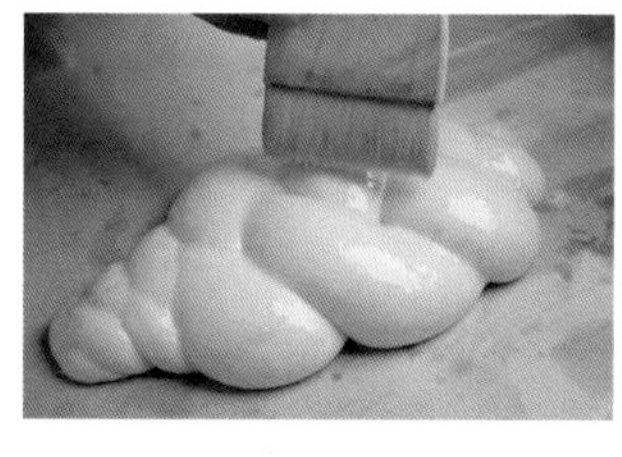

6. 发酵好后，表面刷上蛋液（未在原料中列出），放入炉中，烘烤 15 分钟。

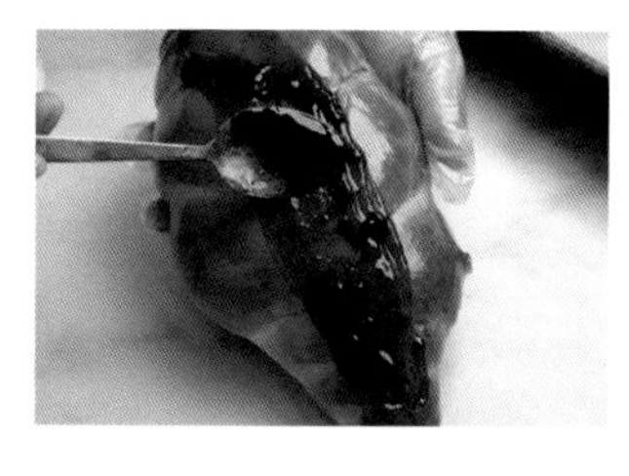

7. 出炉后表面抹上蓝莓酱。

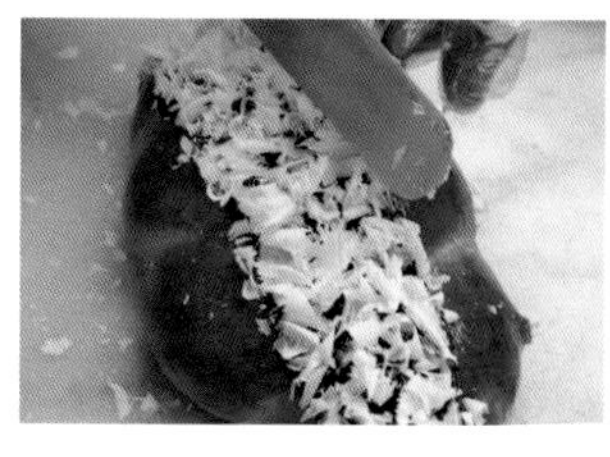

8. 撒上巧克力碎即可。

黑金刚牛角面包

高筋面粉648克，低筋面粉162克，黑麦粉32克，白糖65克，盐8克，酵母16克，改良剂8克，鸡蛋80克，奶粉40克，水340毫升，黄油30克，老面团80克，酥油、酥粒各适量。

大师支招：造型时不可搓得太紧。

制作步骤

1. 将白糖、水、鸡蛋、老面团混合，搅拌至白糖溶化。

2. 加入高筋面粉、低筋面粉、黑麦粉、酵母、改良剂、奶粉，以慢速拌匀后转快速搅拌。

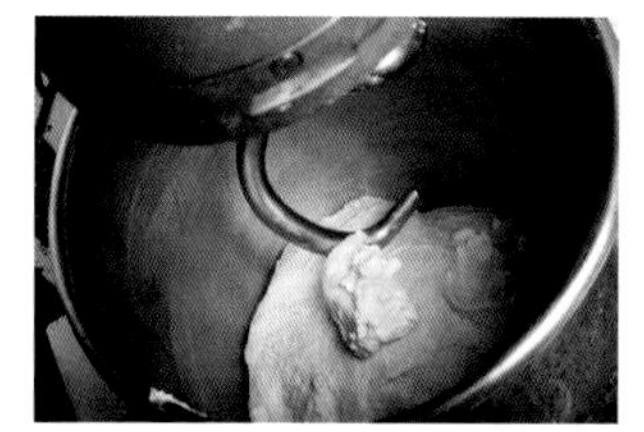

3. 搅拌至面团卷起后加入黄油、盐，以慢速拌匀后转快速搅拌。

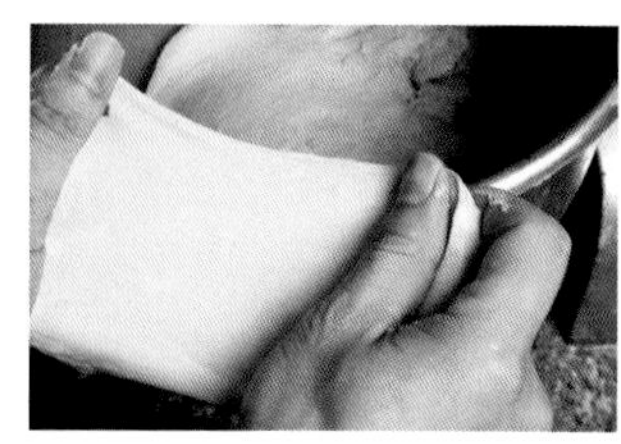

4. 搅拌至面团可用手拉出薄膜。

5. 将面团压扁后包上保鲜膜，放入冰箱冷冻约 1.5 小时。

6. 冷冻至软硬度适中后取出，用擀面棍擀成 1 厘米厚的长方形。

7. 包入重量为面团的 25% 的酥油（酥油与面团的软硬度要一致）。

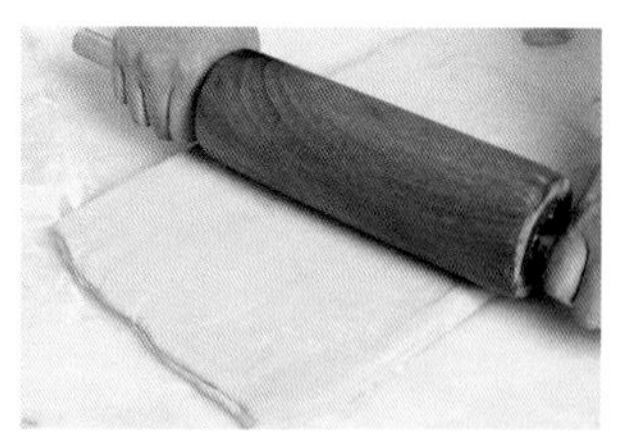

8. 用活动擀面棍擀成 0.7 厘米厚的长方形。

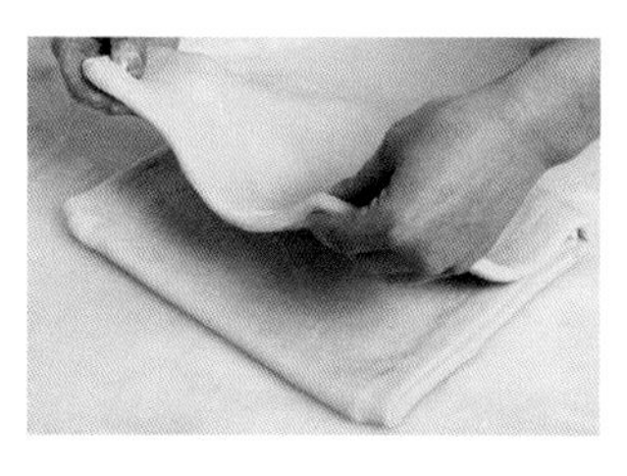

9. 将擀好的面团折成 3 折。

10. 用保鲜膜再次包起后放入冰箱冷冻约 30 分钟（重复步骤 8~10 共 3 次）。

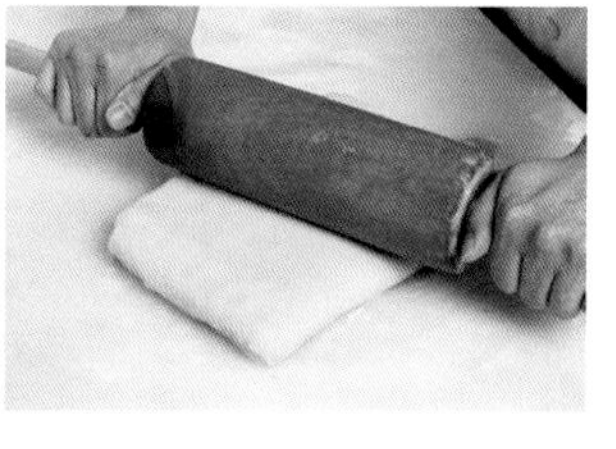

11. 3 次擀过后取出，擀成 0.6 厘米厚的长方形或正方形。

12. 再切成三角形。

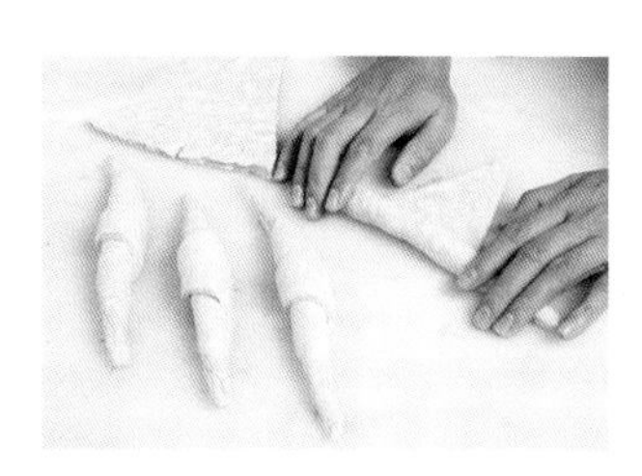

13. 由大至小搓成牛角形。

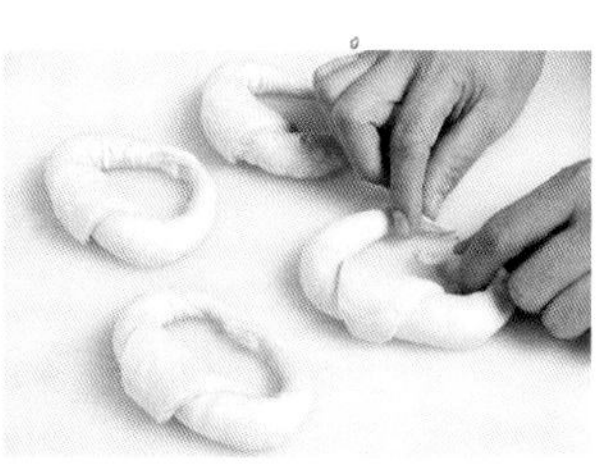

14. 将两尖角对接并捏紧。

15. 排入烤盘后，放入发酵柜，以温度 32℃、湿度 70% 作最后醒发，发酵至体积为原来的 2.5 倍左右。

16. 表面刷上鸡蛋液（未在原料中列出），撒上酥粒后放入炉中，以上火 190℃、下火 180℃烘烤约 18 分钟即可。

咖啡起酥排包

高筋面粉800克，低筋面粉100克，白糖180克，盐9克，酵母14克，咖啡15克，改良剂9克，鸡蛋90克，奶粉45克，水470毫升，黄油70克，酥油、黑芝麻各适量。

大师支招：包入酥油时面团和酥油的软硬度均要适中且一致。

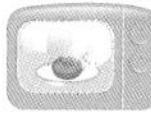

制作步骤

1. 将水、白糖、咖啡混合，搅拌至完全溶化。

2. 加入鸡蛋拌匀。

3. 加入高筋面粉、低筋面粉、酵母、改良剂、奶粉，以慢速拌匀后转快速搅拌。

4. 搅拌至面团表面光滑后加入黄油、盐，以慢速拌匀后转快速搅拌。

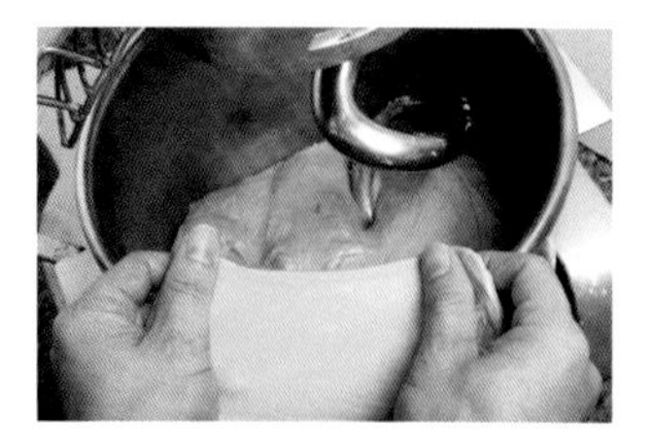

5. 搅拌至面团可用手拉出均匀薄膜。

6. 将面团分成每个 1000 克的小剂。

7. 压扁后包上保鲜膜，入冰箱冷冻约 1 小时。

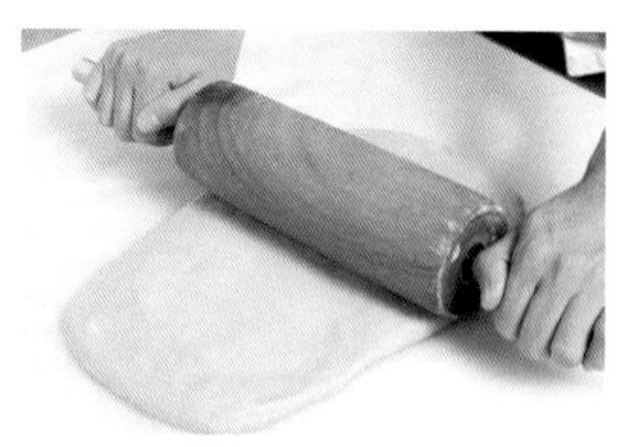

8. 将面剂冷冻至软硬度适中后取出，擀成 1 厘米厚的长方形。

9. 包入重量为面团的 25% 的酥油。

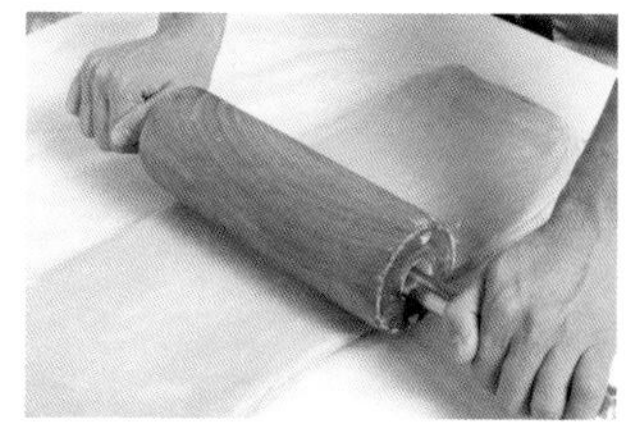

10. 再次擀成 1 厘米厚的长方形。

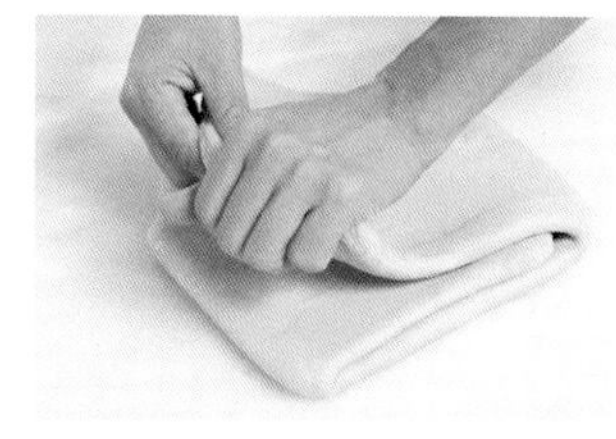

11. 将擀开的面团折成 3 折。

12. 擀至 1 厘米厚，再切成每条约 100 克的小剂。

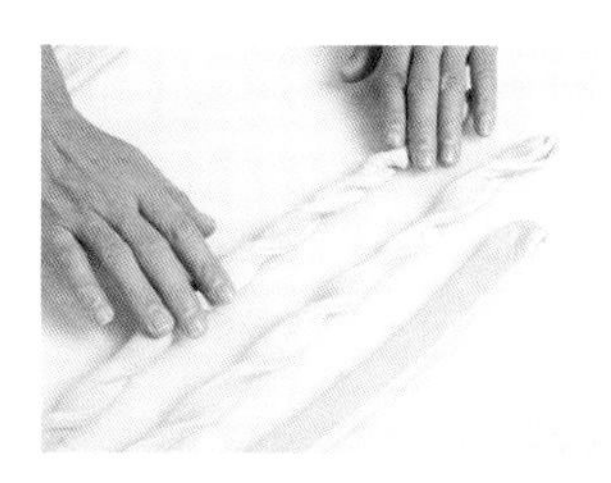

13. 将小剂搓成扭纹状。

14. 排入烤盘后，放入发酵柜，以温度 33℃、湿度 75% 作最后醒发。

15. 待面团发酵至体积为原来的 2 倍时，在表面撒上黑芝麻，放入炉中，以上火 160℃、下火 190℃烘烤约 20 分钟即可。

柠檬赤豆面包

鸡蛋 100 克，白糖 45 克，低筋面粉 100 克，奶香粉 0.5 克，柠檬果酱 45 克，赤豆馅 400 克，面团适量。

大师支招：烘烤上火温度不宜过高。

柠檬皮制作步骤

1. 将鸡蛋、白糖拌匀。

2. 加入低筋面粉、奶香粉拌匀。

3. 再加入柠檬果酱拌匀，装入挤注袋中。

柠檬赤豆面包制作步骤

1. 将松弛完成的面团用擀面棍擀开。

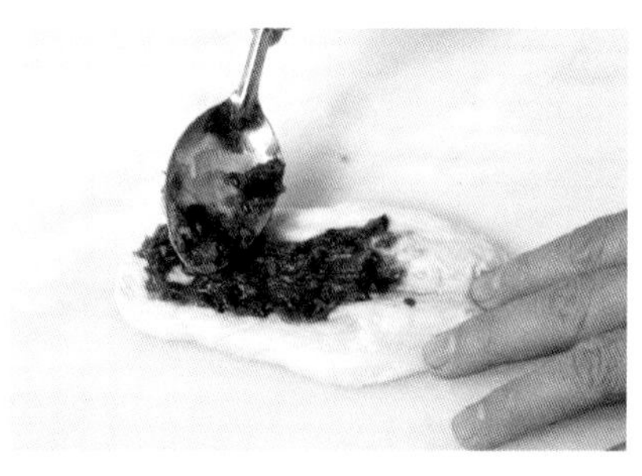

2. 抹上赤豆馅。

3. 从上至下卷成橄榄形。

4. 排入烤盘中，放入发酵柜，以温度 38℃、湿度 80% 作最后醒发。

5. 发酵约 70 分钟，至面团体积为原来的 2~3 倍。

6. 表面挤上柠檬皮作装饰，然后放入炉中，以上火 180℃、下火 200℃ 烘烤约 15 分钟即可。

三杯鸡面包

三杯鸡馅：姜片 4 克，香油 15 毫升，蒜头 10 克，鸡肉 300 克，白糖 5 克，酱油 10 毫升，料酒适量。

黄金酱：蛋黄 100 克，糖粉 100 克，酥油 1000 克，炼乳 50 克，三花淡奶 80 毫升，盐适量。

其他：面团、面包糠各适量。

大师支招：烘烤时注意上火温度。

三杯鸡馅制作步骤

1. 将姜片用香油爆香。

2. 再放入蒜头爆香。

3. 加入鸡肉、白糖、酱油、料酒。

4. 用小火煮至鸡肉入味。

黄金酱制作步骤

1. 将蛋黄、糖粉、盐一起拌匀。

2. 慢慢加入酥油拌匀。

3. 加入炼乳、三花淡奶拌匀。

三杯鸡面包制作步骤

1. 将面团分割成每个 70 克的小剂，用手轻轻滚圆至表面光滑。

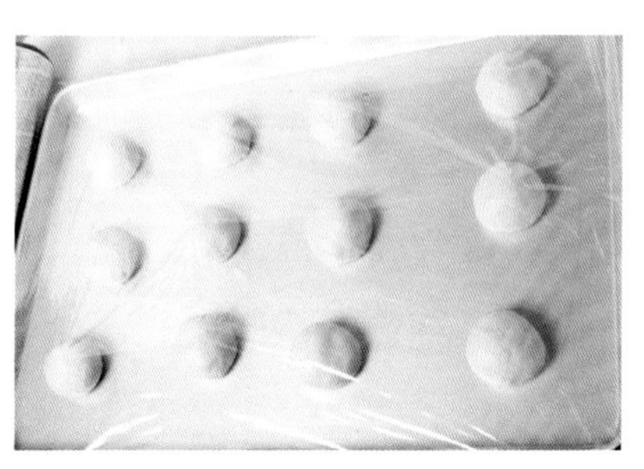

2. 排入烤盘或其他容器内，盖上保鲜膜松弛约 10 分钟。

3. 将松弛完成的面团用擀面棍擀开。

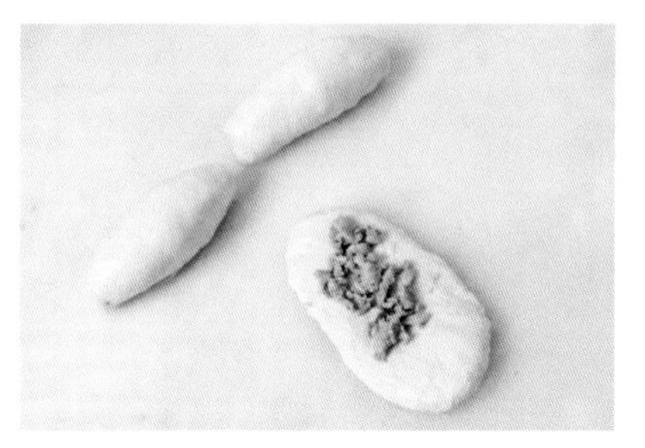

4. 放上三杯鸡馅。

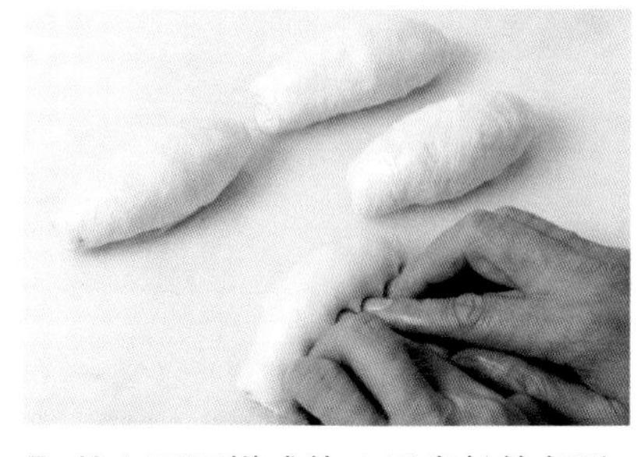

5. 从上至下搓成约 6 厘米长的条形。

6. 表面粘上面包糠，排入烤盘中，放入发酵柜，以温度 38℃、湿度 75% 作最后醒发。

7. 发酵约 60 分钟至面团体积为原来的 2~3 倍。

8. 表面挤上黄金酱后放入炉中，以上火 180℃、下火 200℃烘烤约 15 分钟即可。

风味杂粮面包

原料

面团：高筋面粉600克，杂粮粉70克，酵母10克，改良剂8克，白糖80克，鸡蛋70克，水400毫升，黄油60克，盐8克。

奶酪馅：奶酪80克，黄油80克，糖粉40克，奶粉40克，香粉适量。

其他：提子干、芝麻、燕麦片各适量。

大师支招：烘烤时要喷蒸汽。

奶酪馅制作步骤

1. 将奶酪、黄油、糖粉搅拌均匀。

2. 加入奶粉、香粉拌匀。

风味杂粮面包制作步骤

1. 将水、白糖、鸡蛋混合，搅拌至白糖溶化。

2. 加入高筋面粉、杂粮粉、酵母、改良剂，以慢速拌匀后转快速搅拌。

3. 搅拌至面团表面光滑后加入黄油、盐，以慢速拌匀后转快速搅拌。

4. 搅拌至面团可用手拉出均匀薄膜。

5. 面团温度约 27℃时，盖上保鲜膜发酵约 30 分钟。

6. 将面团分成每个 200 克的小剂，搓圆至表面光滑。

7. 盖上保鲜膜松弛约 10 分钟。

8. 将松弛完成的小剂用擀面棍擀开。

9. 抹上奶酪馅。

10. 在表面撒上提子干。

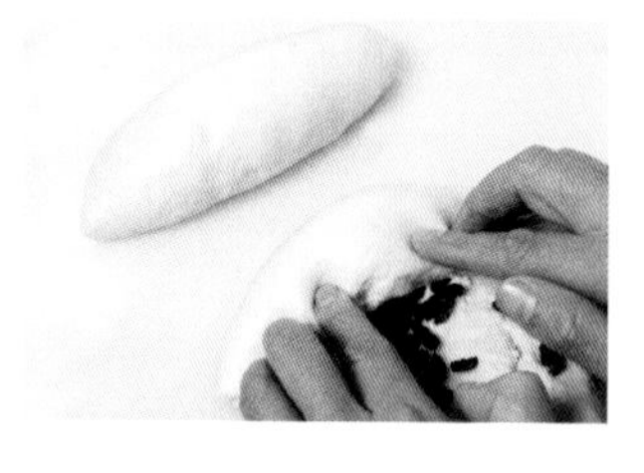

11. 由上而下搓起成橄榄形，捏紧收口。

12. 在表面粘上芝麻与燕麦片。

13. 排入烤盘后，放入发酵柜，以温度 35℃、湿度 75% 作最后醒发。

14. 待面团发酵至体积为原来的 2~3 倍后，放入炉中，以上火 180℃、下火 190℃烘烤约 20 分钟即可。

皇家吐司

高筋面粉 560 克，白糖 125 克，盐 7 克，鸡蛋 2 个，黄油 50 克，改良剂 3 克，酵母 6 克，奶粉 25 克，吉士粉 5 克，清水 550 毫升，香酥粒适量。

（面团的制作请参考第 220 页步骤 1~5）

大师支招：抹鸡蛋液后要立即撒上香酥粒。

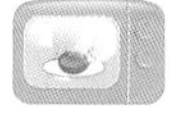

制作步骤

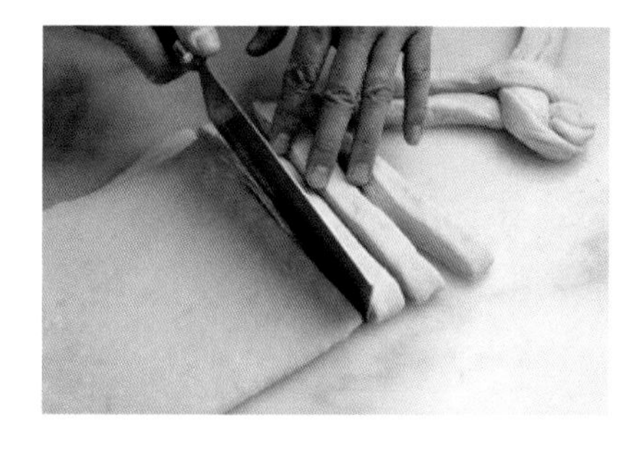

1. 将面团擀平，分成每份 20 克的小剂。

2. 以 3 份为一组，将头部黏合，尾部分开，编辫子。

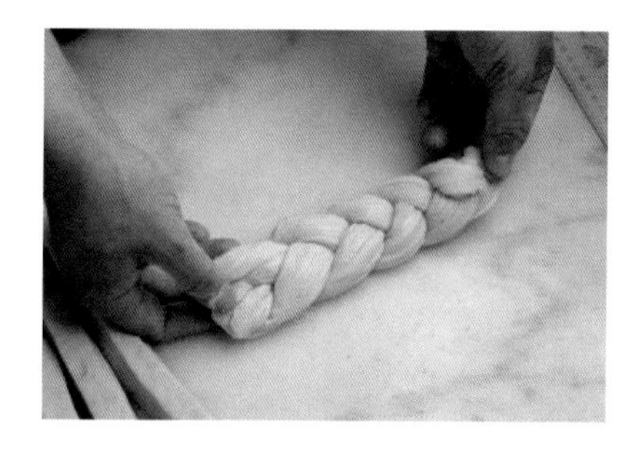

3. 编成辫子形状。

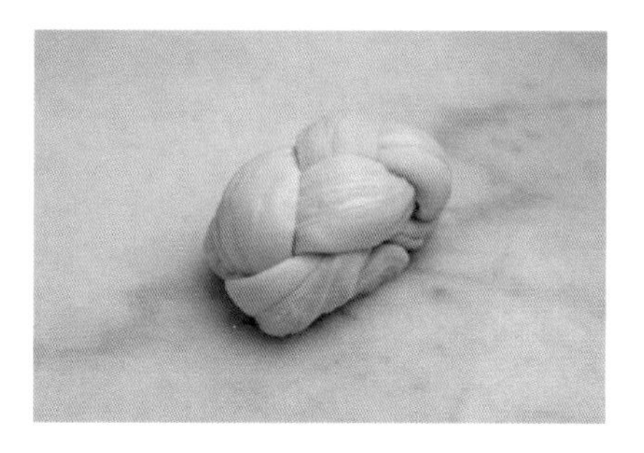

4. 将两头往中间折叠。

5. 放入发酵柜，以温度 36℃、湿度 75% 作最后醒发，约 90 分钟。

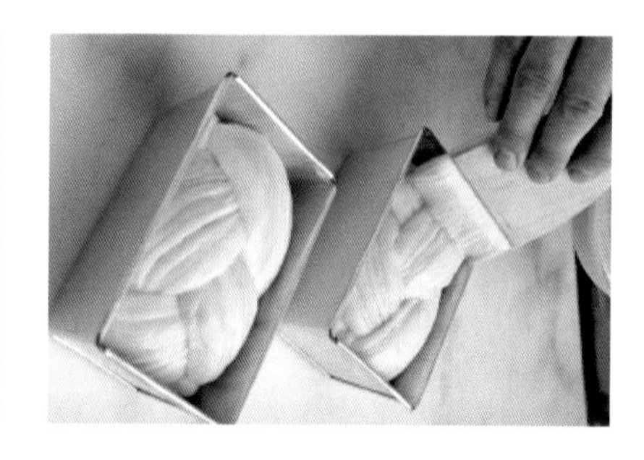

6. 在表面抹上鸡蛋液（未在原料中列出）。

7. 撒上香酥粒。

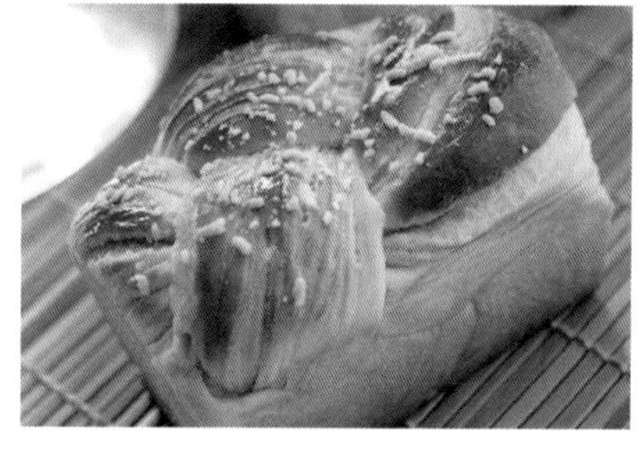

8. 放入炉中，烘烤 18 分钟即可。

图书在版编目（CIP）数据

点心技法 / 孙杰编著. —杭州：浙江科学技术出版社，2017.7
ISBN 978-7-5341-7482-7

Ⅰ. ①点… Ⅱ. ①孙… Ⅲ. ①蛋糕-制作 Ⅳ. ①TS213.2

中国版本图书馆CIP数据核字(2017)第034598号

书　　名　点心技法
编　　著　孙　杰

出版发行　浙江科学技术出版社
杭州市体育场路347号　邮政编码：310006
办公室电话：0571-85176593
销售部电话：0571-85062597　0571-85058048
E-mail：zkpress@zkpress.com
排　　版　广东炎焯文化发展有限公司
印　　刷　杭州锦绣彩印有限公司
经　　销　全国各地新华书店

开　　本　889×1194　1/16　　印　张　15
字　　数　150 000
版　　次　2017年7月第1版　　印　张　2017年7月第1次印刷
书　　号　978-7-5341-7482-7　　定　价　68.00元

责任编辑　王巧玲　仝　林　　**责任美编**　金　晖
责任校对　马　融　　**责任印务**　田　文